■ 高等学校网络空间安全专业规划教材

信息安全实用教程

沈鑫剡 沈梦梅 俞海英 李兴德 邵发明 编著

清华大学出版社
北 京

内容简介

本书着重培养读者解决实际生活中的信息安全问题的能力，重点讨论病毒防御技术、移动通信安全技术、电子商务和移动支付安全技术、数据安全技术、Windows 7 网络安全技术与 Windows 7 安全审计技术等。

作为面向非计算机专业的信息安全教材，作者基于"大学计算机基础"课程组织教材内容，以浅显易懂的方式阐述信息安全的基础理论，在讨论具体安全技术时，基于信息安全基础理论阐述安全技术的实现原理，让读者知其所以然。

本书内容组织严谨、叙述方法新颖，是一本理想的非计算机专业本科生的信息安全教材，也可作为实用型计算机专业的信息安全教材。对所有需要具备一定信息安全问题解决能力的人员而言，本书是一本非常合适的参考书。

图书在版编目(CIP)数据

信息安全实用教程/沈鑫剡等编著. —北京：清华大学出版社，2018（2021.11 重印）
（高等学校网络空间安全专业规划教材）
ISBN 978-7-302-50315-6

Ⅰ. ①信… Ⅱ. ①沈… Ⅲ. ①信息安全－高等学校－教材 Ⅳ. ①TP309

中国版本图书馆 CIP 数据核字(2018)第 114975 号

责任编辑：袁勤勇 郭 赛
封面设计：傅瑞学
责任校对：李建庄
责任印制：沈 露

出版发行：清华大学出版社
网 址：http://www.tup.com.cn，http://www.wqbook.com
地 址：北京清华大学学研大厦 A 座 **邮 编**：100084
社 总 机：010-62770175 **邮 购**：010-62786544
投稿与读者服务：010-62776969，c-service@tup.tsinghua.edu.cn
质量反馈：010-62772015，zhiliang@tup.tsinghua.edu.cn
课件下载：http://www.tup.com.cn，010-83470236
印 装 者：三河市龙大印装有限公司
经 销：全国新华书店
开 本：185mm×260mm **印 张**：16.5 **字 数**：381 千字
版 次：2018 年 9 月第 1 版 **印 次**：2021 年 11 月第 6 次印刷
定 价：48.00 元

产品编号：077039-02

前言

随着计算机应用尤其是移动支付和电子商务的普及，信息安全与人们的日常生活息息相关。保证移动通信、移动支付和电子商务的安全性，保证计算机系统不被病毒侵害，保证计算机中数据的保密性、完整性和可用性，最大限度地利用 Windows 操作系统的网络安全功能，尽量保留黑客入侵计算机系统的证据等，已经成为所有人的必备技能。因此，对非计算机专业学生普及信息安全基础知识，培养学生解决实际生活中的信息安全问题的能力，已成为十分迫切的事情。

目前，面向非计算机专业的信息安全教材通常都有以下两个问题：一是教材内容往往是计算机专业网络安全或信息安全教材的简化版，非计算机专业特性不明显；二是教材内容偏重于理论，缺乏培养解决实际信息安全问题的能力的内容。因此，作者编写了这本以理工类非计算机专业本科生为教学对象的信息安全教材。

本书有以下特色：一是基于“大学计算机基础”课程组织教材内容；二是以浅显易懂的方式阐述信息安全的基础理论；三是在讨论具体安全技术时，基于信息安全基础理论阐述安全技术的实现原理，让读者知其所以然；四是着重培养读者解决实际生活中的信息安全问题的能力，重点讨论病毒防御技术、移动通信安全技术、电子商务和移动支付安全技术、数据安全技术、Windows 7 网络安全技术与 Windows 7 安全审计技术等。因此，本书是一本理想的非计算机专业本科生的信息安全教材，也可作为实用型计算机专业的信息安全教材，本书对所有需要具备一定信息安全问题解决能力的人员而言，也是一本非常好的参考书。

作为一本无论在内容组织、叙述方法还是教学目标都和传统信息安全教材有一定区别的新教材，书中的错误和不足之处在所难免，殷切希望使用本书的教师和学生批评指正。作者的 E-mail 地址为 shenxinshan@163.com。

作　者

2018 年 6 月

目录

第 1 章　概述　/1

第 2 章　信息安全基础　/24

第7章 Windows 7 网络安全技术 /184

第8章 Windows 7 安全审计技术 /232

第1章 概　述

信息技术领域中的信息其实就是计算机用于表示信息的各种类型的数据。因此，信息安全就是存储在计算机中和经过网络传输的各种类型数据的安全。智能手机既是一个完整的计算机系统，又是一个移动通信设备，智能手机随时随地可以上网的特性和智能手机配备的各种类型的传感器，使得以智能手机为终端设备的移动互联网拥有多种传统互联网所没有的应用。

1.1 信息和日常生活

随着互联网尤其是以智能手机为终端设备的移动互联网的普及，人们的日常生活已经和信息息息相关。信息技术领域中的信息其实就是计算机中用于表示信息的各种类型的数据，因此，和人们日常生活息息相关的信息其实就是计算机中用于表示信息的各种类型的数据。

1.1.1 信息的定义

信息的定义多种多样，信息技术中的信息通常采用以下定义：信息是对客观世界中各种事物的运动状态和变化的反映，是客观事物之间相互联系和相互作用的表征，表现的是客观事物运动状态和变化的本质内容。

信息之所以重要，是因为它小到可以反映一个项目、一次活动的本质内容，如项目和活动计划，项目和活动实施过程等；大到可以反映一个企业、一个国家的本质内容，如企业核心技术、企业财务状况、国家核心机密等。这些本质内容事关项目、活动的成败，甚至企业和国家的兴衰存亡。

1.1.2 日常生活中的信息

1. 数据类型

人们在日常生活中感受到的、信息技术范畴中的信息其实是计算机用于表示信息的数据，即计算机采集、存储和处理的数据，包括文字、数值、图形、图像、音频和视频等多种类型。计算机中的文字是指用于组成文本的各种字符，这些字符包括英文字母、汉字及其他国家的文字等。计算机中的数值是指表示量的多少的数，可以是整数、实数、十进制数、二进制数、八进制数、十六进制数等。图形是指由外部轮廓线条构成的矢量图，计算机可以对矢量图进行移动、缩放、旋转和扭曲等变换。图像由无数个独立的像素组成，每个像素独立显示颜色，计算机可以对图像进行移动、缩放等变换，但不能进行旋转和扭曲等变换。音频是指人类可以听到的一切声音。视频是指各种动态影像，每秒超过 24 帧的连续变化的图像也是动态影像。

计算机统一用二进制数表示所有类型的数据，包括文字、数值、图形、图像、音频和视频等。因此，计算机首先需要解决用二进制数存储，并且能够还原所有类型数据的问题。

2. 日常生活中的数据实例

纯文本中的字符属于文字类型的数据，因此，可以由文字类型数据构成纯文本，如完全由文字组成的文档、短消息等。电子商务中的单价、消费金额、购货数量等属于数值类型数据。点、线、面组成的几何图形和由类似 AutoCAD 等绘图软件生成的图形属于图形类型数据。照片等属于图像类型数据。音乐、通话录音等属于音频类型数据。录像、电影等属于视频类型数据。

3. 数据与隐私

人们在日常生活中不断地产生、存储、处理和传输数据，有些数据涉及个人隐私，这些数据的泄露会对人们的生活产生不良的影响，如自拍的照片、记录通话过程的电话录音、拍摄的视频、电子交易过程中输入的账号和密码、作为支付凭证的二维码、电话本中的联系人等。对于个人而言，信息安全就是保证这些数据在存储、处理和传输过程中不被泄露、破坏和篡改。

1.2 信息和网络

智能手机随时随地可以上网的特性和智能手机配备的各种类型的传感器使得以智能手机为终端设备的移动互联网得到广泛应用，移动支付、共享单车等都是移动互联网的典型应用。互联网和移动互联网的广泛应用使得信息安全与人们的日常生活更加息息相关，同时也使得信息安全成为一个更加复杂的问题。

1.2.1 互联网和移动互联网

1. 传统互联网

(1) 互联网结构

传统互联网的结构如图 1.1 所示，主要由三部分组成，分别是各种类型的传输网络、互连传输网络的路由器和主机，主机包括终端和服务器。互联网的核心功能是实现主机

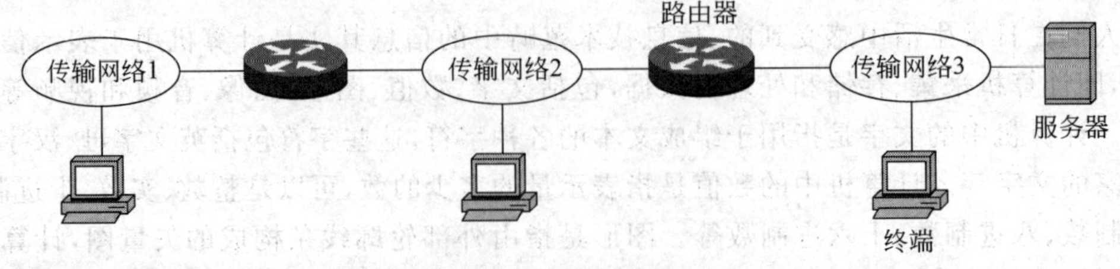

图 1.1 互联网结构

之间的通信过程。实现主机之间通信过程的目的是为了共享资源。根据共享的资源是集中在服务器中还是分布在所有主机中,可以将实现资源共享的应用结构分为客户/服务器结构和对等结构。

(2) 客户/服务器结构

客户/服务器(Client/Server,C/S)结构如图1.2所示,资源集中在服务器中,客户只能共享服务器中的资源。当客户需要访问服务器中的资源时,需要向服务器发送服务请求,服务请求中需要指定访问的资源,服务器根据服务请求中指定的资源,完成该资源的访问过程,并将访问结果通过服务响应反馈给客户。

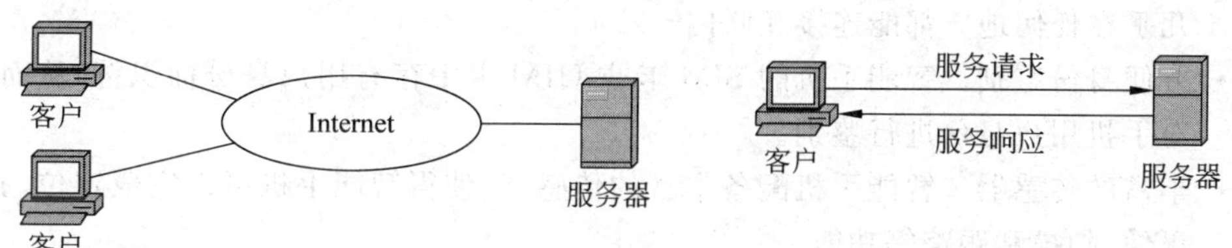

图1.2 客户/服务器结构

(3) 对等结构

对等结构(Peer to Peer,P2P)如图1.3所示,主机不再划分为客户和服务器,所有主机都是对等的,共享的资源分布在所有主机中,因此,每一台主机既是服务请求者,又是服务提供者。

2. 移动互联网

(1) 移动互联网结构

移动互联网是移动终端和互联网的有机结合。移动互联网结构如图1.4所示,笔记本式计算机和平板电脑通过无线局域网接入Internet,智能手机通过无线局域网或通用分组无线业务(General Packet Radio Service,GPRS)、3G、4G等无线数据通信网络接入Internet。

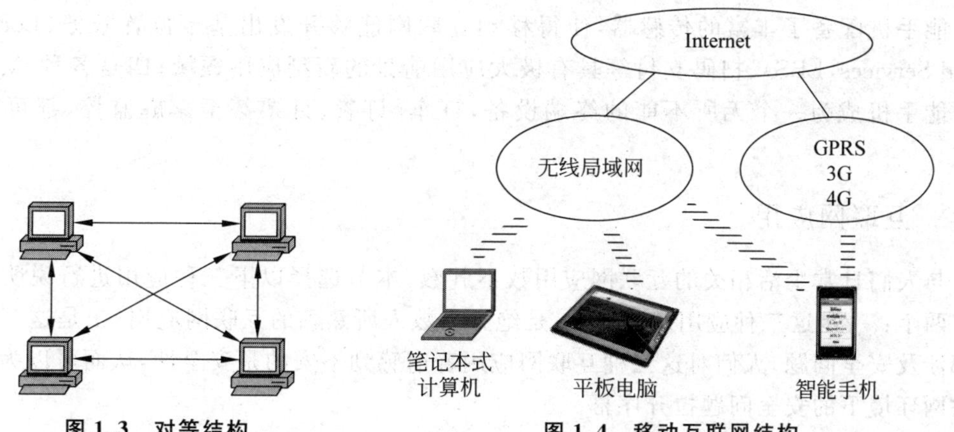

图1.3 对等结构 **图1.4 移动互联网结构**

(2) 移动互联网的要素

移动互联网的要素有三个:一是移动终端,尤其是智能手机;二是无线通信网络;三是移动互联网应用。

一切便于携带且采用无线通信技术的网络终端都属于移动终端，智能手机无疑是最普及的移动终端。智能手机本身是一个计算机系统，可以安装操作系统，运行应用软件。但智能手机与一般计算机系统相比，又有着以下不同。

- 方便携带。这一特性使得人们随时随地都可以使用智能手机。
- 方便使用。智能手机的触摸屏界面使得任何人都能够操作智能手机，因此智能手机成为使用最普遍的计算机系统。
- 方便连接。智能手机普遍支持无线局域网和无线数据通信网络，这使得智能手机几乎在任何地方都能连接互联网。
- 方便身份鉴别。智能手机的 SIM 卡或 UIM 卡中存有用户身份标识符，从而可以对手机用户身份进行鉴别。
- 丰富的传感器。智能手机配备丰富的传感器，使得智能手机可以完成定位、拍照、摄像、扫描和跟踪等功能。
- 移动通信设备。智能手机作为移动通信网络的移动通信设备，可以实现移动语音通信和短消息的发送、接收过程。

目前常用的连接移动终端的无线通信网络有无线局域网和 GPRS、3G、4G 等无线数据通信网络，家庭和公共场所已经基本普及无线局域网，GPRS、3G、4G 等无线数据通信网络更是覆盖了城乡的每一个角落，因此，移动终端可以随时随地连接互联网。

用户已经开发了大量基于 Android 和 iOS 的应用程序，这些应用程序极大地拓展了智能手机的功能，使得智能手机成为一个无所不能的终端设备，真正做到一机在手、天下我有！

(3) 移动互联网带来的质变

与传统互联网相比，移动互联网具有以下变化。一是大量智能手机接入互联网。智能手机容易操作的特点，使得移动互联网用户数量剧增；二是智能手机随时随地连接互联网的特点，使得移动互联网产生了大量新的传统互联网所没有的应用方式；三是智能手机配备了丰富的传感器，使得移动互联网能够开发出基于位置服务(Location Based Services，LBS)、扫码支付等具有极大应用前景的新型应用领域；四是各种 App 使得智能手机成为一个无所不能的终端设备，订车、订餐、订票甚至家庭监控，都可一机完成。

1.2.2 互联网应用

与人们日常生活相关的互联网应用数不胜数，本节选择以下三种应用进行说明的原因有两个：一是这三种应用及其普及，是绝大多数人所熟悉的互联网应用；二是这三种应用都涉及安全问题，人们对这三种互联网应用普遍感到不安的是安全性，从而可以为讨论互联网环境下的安全问题拉开序幕。

1. 网上购物

网上购物应用系统如图 1.5 所示，用户通过终端接入 Internet，在银行开通网上银行，并开启网上支付功能。商家构建电商平台，允许用户通过互联网选购商品。

(1) 网上购物过程

基于网上支付完成网上购物的过程涉及以下步骤。

① 选择一家银行,在该银行设立一个账户,并为该账户开启网上支付功能。

② 登录电商平台,完成商品选购,支付方式选择网上支付,在商家支持的银行中选中设立账户的银行。

③ 验证银行支付界面,输入账户号码,输入用户身份鉴别信息,完成支付过程。不同银行的用户身份鉴别信息有所不同,如有的银行的用户身份鉴别信息包括设立账户时设定的用户名、密码和动态口令。动态口令是由银行设立账户时交付的动态口令牌产生的,通常情况下每分钟更新一次,银行必须保证动态口令牌产生的动态口令与银行为该账户产生的动态口令一致。图 1.6 所示为一种动态口令牌。

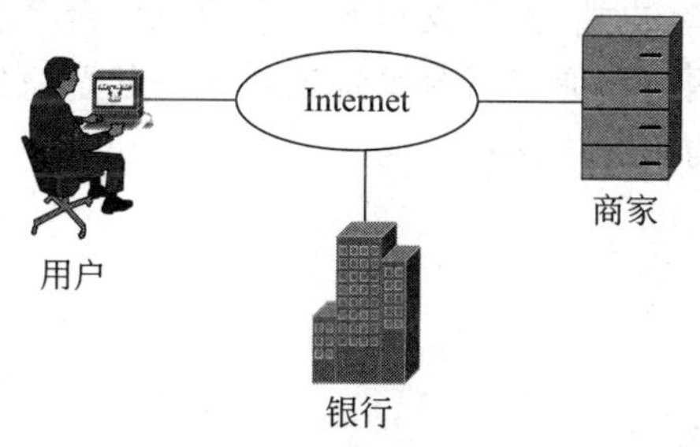

图 1.5 网上购物应用系统

图 1.6 动态口令牌

(2) 网上购物涉及的数据交换过程

网上购物涉及的数据交换过程如图 1.7 所示,用户首先登录商家网站选购商品,在这个阶段,用户和商家网站之间交换的数据主要是与选购商品有关的数据,如商品名称和数量等。用户完成商品选购后,进入支付阶段,支付方式选择网上支付,在商家支持的银行列表中选择用户开设账户的银行。用户选中开设账户的银行后,可以看到该银行弹出的支付界面。在这个阶段,商家与银行之间交换的数据主要是与支付有关的数据,如用户选购的商品清单和需要支付的金额等。用户看到银行弹出的支付界面后,需输入账号、用户名和密码,银行支付界面显示验证信息和商家提供的商品清单与应付金额,用户确认是开设账户的银行后,核对商品清单和应付金额,确认无误后输入动态口令,完成支付过程。在这个阶段,用户与银行之间交换的数据主要是和鉴别用户身份以及完成网上支付过程有关的数据,如账号、用户名、密码和动态口令等。

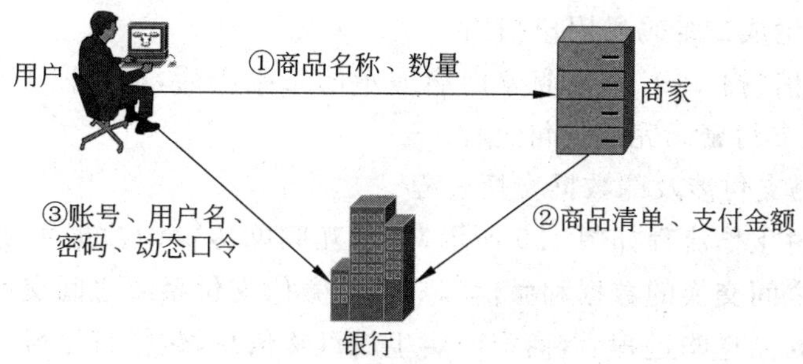

图 1.7 数据交换过程

(3) 网上购物涉及的安全问题

从图 1.7 所示的网上购物涉及的数据交换过程中可以看出,网上购物涉及的安全问题主要有以下几个:一是商家链接的银行支付界面有可能是伪造的银行支付界面,用于窃取用户输入的用户名、密码和动态口令等;二是用户与银行之间交换的与鉴别用户身份和完成网上支付过程有关的数据,如账号、用户名、密码和动态口令等,在传输过程中有可能被截获;三是商家与银行之间交换的与支付有关的数据,如用户选购的商品清单和用户需要支付的金额等,在传输过程中有可能被篡改;四是用户和商家可能否认曾经发送过的信息和进行过的操作,如用户否认曾经在某个电商平台选购商品、否认曾经进行过的支付操作,商家否认曾经向银行发送过商品清单等;五是用户终端和商家的电商平台可能无法正常工作。

2. 微信支付

微信支付应用系统如图 1.8 所示,微信客户端、微信支付系统和商家后台系统通过互联网连接在一起。商家门店通过商家专用网络与商家后台系统连接在一起。微信支付系统通过支付网络与各个微信支付系统支持的银行连接在一起。

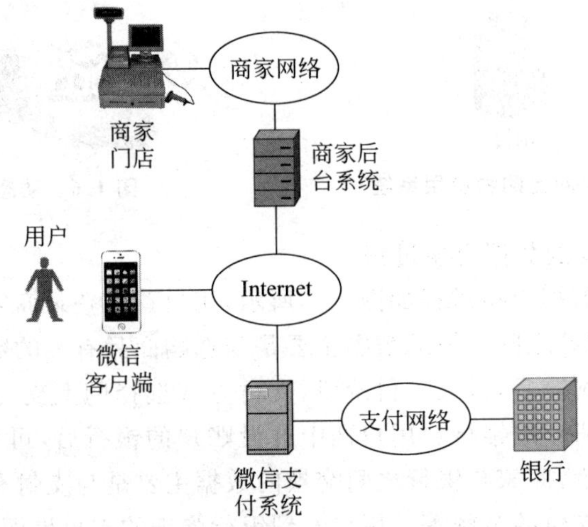

图 1.8 微信支付应用系统

(1) 微信扫码支付过程

微信扫码支付过程包括以下步骤:

① 用户在商家门店完成商品选购过程后,选择微信扫码支付;

② 商家门店生成二维码供用户扫描;

③ 用户用微信“扫一扫”扫描商家门店展示的二维码后,显示商家信息和支付金额,用户确认后,输入支付密码完成支付过程。

(2) 微信扫码支付涉及的数据交换过程

微信扫码支付工作流程如图 1.9 所示,经过互联网传输的数据主要是商家后台系统与微信支付系统之间交换的数据和微信客户端与微信支付系统之间交换的数据。当用户在商家门店完成商品选购过程后,商家门店生成订货信息,包括订单号、商品目录、单价和商品总价等。商家门店将订货信息发送给商家后台系统,商家后台系统生成预支付请求,

并将预支付请求发送给微信支付系统，预支付请求中包含商家账号和订货信息等。微信支付系统为预支付请求创建一项记录，并将该记录标识符作为预支付交易链接发送给商家后台系统。商家后台系统生成预支付交易链接对应的二维码，将预支付交易链接对应的二维码发送给门店系统。门店系统展示预支付交易链接对应的二维码。用户用微信"扫一扫"扫描商家门店展示的预支付交易链接对应的二维码，然后将二维码扫描结果发送给微信支付系统。微信支付系统将用户的微信客户端与商家的预支付请求绑定在一起，然后向微信客户端发送支付验证，支付验证中包括商家信息和支付金额。微信客户端显示商家信息和支付金额，用户确认后输入支付密码，然后微信客户端向微信支付系统发送支付授权。微信支付系统确定微信客户端具有支付权限后，根据用户账号和商家账号绑定的银行卡，请求银行完成支付过程。银行完成支付过程后，向微信支付系统发送支付结果，支付结果中包括支付金额、用户账号、商家账号和订单号等信息。微信支付系统接收到银行发送的支付结果后，向商家后台系统和微信客户端发送支付成功信息，其中包含支付金额和订单号等信息，商家后台系统接收到支付成功信息后，向商家门店发送支付成功信息。商家门店接收到支付成功信息后，向用户提交商品。

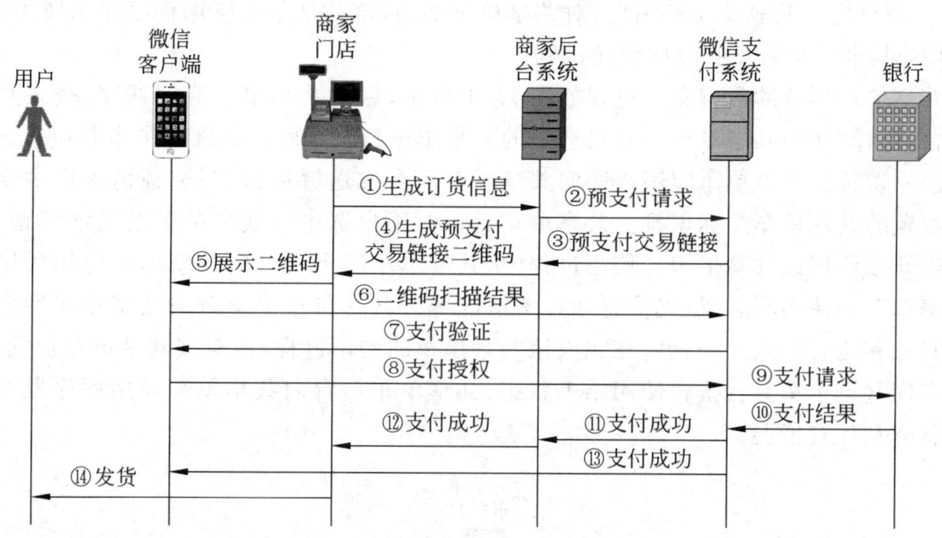

图 1.9 微信扫码支付工作流程

(3) 微信扫码支付涉及的安全问题

微信扫码支付涉及的安全问题主要有以下几个：一是如何确保预支付请求中指明的商家与发送预支付请求的商家是一致的；二是如何确保预支付请求在传输过程中不被篡改；三是如何确保预支付交易链接在传输过程中不被篡改；四是如何确保支付验证在传输过程中不被篡改；五是如何确保支付授权在传输过程中不被截获；六是如何确保微信客户端和商家后台系统无法否认曾经发送过的信息；七是如何确保微信客户端和微信支付系统能够正常工作。

3. 共享单车

共享单车应用系统如图 1.10 所示，目前存在两种类型的共享单车，一种类型的共享单车没有连接互联网的功能,因此也不能与共享单车后台交换数据。这种类型的共享单车成本较低。另一种类型的共享单车具有连接互联网的功能,能够与共享单车后台交换数据,图 1.10 所示的共享单车属于这一类型。智能手机需要下载共享单车应用程序,通过共享单车应用程序与共享单车后台完成数据交换过程。共享单车后台采集共享单车的位置信息和使用状态,接收应用程序发送的使用请求,向共享单车发送开锁指令,向应用程序发送共享单车使用状态和计费情况。

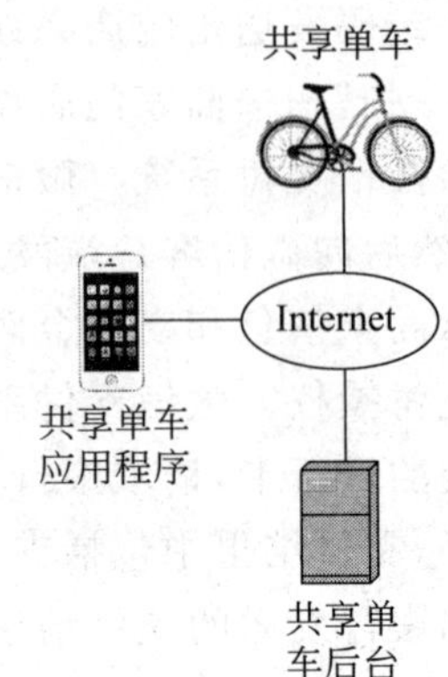

图 1.10 共享单车应用系统

(1) 共享单车的使用过程

使用共享单车的过程包括以下步骤:

① 用户下载共享单车应用程序(App);

② 用户找到共享单车,用该共享单车应用程序对二维码进行扫描;

③ 共享单车自动开锁,该共享单车应用程序显示使用开始,用户可以使用该共享单车;

④ 用户完成共享单车使用后,对共享单车加锁,该共享单车应用程序显示使用结束。

(2) 共享单车涉及的数据交换过程

共享单车涉及的数据交换过程如图 1.11 所示,启动共享单车应用程序,登录共享单车后台,选择"使用共享单车",并对选中的共享单车扫二维码。二维码中主要包含该共享单车的标识符。共享单车应用程序向共享单车后台发送解锁请求,解锁请求中主要包括请求解锁的共享单车的标识符。共享单车后台向用户选中的共享单车发送解锁指令,用户可以开始使用该共享单车。使用过程中,共享单车后台定时向共享单车应用程序发送该共享单车的使用状态、位置信息和计费情况等。共享单车也定时向共享单车后台发送使用状态和位置信息。一旦用户完成该共享单车的使用过程,便对该共享单车加锁,该共享单车向共享单车后台报告使用结束状态,共享单车后台向共享单车应用程序发送使用结束状态和计费情况。

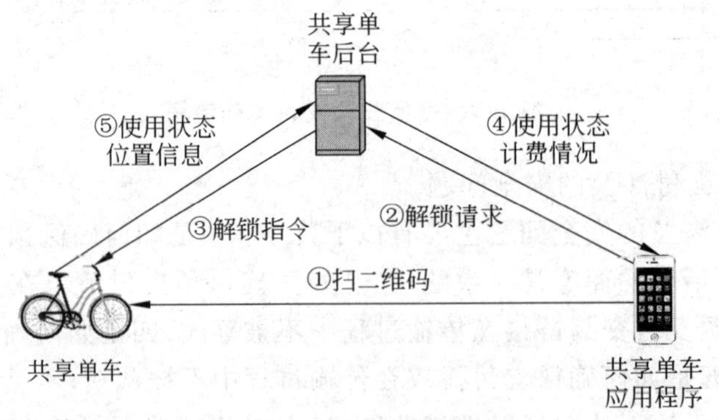

图 1.11 数据交换过程

(3) 共享单车涉及的安全问题

共享单车涉及的安全问题有以下几个:一是如何确保登录的共享单车用户身份不是

假冒的；二是如何确保共享单车应用程序与共享单车后台之间交换的数据不被篡改和截获；三是如何确保共享单车后台与共享单车之间交换的数据不被篡改和截获；四是如何确保用户无法否认曾经进行过的共享单车使用过程；五是如何确保共享单车应用程序和共享单车后台能够正常工作。

1.2.3 信息安全目标

网络环境下的信息安全目标包括信息的可用性、保密性、完整性、不可抵赖性和可控制性等。

1. 可用性

可用性是指信息被授权实体访问并按需使用的特性。通俗地讲，就是做到有权使用信息的人在任何时候都能使用已经被授权使用的信息，信息系统无论在何种情况下都要保障这种服务。而无权使用信息的人在任何时候都不能访问没有被授权使用的信息。

对于图 1.5 所示的网上购物应用系统，如果因为攻击导致用户终端和商家电商平台不能正常工作，就会破坏网上购物应用系统的可用性。

2. 保密性

保密性是指防止信息泄露给非授权个人或实体，只为授权用户使用的特性。通俗地讲，信息只能让有权看到的人看到，无权看到信息的人无论在何时采用何种手段都无法看到信息。

除了银行和用户，如果有第三方利用图 1.7 所示的数据交换过程窃取密码和动态口令，就会破坏用户终端与银行之间传输的数据的保密性。

3. 完整性

完整性是指信息未经授权不能改变的特性。通俗地讲，信息在计算机中存储和网络传输的过程中，非授权用户无论在何时采用何种手段都不能删除、篡改、伪造信息。

在图 1.7 所示的数据交换过程中，如果有人篡改了商家发送给银行的商品清单和支付金额，就破坏了商家与银行之间传输的数据的完整性。

4. 不可抵赖性

不可抵赖性是指在信息交互过程中，所有参与者不能否认曾经完成的操作或承诺的特性。这种特性体现在两个方面：一是参与者开始参与信息交互时，必须对其真实性进行鉴别；二是在信息交互过程中必须能够保留使其无法否认曾经完成的操作或许下的承诺的证据。

在图 1.7 所示的数据交换过程中，如果用户否认曾经进行过的网上支付操作，且银行又无法证明用户曾经进行过的网上支付操作，就破坏了用户与银行之间传输的数据的不可抵赖性。

5. 可控制性

可控制性是指对信息的传播过程及内容具有控制能力的特性。通俗地讲，就是可以控制用户的信息流向，对信息内容进行审查，对出现的安全问题提供调查和追踪的手段。

对于图 1.5 所示的网上购物应用系统，如果电商平台出现非法信息，且用户能够访问这些非法信息，就破坏了用户终端与商家之间传输的数据的可控制性。

1.3 信息面临的安全威胁

当信息与人们的日常生活息息相关时,信息就成了有着重要价值的资源,大量不法分子为贪图利益,会对互联网中的信息展开一系列的攻击行为,使互联网中的信息面临各种各样的安全威胁。

1.3.1 嗅探攻击

1. 嗅探攻击的原理

嗅探攻击的原理如图 1.12 所示,在终端 A 向终端 B 传输信息的过程中,信息不仅沿着终端 A 至终端 B 的传输路径传输,还沿着终端 A 至黑客终端的传输路径传输,且终端 A 至黑客终端的传输路径对终端 A 和终端 B 都是透明的。

2. 嗅探攻击的后果

嗅探攻击的后果有以下三点。一是破坏信息的保密性。黑客终端嗅探到信息后,可以阅读、分析信息。二是嗅探攻击是实现数据流分析攻击的前提。只有实现嗅探攻击,才能对嗅探到的数据流进行统计分析。三是实施重放攻击。黑客终端嗅探到信息后,可以在保持信息一段时间后,将信息发送给目的终端,或者在保持信息一段时间后,反复多次将信息发送给目的终端,这种行为称为重放攻击。

3. 无线局域网中嗅探攻击的实施过程

无线局域网中嗅探攻击的实施过程如图 1.13 所示,只要黑客终端与终端 A 和终端 B 位于相同的基本服务区(Basic Service Area,BSA)内,黑客终端就可以嗅探终端 A 与终端 B 之间传输的数据。因此,对于移动互联网,嗅探攻击是无法避免的。

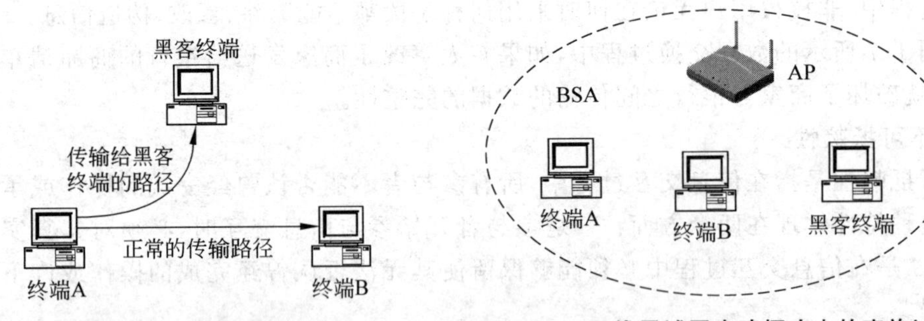

图 1.12 嗅探攻击原理　　图 1.13 无线局域网中嗅探攻击的实施过程

1.3.2 截获攻击

1. 截获攻击的原理

截获攻击的原理如图 1.14 所示。黑客首先需要改变终端 A 至终端 B 的传输路径,将终端 A 至终端 B 的传输路径变为终端 A→黑客终端→终端 B,使得终端 A 传输给终端 B 的信息必须经过黑客终端。黑客终端截获终端 A 传输给终端 B 的信息后,可以进行如下操作:一是篡改信息,将篡改后的信息转发给终端 B;二是在保持信息一段时间后,再将信息转发给终端B,或者在保持信息一段时间后,将同一信息反复多次转发给终端B;三是黑客终端只保持信息,不向终端B转发信息。

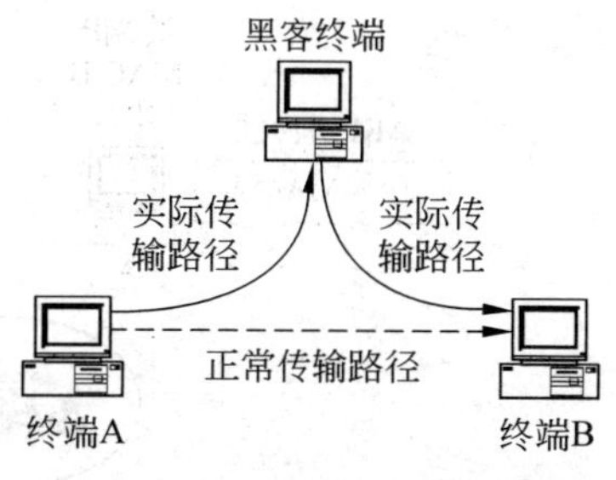

图1.14 截获攻击原理

2. 截获攻击的后果

由于目前许多访问过程均采用明码方式传输用于登录的用户名和口令,因此,通过分析所截获的信息,可以获得用户的私密信息,如用Telnet访问服务器时使用的用户名和口令。黑客终端截获信息后,可以篡改信息。如果用户通过Web服务器进行网上购物,黑客可以在篡改截获到的IP分组中有关购物的信息(如物品种类、数量等)后,再将IP分组转发给目的终端。

即使用户采用密文方式传输信息,黑客终端在截获某个IP分组后,仍可以实施重放攻击。假定用户通过Web服务器进行网上购物,黑客终端截获IP分组后,根据IP分组所属的TCP连接和TCP连接另一端的服务器类型,确定其是用于电子购物的IP分组。黑客终端可以不立即转发该IP分组,而是在经过一段时间后再转发该IP分组,或者黑客终端立即转发该IP分组,在经过一段时间后,再次转发该IP分组,造成服务器的购货信息错误。

3. 以太网中截获攻击的实施过程

当连接在以太网上的两个终端之间传输IP分组时,发送终端必须先获取接收终端的MAC地址,然后将IP分组封装成以发送终端的MAC地址为源MAC地址、以接收终端的MAC地址为目的MAC地址的MAC帧。通过以太网实现MAC帧发送终端至接收终端的传输过程。

如果发送终端只获取接收终端的IP地址,则需要完成根据接收终端的IP地址解析出接收终端的MAC地址的地址解析过程,完成地址解析过程的协议是地址解析协议(Address Resolution Protocol,ARP)。

每一个终端都有ARP缓冲区,一旦完成地址解析过程,ARP缓冲区中就会建立IP地址与MAC地址的绑定项。如果ARP缓冲区中已经存在某个IP地址与MAC地址的绑定项,则用绑定项中的MAC地址作为绑定项中IP地址的解析结果,不再进行地址解析过程。

ARP地址解析过程如图1.15所示,如果终端A已经获取终端B的IP地址IP B,则需要解析出终端B的MAC地址,终端A广播图1.15所示的ARP请求报文,请求报文中给出终端A的IP地址IP A与终端A的MAC地址MAC A的绑定项,同时给出终端B的IP地址IP B。该广播报文被以太网中的所有终端接收,所有终端的ARP缓冲区中记录下终端A的IP地址IP A与终端A的MAC地址MAC A的绑定项,只有终端B向终端A发送ARP响应报文,响应报文中才会给出终端B的IP地址IP B与终端B的MAC地址MAC B的绑定项。终端A将该绑定项记录在ARP缓冲区中。当以太网中的终端需要向终端A发送MAC帧时,可以通过ARP缓冲区中IP A与MAC A的绑定项直接获取终端A的MAC地址。

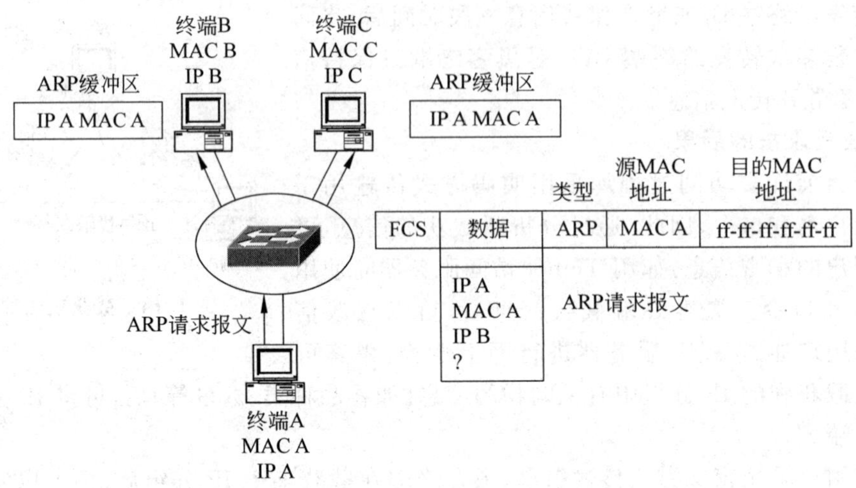

图 1.15 ARP 工作过程

如果终端 A 想要截获其他终端发送给终端 C 的 IP 分组，则终端 A 广播的 ARP 请求报文中会给出终端 C 的 IP 地址 IP C 与终端 A 的 MAC 地址 MAC A 的绑定项。终端 B 的 ARP 缓冲区中记录下终端 C 的 IP 地址 IP C 与终端 A 的 MAC 地址 MAC A 的绑定项。当终端 B 向终端 C 发送 IP 分组时，目的 IP 地址为 IP C 的 IP 分组被错误地封装为以 MAC A 为目的 MAC 地址的 MAC 帧，以太网将该 MAC 帧转发给终端 A，而不是终端 C。

1.3.3 钓鱼网站

1. 钓鱼网站实施原理

钓鱼网站是指黑客为模仿某个著名网站而制作的假网站，用户访问钓鱼网站的过程是指用户用该著名网站的域名访问到黑客为模仿该著名网站而制作的假网站的过程，即虽然用户在浏览器地址栏中输入了该著名网站的域名，但实际访问的是假网站。

如果某个著名银行网站的域名是 www.bank.com，该域名标识的服务器的 IP 地址是 202.11.22.33，钓鱼网站的假网站服务器的 IP 地址是 192.1.3.7，则实施钓鱼网站的前提是，当用户终端解析域名 www.bank.com 时，域名系统返回的 IP 地址不是 202.11.22.33，而是 192.1.3.7。

2. 访问钓鱼网站的后果

访问钓鱼网站的后果极其严重，如果钓鱼网站是某个著名银行的网站，则用户访问钓鱼网站时就会泄露账号和密码，并可能因此导致严重的经济损失。如果钓鱼网站主页中包含脚本病毒，则访问钓鱼网站的后果是使终端感染病毒。

3. 钓鱼网站的实施过程

对于用 IP 地址为 192.1.3.7 的假网站冒充域名为 www.bank.com 的著名银行网站的例子，黑客可以有多种方法做到这一点。一是修改终端的 hosts 文件，在 hosts 文件中添加域名 www.bank.com 与 IP 地址 192.1.3.7 的绑定项，如图 1.16 所示。这种攻击行为称为 hosts 文件劫持,是黑客入侵终端后经常实施的攻击行为。二是修改终端配置的本地域名服务器地址,用假域名服务器地址取代原来正确的本地域名服务器地址,并在假域名服务器中配置域名 www.bank.com 与 IP 地址 192.1.3.7 的绑定项。

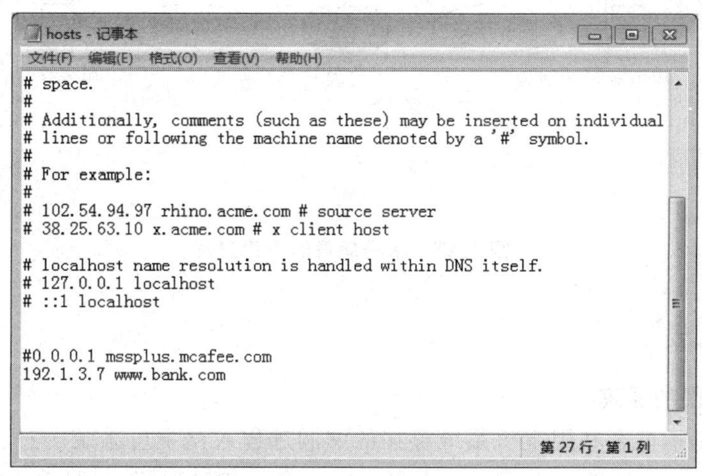

图 1.16 hosts 文件

1.3.4 非法访问

1. 非法访问原理

以下情况均属于非法访问:一是没有授权登录主机的窃密者通过本地或远程非法登录主机,并访问主机中的资源,如文件等;二是通过植入木马病毒,非法采集用户私密信息,并将私密信息发送给窃密者;三是通过设置后门程序,允许窃密者远程控制用户主机,访问用户主机中的资源。

2. 非法访问的后果

非法访问的后果十分严重,窃密者可能窃取、篡改用户存储在计算机中的文件,窃取用户存储在智能手机中的通讯录、照片,甚至可能窃取支付过程中输入的账号和密码,植入智能手机的木马病毒可以监听用户的通话过程、截获发送给用户的短消息等。

3. 非法访问的实施过程

一是公共计算机缺乏对文件的访问控制机制,导致任何使用公共计算机的人都可以读取、修改、删除存储在公共计算机中的全部文件。二是在计算机或智能手机中植入木马病毒。如图 1.17 所示,木马病毒采用客户/服务器结构,由客户端和服务器端代码组成,激活服务器端代码后,黑客通过启动客户端代码和服务器端建立连接,并通过客户端对服务器端系统进行操作。由于木马病毒主要用于窃取内部网络资源,而内部网络往往使用本地 IP 地址,由互连内部网络和外部网络的边界路由器实现网络地址转换功能。因此,当黑客终端连接在外部网络时,无法由黑客终端发起建立与内部网络终端之间的 TCP 连接。这种情况下,首先需要启动客户端代码,由客户端代码负责侦听某个端口,一旦激活服务器端代码,由服务器端代码发起建立与客户端之间的 TCP 连接,并在成功建立连接后,在客户端生成一个表示特定服务器端的图标,黑客双击该图标,弹出服务器端的资源管理界面，黑客可以对服务器端的资源进行操作。木马病毒的作用过程如图 1.17 所示。

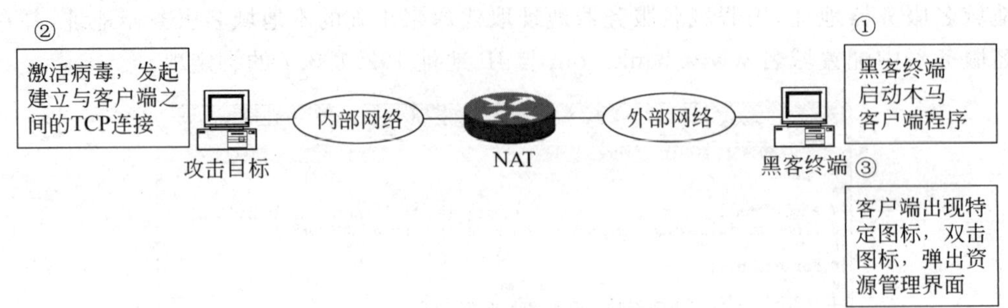

图 1.17　木马病毒的作用过程

1.3.5　黑客入侵

1. 黑客入侵的原理

黑客入侵是指黑客利用主机系统存在的漏洞远程入侵主机系统的过程。黑客成功入侵的前提有两个：一是黑客终端与攻击目标之间存在传输通路；二是攻击目标存在漏洞。

漏洞中危害较大的是 0day 漏洞。0day 漏洞是指在软件开发商知晓并发布相关补丁前就被掌握或公开的漏洞。因此黑客可以在软件开发商发布补丁前，开发出利用 0day 漏洞实施攻击的攻击软件，并实施入侵过程。

2. 黑客入侵的后果

黑客成功入侵某台计算机的后果：一是植入木马病毒，通过木马病毒长期非法访问该计算机中的资源；二是设置后门，通过后门非法登录该计算机；三是植入僵死病毒，使该计算机成为黑客控制的“肉鸡”。

3. 黑客入侵过程

黑客入侵过程大致分为信息收集、扫描、渗透和攻击四个阶段。一旦黑客选定攻击目标，首先需要收集尽可能多的和攻击目标有关的信息。扫描过程用于了解企业网络的拓扑结构，用户终端接入方式，网络应用服务器使用的操作系统和应用程序的类型、版本和存在的漏洞等信息。一旦黑客获知目标主机操作系统和应用程序的类型和版本，便可以根据已经公开的漏洞在目标主机中植入病毒程序或是在目标主机中建立具有管理员权限的账户。黑客通过启动病毒程序的破坏功能对入侵主机实施破坏操作。

1.3.6　病毒

1. 恶意代码的定义

代码是指一段用于完成特定功能的计算机程序，恶意代码是指经过存储介质和网络实现在计算机系统间的传播，未经授权地破坏计算机系统的完整性、保密性和可用性，甚至可以对网络发起攻击的代码，它的主要特点是非授权性和破坏性。

2. 恶意代码的分类

分类恶意代码的标准主要是代码的独立性和自我复制性。独立的恶意代码是指具备一个完整程序所应该具有的全部功能，能够独立传播、运行的恶意代码，这样的恶意代码不需要寄宿在另一个程序中。非独立恶意代码只是一段代码，它必须嵌入某个完整的程序中，作为该程序的一个组成部分进行传播和运行。对于非独立恶意代码，自我复制过程就是将自身嵌入宿主程序的过程，这个过程也称为感染宿主程序的过程。对于独立恶意代码，自我复制过程就是将自身传播给其他系统的过程。不具有自我复制能力的恶意代码必须借助其他媒介进行传播。目前具有的恶意代码种类及属性如图 1.18 所示。按照图 1.18 中的分类，名为病毒的恶意代码是同时具有寄生和感染特性的恶意代码，称为狭义病毒。习惯上，人们把一切具有自我复制能力的恶意代码统称为病毒，为和狭义病毒相区别，将这种病毒称为广义病毒。基于广义病毒的定义，病毒、蠕虫和 Zombie 可以统称为病毒。

恶意代码
- 陷阱门
- 逻辑炸弹
- 特洛伊木马
- 病毒
- 蠕虫 } 独立恶意代码
- Zombie } 独立恶意代码

病毒、蠕虫、Zombie } 具有自我复制能力的恶意代码

图 1.18　恶意代码的分类

(1) 陷阱门

陷阱门是某个程序的秘密入口，通过该入口启动程序，可以绕过正常的访问控制过程，因此，获悉陷阱门的人员可以绕过访问控制过程，直接对资源进行访问。陷阱门已经存在很长一段时间，原先的作用是程序员在开发具有鉴别或登录过程的应用程序时，为避免每一次调试程序时都要输入大量鉴别或登录过程需要的信息，通过陷阱门启动程序的方式绕过鉴别或登录过程。程序区别正常启动和通过陷阱门启动的方式很多，如携带特定的命令参数、在程序启动后输入特定字符串等。

程序设计者是最有可能设置陷阱门的人，因此，许多免费下载的实用程序中都含有陷阱门或病毒等恶意代码，使用免费下载的实用程序时必须注意这一点。

(2) 逻辑炸弹

逻辑炸弹是指包含在正常应用程序中的一段恶意代码，当某种条件出现时，如到达某个特定日期，增加或删除某个特定文件等，将激发这一段恶意代码，执行这一段恶意代码将导致非常严重的后果，如删除系统中的重要文件和数据，使系统崩溃等。历史上不乏程序设计者利用逻辑炸弹讹诈用户和报复用户的案例。

(3) 特洛伊木马

特洛伊木马也是包含在正常应用程序中的一段恶意代码，一旦执行这样的应用程序，将激发恶意代码。顾名思义，这一段恶意代码的功能主要在于削弱系统的安全控制机制，如在系统登录程序中加入陷阱门，以便黑客能够绕过登录过程直接访问系统资源；将共享文件的只读属性修改为可读写属性，以便黑客能够对共享文件进行修改，甚至允许黑客通过远程桌面等工具软件控制系统。

(4) 病毒

这里的病毒指狭义上的恶意代码类型，单指那种既具有自我复制能力，又必须寄生在其他应用程序中的恶意代码，它和陷阱门、逻辑炸弹的最大不同在于自我复制能力。通常情况

下，陷阱门、逻辑炸弹不会感染其他应用程序，而病毒会自动将自身嵌入其他应用程序。

（5）蠕虫

从病毒的广义定义来说，蠕虫也是一种病毒，但它和狭义病毒的最大不同在于自我复制过程，病毒的自我复制过程需要人工干预，无论是运行感染病毒的应用程序，还是打开包含宏病毒的邮件，都不是由病毒程序自我完成的。蠕虫能够自我完成下述步骤：

- 查找远程系统：能够通过检索已被攻陷的系统的网络邻居列表或其他远程系统地址列表找出下一个攻击对象。
- 建立连接：能够通过端口扫描等操作过程自动和被攻击对象建立连接，如 Telnet 连接等。
- 实施攻击：能够自动将自身通过已经建立的连接复制到被攻击的远程系统，并运行它。

（6）Zombie

Zombie（俗称僵尸）是一种利用秘密接管连接在网络上的其他系统，并以此系统为平台发起对某个特定系统的攻击的恶意代码。Zombie 主要用于定义恶意代码的功能，并没有涉及该恶意代码的结构和自我复制过程，因此，分别存在符合狭义病毒的定义和蠕虫定义的 Zombie。

3. 病毒植入和传播过程

编制一个病毒程序并不难，难的是如何将病毒程序第一次植入某个计算机系统，并予以激活。

（1）宏病毒

宏操作允许在字处理文件或者其他办公软件生成的文件中嵌入可执行程序，这种可执行程序称为宏代码，用类似 Basic 语言的编程语言编写而成。所谓的宏病毒就是将病毒作为宏代码嵌入字处理文件或者其他办公软件生成的文件中，一旦用户打开该文件，便会激发宏操作，完成病毒植入和首次激活过程。

（2）电子邮件病毒

电子邮件是目前常见的端到端通信方式，由于一些免费的电子信箱不提供防病毒措施，导致电子邮件成为传播病毒的良好工具。最初的电子邮件病毒将包含宏病毒的字处理文件或其他办公软件生成的文件作为邮件附件进行传输，人们打开邮件附件的同时激活宏病毒。宏病毒除了感染本系统外，还会将同样的电子邮件发送给系统地址簿中成员列表给出的邮件地址，这些邮件地址的用户因为收到的是从熟悉的邮件地址发送来的电子邮件，所以往往会毫无戒心地打开邮件附件，导致该邮件的新一轮传播。电子邮件病毒在攻陷某个终端后，将快速扩散到整个网络。

（3）网页病毒

许多网页是嵌入脚本程序的，因此，网页中可能嵌入了用脚本语言编写的病毒，一旦浏览嵌入病毒的网页，就可以激活病毒，并完成病毒的感染过程。

（4）蠕虫病毒

蠕虫病毒能够自动地从一个计算机系统传播到另一个计算机系统并激活，然后开始新一轮的传播过程。蠕虫病毒和其他病毒的不同点在于传播和激活均由病毒自身自动完

成，因此，蠕虫病毒是扩散最快的病毒。

1.3.7 智能手机面临的安全威胁

1. 安全威胁

(1) 伪基站

智能手机接入移动通信网络的过程如图 1.19 所示，智能手机首先需要进入某个基站的有效通信范围，然后由该基站完成对智能手机的身份鉴别过程，确认注册智能手机后，完成该智能手机接入移动通信网络的过程。该智能手机可以进行移动通信和接收、发送短消息的过程。由于全球移动通信系统(Global System for Mobile communication，GSM)只能由基站对智能手机进行身份鉴别，智能手机无法对基站进行身份鉴别，因此，在 GSM 方式下，黑客可以伪造一个基站(称为伪基站)让智能手机接入，一旦智能手机与伪基站建立连接，伪基站可以向智能手机发送假的短消息，这些短消息的发送号码可以是伪基站生成的任何号码。这些短消息中，有些是诈骗短消息，有些是嵌入各种链接的短消息，这些链接通常指向钓鱼网站和诱导用户下载包含木马病毒的应用程序的网站。

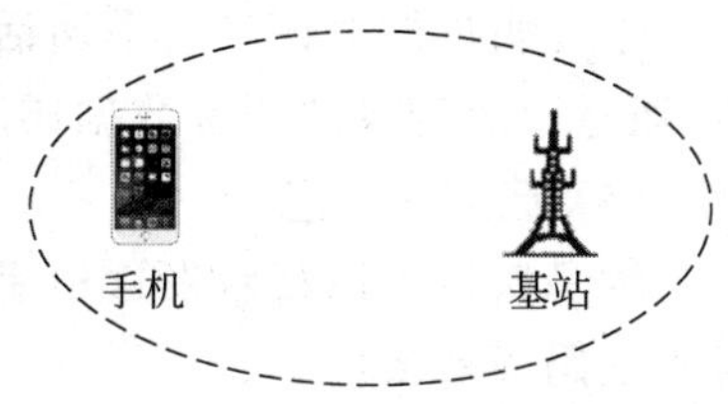

图 1.19 移动通信网络接入过程

(2) 木马病毒

智能手机与普通计算机相比，增加了以下感染木马病毒的途径。一是下载包含木马病毒的应用程序。有些黑客将木马病毒嵌入常用的应用程序中，并将应用程序上传至缺乏安全认证的智能手机软件论坛，一旦论坛成员下载并运行该应用程序，该智能手机就会感染木马病毒。二是用二维码方式给出链接，或是在短消息中嵌入链接，一旦进入链接指向的网页，就会诱导用户下载并安装木马程序。

(3) 后门程序

后门程序一般是指那些用于实现绕过安全性控制而获取对程序或系统访问权的程序，在一些非正规厂家生产的手机或是通过非正规渠道购买的手机中，可能事先嵌入了后门程序。黑客可以通过后门程序窃取手机中的资料，在手机中植入木马病毒。

(4) BYOD

携带自己的设备办公(Bring Your Own Device，BYOD)是指通过在自己的智能手机上安装办公软件，将自己的智能手机转变为企业的办公终端。这样做，一是可以节省企业运行成本，二是满足了不同员工的个性化需求，但副作用是会引发安全问题。办公过程中，智能手机会同步存储一些企业私密信息，由于办公环境是内部网络，受防火墙和网络地址转换(Network Address Translation，NAT)的保护，因此，办公环境下的智能手机是相对安全的。当用户在公共场所使用智能手机时，就有可能泄露存储在智能手机中的企业私密信息。

2. 不良后果

(1) 移动窃听器

手机一旦被植入病毒，便可以成为一个移动的窃听器，病毒可以打开手机麦克风，监听周围声音，并将记录的声音发送给黑客。

（2）泄露私密信息

木马病毒能够窃取账号、密码、电话本中的联系人、手机中存储的照片、接收和发送过的短消息等个人私密信息和因为 BYOD 而存储在智能手机中的企业私密信息，并将这些私密信息上传到某台指定的服务器。

（3）监听通话过程

木马病毒能够记录整个通话过程的语音数据，并将语音数据上传到某台指定的服务器，通过回放记录的语音数据还原整个通话过程。

（4）截获短消息

木马病毒可以截获发送给手机的短消息，并将截获的短消息转发给黑客，黑客因此获得验证码等重要信息。

（5）窃取支付账户和密码

木马病毒通过监控用户操作手机的过程，窃取用户在移动支付过程中输入的支付密码等私密信息，并将这些私密信息发送给黑客。

（6）跟踪

病毒程序可以定时采样、记录手机的位置信息，并将采样、记录的手机位置信息发送给黑客，黑客将记录的位置信息和地图结合，可以得出用户任意时间段的活动轨迹。

（7）恶意扣费

病毒程序可以启动一些收费服务，偷偷拨打收费声讯电话，导致用户的话费急剧增加。

1.4 信息安全技术

攻击和防御是矛盾的两个方面，针对各种攻击行为，有着各种防御攻击行为的安全技术，本教材着重讨论的信息安全技术主要是用于保障存储在计算机和智能手机中的信息的保密性、完整性和可用性的安全技术。

1.4.1 病毒防御技术

病毒防御技术需要从以下三个方面实施对病毒的防御：一是避免感染病毒；二是及时删除植入的病毒程序；三是控制病毒程序造成的危害。

1. 避免感染病毒

避免感染病毒需要做到以下几点。

- 不打开来历不明的邮件；
- 不访问没有经过安全认证的网站；
- 不从没有经过安全认证的网站下载并运行应用程序；
- 不随便扫描二维码；
- 不随便进入短消息和二维码中链接所指向的网页。

2. 检测病毒

及时删除植入的病毒程序需要做到以下几点。

- 安装病毒检测程序；
- 及时更新病毒库；
- 定期扫描系统；
- 及时隔离感染病毒的文件。

3. 监控程序运行过程

控制病毒程序造成的危害需要做到以下几点。

- 实时监控程序运行过程；
- 限制对重要系统资源的访问；
- 及时报警；
- 记录安全日志。

1.4.2 无线通信安全技术

无线通信包括无线局域网通信过程、移动通信网络通信过程和无线数据通信网络通信过程。需要从以下三个方面解决无线通信的安全问题：一是身份鉴别；二是加密；三是完整性检测。

1. 身份鉴别

智能手机无论是接入热点（无线路由器）还是接入基站，都涉及身份鉴别过程。身份鉴别过程保证只允许授权用户接入热点和基站。对于热点，标识授权用户的信息通常是用户名和密码，因此，只有提供正确的用户名和密码的用户才被允许接入热点。对于基站，标识授权用户的信息存储在SIM卡或UIM卡中，因此，只有安装了有效的SIM卡或UIM卡的手机才被允许接入基站。

单向鉴别是指只允许热点和基站鉴别接入用户身份，用户不对热点和基站的身份进行鉴别的身份鉴别方式，单向鉴别容易导致伪造热点和基站的情况发生。因此，安全的身份鉴别机制应该是双向鉴别，即热点和基站只允许授权用户接入，授权用户只接入经过安全认证的热点和基站。

2. 加密

无线通信的特点是空间开放性和频段开放性。空间开放性是指所有在发送设备的电磁波有效传播范围内的接收设备均可接收到发送设备发送的电磁波。频段开放性是指无论是无线局域网使用的频段还是移动通信网络使用的频段都是标准的、公开的，这就导致所有想接收某个设备发送的电磁波的人员，只要能够进入该设备的电磁波有效传播范围，就可接收到该设备发送的电磁波。

因此，在将数据转换成电磁波之前，必须先对数据进行加密。通常将加密前的数据称为明文，将加密后的数据称为密文。一旦发送者对数据进行加密，窃听者通过窃听电磁波还原的数据就是发送者加密明文后的密文，如果窃听者不能对密文进行解密，便无法得到发送者的明文，从而保证了经过无线信道传输的数据的保密性。

3. 完整性检测

如果黑客对发送端发送的数据进行了篡改，但接收端由于没有觉察到已经发生的篡改，正常接收了数据，则发送端发送的数据的完整性被破坏。

完整性检测是一种接收端能够检测出接收到的数据在传输过程中是否被篡改的机制。增加完整性检测这一机制后，接收端接收到数据时首先判断数据在传输过程中是否被篡改，确认数据在传输过程中没有被篡改后才正常接收、处理数据，否则丢弃接收到的数据。

1.4.3 电子商务安全技术

需要从以下四个方面保障电子商务的安全：源端鉴别、数字签名、加密、完整性检测。

1. 源端鉴别

源端鉴别是一种接收端能够确认数据发送端的机制。一旦启用源端鉴别，对于发送端 X 发送的数据，接收端能够证明数据的发送端是 X。

电子商务中，为了防止用户 X 假冒用户 Y 向商家发送购货请求的情况发生，商家必须能够通过源端鉴别证实发送购货请求的用户与购货请求中指明的用户是否一致。同样，为了防止商家 X 假冒商家 Y 向银行发送支付请求，银行也必须能够通过源端鉴别证实发送支付请求的商家与支付请求中指明的商家是否一致。

2. 数字签名

为了防止用户 X 向商家发送购货请求后，否认曾经向商家发送过购货请求，要求用户 X 对发送的购货请求进行数字签名(Digital Signature，DS)。

现实世界中，往往通过对文件签名表明签名者对该文件的确认、核准等。计算机网络中，数字签名是某个报文的附加信息，该附加信息一是能够证明签名者的真实性，二是能够证明签名者对该报文的确认，因此具有如下特征：

- 接收者能够核实发送者对报文的数字签名；
- 发送者事后无法否认对报文的数字签名；
- 接收者无法伪造发送者对报文的数字签名。

总之，数字签名必须保证唯一性、关联性和可证明性，唯一性保证只有特定发送者能够生成数字签名。关联性保证是对特定报文的数字签名。可证明性表明该数字签名的唯一性和与特定报文的关联性可以得到证明。

一旦用户 X 对发送的购货请求进行数字签名，可以由第三方证明商家提供的购货请求确实是用户 X 发送的。同样，银行也要求商家对发送的支付请求进行数字签名。

3. 加密

用户发送的支付授权中可能包含用户账号、密码等私密信息，为了防止这些私密信息被除用户和银行外的第三方窃取，要求用户在传输前对这些私密信息进行加密，且保证只有银行能够对密文进行解密。

4. 完整性检测

购货请求和支付请求在传输过程中，不允许对购货请求中的商品清单和支付请求中的支付金额等进行篡改，因此，商家和银行必须能够通过完整性检测确定接收到的购货请求和支付请求是否已经被篡改。

1.4.4 数据安全技术

需要从以下四个方面保障数据安全：备份、恢复、加密、授权访问。

1. 备份

存储在计算机中的数据是不安全的，其原因：一是计算机的存储设备本身可能会损坏；二是黑客可能通过入侵篡改和删除数据。因此，重要的数据需要备份。简单的备份是用移动存储设备复制文件，但这种备份方式需要手工完成，且无法实时进行。较好的备份方式是对重要数据进行实时、自动备份。

2. 恢复

恢复是一种还原被删除的重要数据的机制。如果重要数据被错误地删除且没有备份，就需要通过恢复还原被删除的重要数据。

3. 加密

存储在计算机和智能手机中的数据可能包含私密信息，黑客入侵和病毒又使得所有存储在计算机和智能手机中的数据都存在泄露的可能。为保护私密信息，可靠的方法是只在计算机和智能手机中存储加密私密信息后的密文。只要黑客无法解密密文，即使通过非法途径获取存储在计算机和智能手机中加密私密信息后生成的密文，也能保证这些私密信息的保密性。

4. 授权访问

授权访问是对数据进行分类，且针对每一类数据对所有用户设置访问权限。某个用户的访问权限规定了该用户可以对数据进行的操作，如读、写、管理等。因此，实现授权访问需要解决两个问题：一是确定你是谁；二是确定你能做什么。通过用户身份鉴别确定你是谁，通过对数据授权确定你能对数据做什么。

1.4.5 Windows 安全技术

Windows 是普通用户最常用的操作系统，挖掘和利用 Windows 的安全功能是保护计算机安全的最有效手段。Windows 的安全功能包括防火墙、数据保护、审计等。

1. 防火墙

Windows 的主机防火墙功能是防御黑客入侵的有效手段。终端可以主动发起访问互联网中资源的过程，终端也可以被动接受互联网中其他终端发起的对它的访问过程。黑客入侵某个终端，通常都是由黑客主动发起对该终端的访问过程。木马病毒向互联网中的黑客终端泄露私密信息时，通常由木马病毒主动发起访问互联网中黑客终端的过程。因此，需要对终端主动发起访问互联网中资源的过程和终端被动接受互联网中其他终端发起的对它的访问过程的实施控制。Windows 7 防火墙用入站规则控制终端被动接受互联网中其他终端发起的对它的访问过程，用出站规则控制终端主动发起的访问互联网中资源的过程。

2. 数据保护

Windows 提供的数据保护功能主要有加密和授权访问。

（1）加密

Windows 7 具有多种加密手段，可以对存储在计算机中的单个文件进行加密，也可以对整个分区进行加密。有些加密后的密文只能在本机浏览，一旦离开本机环境，将无法正常浏览，以此保证计算机中的数据不被非法复制。有些加密后的密文即使在本机浏览时也需要输入密码，以此保证计算机中的数据不被非法访问。

（2）授权访问

Windows 7 的授权访问分为两部分。一是创建用户，并在创建用户时分配用户名和密码。登录时，只有输入合法用户的用户名和密码后，才被允许登录计算机。二是为需要授权访问的文件和文件夹分配权限。分配权限时，可以为每一个用户指定访问该文件或文件夹的权限，这些权限包括读、写、删除等操作。

这样，只有创建的合法用户才能登录该计算机系统，每一个用户只能按照授权对文件和文件夹进行操作。

3. 安全审计

安全审计分为两部分：一是通过日志记录计算机中完成的操作；二是对日志记录的操作进行统计、分析。黑客入侵计算机的过程和病毒程序破坏计算机中资源的过程涉及一系列操作，计算机中的日志可以记录这些操作和实施这些操作的时间，通过分析日志记录的信息，一是可以发现黑客的入侵途径和实施的破坏操作，以及病毒程序的传播途径和实施的破坏操作等，以此发现系统漏洞，找出对策；二是可以找出作为黑客入侵和病毒程序实施破坏过程的证据的信息。对计算机中重要资源实施破坏是一种犯罪行为，计算机中记录犯罪行为实施过程的信息可以作为证据。因此，计算机取证已经成为将黑客和病毒传播者绳之以法的重要一环，而安全审计已经成为计算机取证的重要手段。

本章小结

- 信息技术领域中的信息就是计算机用于表示信息的各种类型的数据。
- 互联网和移动互联网的广泛应用使得信息与人们的日常生活息息相关。
- 智能手机随时随地可以上网的特性和智能手机配备的各种类型传感器使得以智能手机为终端设备的移动互联网的应用更加深入和普及。
- 互联网和移动互联网使得信息成为有着重要价值的资源，针对信息的各种攻击行为开始出现。
- 面对各种安全威胁，各种安全技术应运而生。

习题

1.1 信息技术领域中的信息指的是什么？

1.2 为什么说互联网和移动互联网的广泛应用使得信息与人们的日常生活息息相关？

1.3 举例说明日常生活中使用的信息。

1.4 移动互联网的特征是什么?

1.5 智能手机与普通计算机系统相比,有哪些相同点和不同点?

1.6 移动互联网有哪些传统互联网所没有的应用?这些应用是如何改变人们的生活方式的?

1.7 互联网和移动互联网中的信息面临着哪些安全威胁?

1.8 举例说明你遇到过的安全问题。

1.9 有哪些措施用于保障计算机中信息的安全?

1.10 有哪些措施用于保障智能手机中信息的安全?

第 2 章 信息安全基础

保障信息保密性和完整性的基础是加密算法和报文摘要算法。证书和公开密钥加密算法引申出数字签名,数字签名可以解决信息的不可抵赖性和源端鉴别。无论是访问控制还是 Internet 接入,首先需要解决的问题是身份鉴别。

2.1 加密解密算法

加密解密算法已经存在很长时间,在军事上得到广泛应用。计算机和互联网的诞生一是对加密解密算法的安全性提出了更高的要求,二是使得加密解密算法成为实现网络环境下的信息保密性的基础。

2.1.1 基本概念

1. 加密解密本质

加密前的原始信息称为明文,加密后的信息称为密文,加密过程就是明文至密文的转换过程。为了保障信息的保密性,不能通过密文了解明文的内容。明文至密文的转换过程必须是可逆的,解密过程就是加密过程的逆过程,是密文至明文的转换过程。

2. 传统加密解密算法

(1) 凯撒密码

凯撒密码是一种通过用其他字符替代明文中的每一个字符,完成将明文转换成密文的加密算法。凯撒密码完成由明文至密文的转换过程如下:将构成文本的每一个字符用字符表中该字符之后的第三个字符替代,这种转换过程假定字符表中字符顺序是循环的,因此,字符表中字符 Z 之后的第一个字符是 A。通过这样的转换过程,明文 GOOD MORNING 转换成密文 JRRG PRUQLQJ。显然,不能通过密文 JRRG PRUQLQJ 了解明文 GOOD MORNING 表示的内容。

凯撒密码完成由密文至明文的转换过程如下:将构成文本的每一个字符用字符表中该字符之前的第三个字符替代。

(2) 换位密码

换位密码是一种通过改变明文中每一个字符的位置,完成将明文转换成密文的加密算法。下面以 4 个字符一组的换位密码为例,讨论加密解密过程。首先定义换位规则,如(2,4,1,3)。然后将明文以 4 个字符为单位分组,因此,明文 GOOD MORNING 分为 GOOD MORN ING□,□是填充字符,其用途是使得每一组字符都包含 4 个字符。加密以每一组字符为单位单独进行，因此，4 个字符一组的明文，加密后成为 4 个字符一组的密文。加密过程根据换位规则(2,4,1,3)进行，换位规则(2,4,1,3)表示每一组明文字符中的第 2 个字符作为该组密文字符中的第 1 个字符，每一组明文字符中的第 4 个字符作为该组密文字符中的第 2 个字符，每一组明文字符中的第 1 个字符作为该组密文字符中的第 3 个字符，每一组明文字符中的第 3 个字符作为该组密文字符中的第 4 个字符。加密过程如图 2.1(a)所示，明文 GOOD MORN ING□转换成密文 ODGO ONMR N□IG。解密过程是加密过程的逆过程，根据加密过程使用的换位规则(2,4,1,3)，解密过程需要将每一组密文中的第 1 个字符作为该组明文中的第 2 个字符，每一组密文中的第 2 个字符作为该组明文中的第 4 个字符，每一组密文中的第 3 个字符作为该组明文中的第 1 个字符，每一组密文中的第 4 个字符作为该组明文中的第 3 个字符，由此得出解密过程使用的换位规则是(3,1,4,2)。解密过程如图 2.1(b)所示。

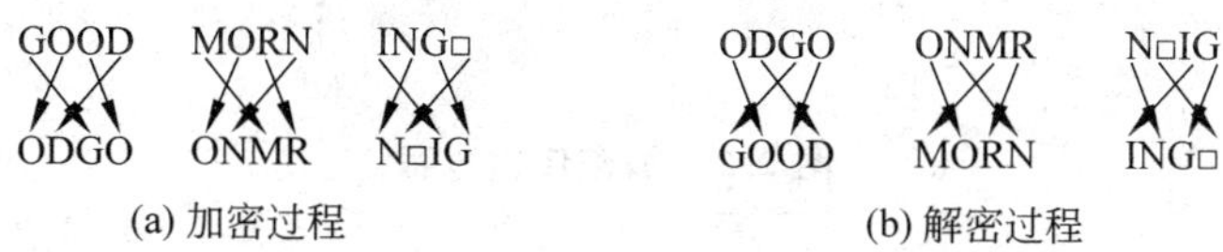

图 2.1　换位密码的加密解密过程

3. 现代加密解密算法

将实现明文转换成密文的系统称为密码系统，密码系统也称为密码体制。密码体制由明文 m、密文 c、加密算法 E、加密密钥 ke、解密算法 D 和解密密钥 kd 组成。明文 m 转换成密文 c 的过程如下。

c=E(m,ke)，即加密算法是一个二元函数，加密过程是以明文 m 和加密密钥 ke 为输入的加密函数运算过程。c=E(m,ke)也可以用 $c=E_{ke}(m)$表示，以突出明文 m 和加密密钥 ke 之间的区别。

密文 c 转换成明文 m 的过程如下。

m=D(c,kd)，解密算法同样是一个二元函数，解密过程是以密文 c 和解密密钥 kd 为输入的解密函数运算过程。m=D(c,kd)也可以用 $m=D_{Kd}(c)$表示。

密码体制要求：$D_{Kd}(E_{ke}(m))=m$，即加密和解密过程是可逆的。

在计算机系统中，明文 m、密文 c、加密密钥 ke 和解密密钥 kd 都是二进制数，因此，存在以下集合。

- 明文集合 M，由明文 m 的二进制数位数确定，如果明文 m 的二进制数位数为 nm，则明文集合 M 包含 2^{nm}个不同的明文。
- 密文集合 C，由密文 c 的二进制数位数确定，如果密文 c 的二进制数位数为 nc，则密文集合 C 包含 2^{nc}个不同的密文。
- 加密密钥集合 KE，由加密密钥的二进制数位数确定，如果加密密钥的二进制数位数为 nke，则加密密钥集合 KE 包含 2^{nke}个不同的密钥。
- 解密密钥集合 KD，由解密密钥的二进制数位数确定，如果解密密钥的二进制数位数为 nkd，则解密密钥集合 KD 包含 2^{nkd}个不同的密钥。

由于计算机强大的运算功能可以实时完成复杂的运算过程，因此，可以设计复杂的加密和解密算法。

现代密码体制的柯克霍夫原则(Kerckhoffs' Principle)：所有加密解密算法都是公开的，保密的只是密钥。

2.1.2 加密传输过程

加密传输过程如图 2.2 所示，发送端将明文 m 和加密密钥 ke 作为加密函数 E 的输入，加密函数 E 的运算结果是密文 c。密文 c 沿着发送端至接收端的传输路径到达接收端。接收端将密文 c 和解密密钥 kd 作为解密函数 D 的输入，解密函数 D 的运算结果是明文 m。

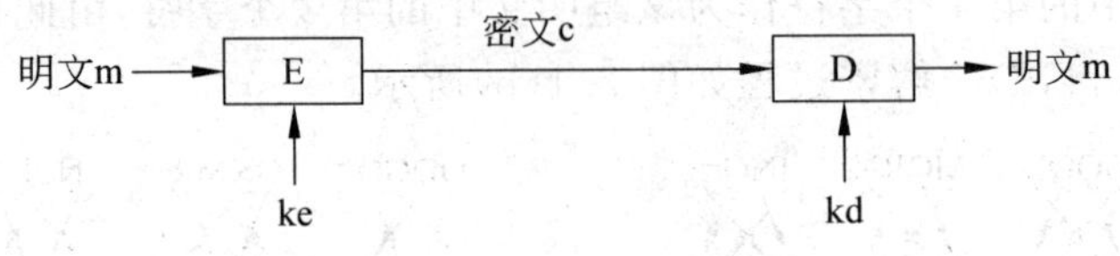

图 2.2 加密传输过程

2.1.3 密码体制分类

1. 对称密钥体制和非对称密钥体制

如果加密密钥 ke 等于解密密钥 kd，则将这种密钥体制称为对称密钥体制。对称密钥体制由于只有一个密钥，因此，也称为单密钥密码体制。如果加密密钥 ke 不等于解密密钥 kd，且无法由一个密钥直接导出另一个密钥，则将这种密钥体制称为非对称密钥体制。非对称密钥体制也称为双密钥密码体制。

2. 两种密钥体制的特点

对称密钥体制的特点是密钥分发和保护困难。对称密钥体制要求发送端和接收端在进行加密传输过程前拥有相同的密钥，使得发送端和接收端拥有相同密钥的过程称为密钥分发。通过网络安全分发对称密钥是一件困难的事情。由于对称密钥体制的加密和解密过程使用相同的密钥，第三方一旦获取密钥就可获取明文。因此，发送端和接收端必须保护好密钥，使第三方无法获取密钥。

非对称密钥体制的特点是密钥分发容易。由于加密密钥不等于解密密钥，且无法由一个密钥直接导出另一个密钥，因此接收端可以公开加密密钥，只需保密解密密钥。所有需要向接收端传输密文的发送端均可用接收端公告的加密密钥完成加密过程，但只有接收端能够通过解密密钥将密文转换成明文。

2.1.4 对称密钥体制

对称密钥体制由 5 个元素组成：明文 P、密文 Y、加密算法 E、解密算法 D 和密钥 K (加密密钥 ke＝解密密钥 kd＝K)。

一旦加密解密算法公开，在黑客能够获得一部分密文 Y 及对应的明文 P 的条件下仍然保证密钥安全性的前提是：黑客无法在知道加密解密算法的情况下，通过有限的密文 Y 及对应的明文 P 推导出密钥 K，或者每一个密钥只进行一次加密运算，而且每一个密钥都是从一个足够大的密钥集中随机产生的，密钥之间没有任何相关性。第一种情况要求足够复杂的加密解密运算过程，而且这种运算过程必须经过广泛测试，保证黑客无法破解，即无法通过有限的密文和明文对解析出密钥。第二种情况要求一次一个密钥，而且密钥必须在足够大的密钥集中随机产生，确保密钥之间没有相关性，黑客无法根据已知的有限密钥序列推导出下一次用于加密运算的密钥，但对加密解密算法的复杂性没有要求。分组密码针对第一种情况，序列密码针对第二种情况，序列密码也称为流密码。

1. 分组密码

(1) 分组密码体制的本质含义

分组密码体制的加密算法如图 2.3(a)所示，它的输入是 n 位明文 P 和 b 位密钥 K，输出是 n 位密文 Y，表示成 $E_K(P)=Y$，同一密钥允许进行多次加密运算。由于黑客可能截获或嗅探到这些用同一密钥加密后的密文，甚至可能获得了一部分密文对应的明文，加密解密算法必须保证黑客无法通过密文，甚至有限的密文、明文对推导出密钥，这就要求分组密码体制下的加密解密算法足够复杂。分组密码体制下的加密运算过程如图 2.3(b)所示，首先将明文分割成固定长度的数据段，然后单独对每一段数据进行加密运算，产生和数据段长度相同的密文，密文序列和明文分组后产生的数据段序列一一对应。解密运算过程就是将密文还原为对应数据段的过程。

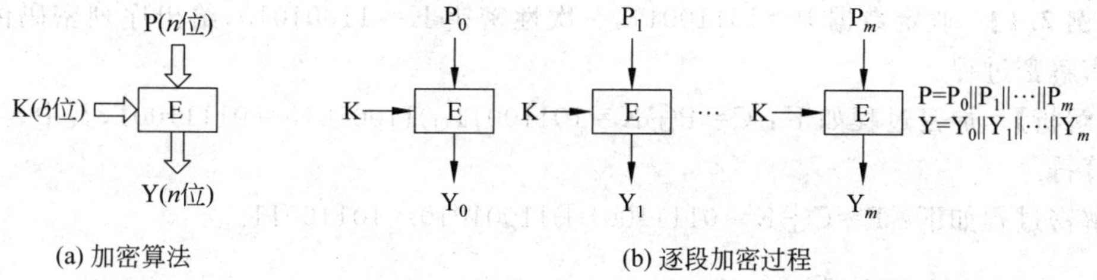

图 2.3　分组密码的加密过程

(2) 常见的分组密码加密算法

① DES

数据加密标准(Data Encryption Standard，DES)的密钥长度和数据段长度均为 64 位，加密运算前，将数据分为 64 位长度的数据段，然后对每一段数据段进行加密运算，产生 64 位长度的密文。

64 位密钥中，8 位二进制数作为校验位，因此，真正作为密钥的只有 56 位。

② AES

高级加密标准(Advanced Encryption Standard，AES)的密钥长度可以是 128 位、192 位或者 256 位，数据段长度固定为 128 位。加密运算前，将数据分为 128 位长度的数据段，然后对每一段数据段进行加密运算，产生 128 位长度的密文。

(3) 分组密码加密算法的安全性因素

分组密码加密运算过程的安全性取决于以下几个因素。

- 数据段长度：增加数据段的长度有利于提高加密算法的安全性(不容易通过明文、密文对解析出密钥)，但增加了运算复杂性。

• 密钥长度：增加密钥的长度有利于提高加密算法的安全性，但增加了运算复杂性。

2. 序列密码

序列密码(也称为流密码)体制的每一次加密运算过程使用不同的密钥，即一次一密。如图 2.4 所示，发送端在密钥集中随机产生一个与明文 P 长度相同的密钥 K，密钥 K 和明文 P 进行异或运算后得到密文 Y。接收端用同样的密钥 K 和密文 Y 进行异或运算，还原出明文 P。如果密钥集足够大，每一次加密运算的密钥不同，且这些密钥之间不存在相关性，那么这种密码体制是最安全的。但一是密钥集总是有限的，二是计算机很难真正在密钥集中随机产生密钥，密钥之间无法做到没有任何相关性，三是发送端和接收端必须同步密钥，因此，序列密码体制的安全性也存在一定的局限。

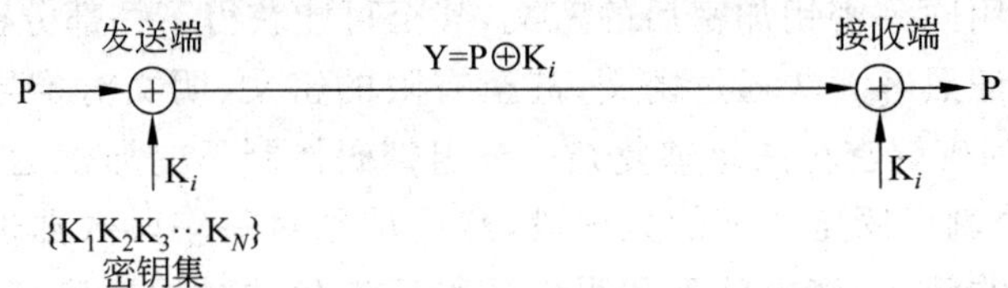

图 2.4 序列密码体制的加密解密过程

【例 2.1】 假定数据 P＝10110011，一次性密钥 K＝11001010，给出序列密码体制下的加密解密过程。

【解析】 加密过程如下：C＝P⊕K＝10110011⊕11001010＝01111001，其中，⊕是异或运算符。

解密过程如下：P＝C⊕K＝01111001⊕11001010＝10110011。

2.1.5 非对称密钥体制

公开密钥的加密算法是一种非对称密钥加密算法，使用不同的加密密钥和解密密钥，它的加密解密过程如图 2.5 所示，发送者用加密算法 E 和密钥 PK 对明文 P 进行加密，接收者用解密算法 D 和密钥 SK 对密文 Y 进行解密。加密密钥 PK 是公开的，而解密密钥 SK 是保密的，只有接收者知道，用于解密公开密钥加密的密文，习惯上将加密密钥称为公钥，而将解密密钥称为私钥。

$$Y = E_{PK}(P)$$

$$D_{SK}(Y) = D_{SK}(E_{PK}(P)) = P$$

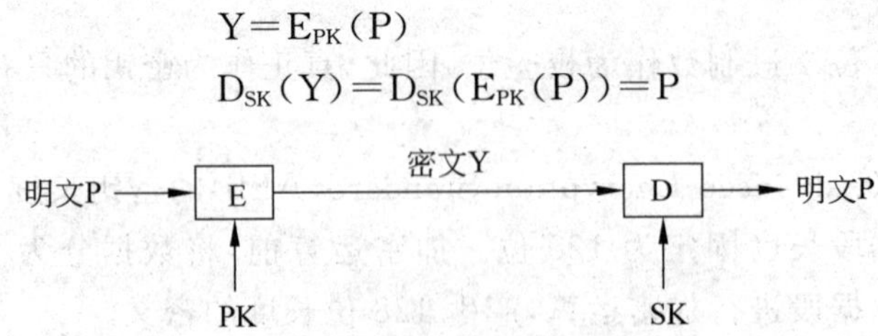

图 2.5 公开密钥加密算法的加密解密过程

公开密钥加密算法的原则如下。

① 容易成对生成密钥 PK 和 SK，且 PK 和 SK 一一对应。

② 加密和解密算法是公开的，而且可以对调，$D_{SK}(E_{PK}(P))=E_{PK}(D_{SK}(P))=P$。

③ 加密和解密过程容易实现。

④ 从计算可行性上讲，无法根据 PK 推导出 SK。

⑤ 从计算可行性上讲，如果 $Y=E_{PK}(P)$，则无法根据 PK 和密文 Y 推导出明文 P。

RSA(Rivest Shamir Adleman)算法是目前最常用的公开密钥加密算法，RSA 私钥的安全性取决于密钥长度 n，当 $n>1024$ 时，根据目前的计算能力，RSA 私钥的安全性是可以保证的。但 n 越大，加密和解密运算的计算复杂度越高。

2.1.6 对称密钥体制和非对称密钥体制的适用环境

1. 优缺点

对称密钥加密算法的优势是加密解密运算过程相对简单，计算量相对较少；劣势是密钥分发比较困难。公开密钥加密算法的劣势是加密解密运算过程比较复杂，计算量相对较大，因此，不适合大量数据加密的应用环境；优势是密钥分发简单，可以通过有公信力的传播媒介公告公钥。

2. 完美结合实例

图 2.6 所示为两种密钥体制完美结合的应用实例，假定发送端拥有接收端的公钥 PKA，当发送端需要加密发送给接收端的数据时，发送端随机产生密钥 K，用密钥 K 和对称密钥加密算法(如 DES)，加密发送给接收端的数据，产生数据密文 Y1($Y1=DESE_K$(数据))，同时，用接收端的公钥 PKA 和 RSA 加密算法加密对称密钥 K，产生密钥密文 Y2 ($Y2=RSAE_{PKA}(K)$)，将数据密文 Y1 和密钥密文 Y2 串接在一起发送给接收端。接收端用公钥 PKA 对应的私钥 SKA 和 RSA 解密算法解密出密钥 K($RSAD_{SKA}(RSAE_{PKA}(K))=K$)，然后用密钥 K 和对称密钥解密算法解密出数据($DESD_K(DESE_K$(数据)＝数据)。这里 DESE 表示 DES 加密算法，DESD 表示 DES 解密算法，RSAE 表示 RSA 加密算法，RSAD 表示 RSA 解密算法。

图 2.6 所示的应用实例充分利用了对称密钥加密算法的加密解密过程计算量小和公开密钥加密算法分发密钥简单的优势，用对称密钥加密算法完成对数据的加密解密运算，用公开密钥加密算法完成对对称密钥的加密过程，简化了对称密钥的同步和分发问题。用公开密钥加密算法和公钥加密对称密钥产生的密钥密文称为数字信封。

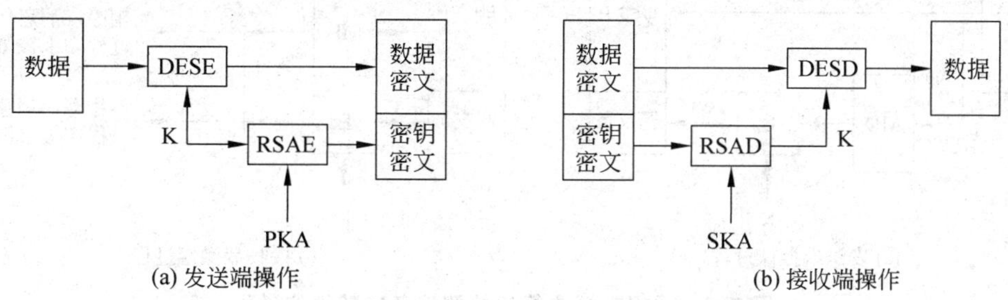

图 2.6 两种密钥体制完美结合的应用实例

2.2 报文摘要算法

报文摘要算法的目的就是产生用来标识某个任意长度报文的有限位数信息，即报文摘要，而且这种标识信息就像报文的指纹一样，具有确认性和唯一性。

2.2.1 报文摘要算法要求

假定 MD 为报文摘要算法，MD(X)是 MD 对报文 X 作用后产生的标识信息，MD 必须满足如下要求。

- 能够作用于任意长度的报文。
- 产生有限位数的标识信息。
- 易于实现。
- 具有单向性，即只能根据报文 X 求出 MD(X)，从计算可行性上讲，无法根据标识信息 h 得出报文 X，且使得 MD(X)＝h。
- 具有抗碰撞性，即从计算可行性上讲，对于任何报文 X，无法找出另一个报文 Y，即 X≠Y，但 MD(X)＝MD(Y)。
- 即使只改变报文 X 中一位二进制位，也使得重新计算后的 MD(X)变化很大。

2.2.2 报文摘要算法的主要用途

1. 消息完整性检测

为了检测出消息 P 在传输过程中所有可能发生的篡改，发送端对根据消息 P 计算出的报文摘要进行加密，并将加密后的报文摘要附在消息 P 后一起发送给接收端。接收端接收到消息 P 和附在消息 P 后面的加密后的报文摘要后，先对加密的报文摘要解密，还原出发送端计算出的报文摘要，然后对消息 P 进行报文摘要运算，并将计算结果和解密后的报文摘要进行比较，如果相等，则表示消息 P 在传输过程中未被篡改，如果不相等，则表示消息 P 已经被篡改，整个过程如图 2.7 所示。

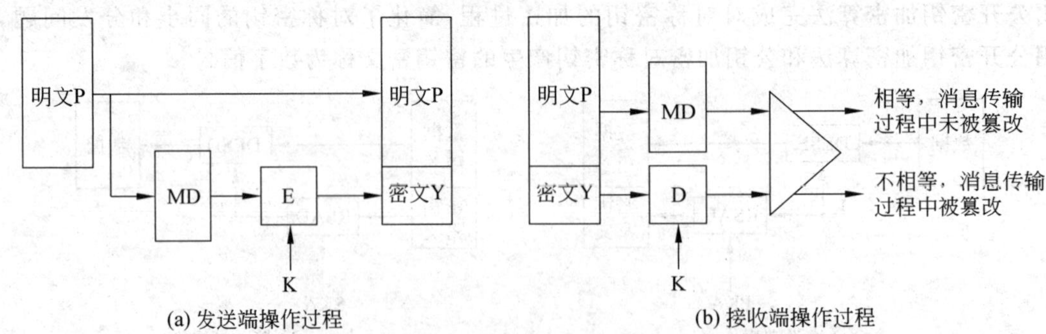

图 2.7 用报文摘要算法检测消息完整性的过程

用报文摘要算法作为消息完整性检测机制，必须使发送端和接收端拥有共同密钥 K，且所有可能的篡改者无法获得密钥 K，同时报文摘要算法保证：

• 只要消息P发生任何改变,重新计算后的报文摘要就会不同。

• 报文摘要的长度应该固定,且小于消息P的长度。

但这两点是相悖的,只要报文摘要的长度小于消息P的长度,就无法保证消息P和报文摘要之间的一一对应关系,这种情况下,可以将报文摘要的要求改为以下:

对于消息P,根据现有计算能力,篡改者无法得出消息P′,且P≠P′,但MD(P)=MD(P′)。

以此保证:篡改者无法做到既篡改消息P,又不让接收端检测出消息P已经被篡改。

2. 验证秘密信息

秘密信息S通常是某个用户的唯一标识信息(如口令),用户B鉴别用户A身份的过程往往就是判别用户A是否拥有秘密信息S的过程。这种情况下,用户B已经建立秘密信息S和用户A之间的绑定关系,要求用户A提供拥有秘密信息S的证据。用户B验证用户A拥有秘密信息S的过程如图2.8所示,用户B生成一个随机数R,将随机数R发送给用户A,同时,对随机数R和秘密信息S串接后的结果计算报文摘要MD(R‖S)。用户A接收到用户B发送的随机数R后,也将随机数R和自己拥有的秘密信息串接在一起,并对串接结果计算报文摘要,并将报文摘要发送给用户B。如果用户A发送的报文摘要和用户B计算的报文摘要相等,则表示用户A拥有秘密信息S。由于其他用户可以嗅探,甚至截获随机数R和MD(R‖S),所以为了保证其他用户无法通过随机数R和MD(R‖S)得出秘密信息S,要求报文摘要算法具有单向性,即可以根据消息P计算出报文摘要MD(P),根据现有的计算能力,无法根据报文摘要MD(P)推导出消息P。

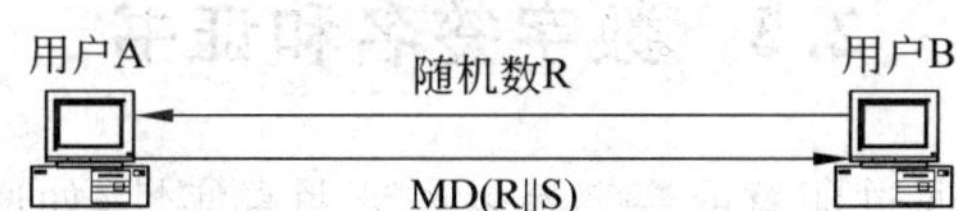

图2.8　验证秘密信息的过程

3. 存储密码

Windows创建用户时,需要分配用户名和密码,并将用户名和密码记录在计算机系统中,但计算机系统在存储合法用户的密码时,存储的是密码的报文摘要,即对于密码K,存储的是MD(K)。这样做的目的是防止密码泄露,由于无法通过MD(K)导出K,因此,任何人都无法从计算机系统中获取合法用户的密码。

用户登录时需要输入用户名和密码,当用户输入密码K′后,计算机系统首先计算出密码K′的报文摘要MD(K′),然后用MD(K′)比较与该用户名关联的密码的报文摘要MD(K)。当MD(K′)=MD(K)时,表明K′=K。

银行创建账户后,需要分配账号和密码,同样,银行存储的也是密码的报文摘要。当用户忘记密码时,银行只能让用户重新设置密码,无法告诉用户原密码,原因就是银行本身也无法还原用户设置的密码。

2.2.3　几种常用的报文摘要算法

1. MD5

报文摘要第5版(Message Digest Version 5,MD5)是较早推出的报文摘要算法,它将任意长度的报文转变为128位的报文摘要，即假定P为任意长度的报文，h＝MD5(P)，则h的长度为128位。

2. SHA-1

安全散列算法第1版(Secure Hash Algorithm 1，SHA-1)和MD5相似，其将任意长度的报文转变为160位的报文摘要，即假定P为任意长度的报文，h＝ SHA-1(P)，则h的长度为160位。

3. HMAC

散列消息鉴别码(Hashed Message Authentication Codes，HMAC)也称为哈希消息认证码，是一种将密钥和报文一起作为数据段的报文摘要算法，即假定P为任意长度的报文，K为密钥，则h＝MD(P‖K)。报文摘要算法MD没有限制，可以是MD5或SHA-1。如果采用MD5报文摘要算法，则表示为HMAC-MD5-128。如果采用SHA-1报文摘要算法，则表示为HMAC-SHA-1-160，后面的128和160为基于密钥生成的报文摘要长度。

4. 报文摘要算法的安全性因素

报文摘要的位数越大，计算复杂性越高，但单向性和抗碰撞性越好。对于密钥K、报文P和报文摘要算法MD，可以用HMAC-MD_K(P)表示报文P基于密钥K和报文摘要算法MD生成的报文摘要。

2.3 数字签名和证书

在现实世界中，人们通过印章或亲笔签名来证明真实性，如通过对文件进行签名表明签名者对该文件的确认、核准等。计算机网络中，数字签名(Digital Signature，DS)是某个报文的附加信息，该附加信息一是能够证明签名者的真实性，二是能够证明签名者对该报文的确认。

2.3.1 数字签名特征

数字签名用于解决网络中传输的信息的真实性问题，它具有如下特征：

- 接收者能够核实发送者对报文的数字签名；
- 发送者事后无法否认对报文的数字签名；
- 接收者无法伪造发送者对报文的数字签名。

总之，数字签名必须保证唯一性、关联性和可证明性，唯一性保证只有特定发送者能够生成数字签名，关联性保证是对特定报文的数字签名，可证明性表明该数字签名的唯一性和与特定报文的关联性可以得到证明。

2.3.2 基于RSA数字签名原理

RSA公开密钥加密算法必须满足以下要求：①存在公钥和私钥对PK和SK，PK与SK一一对应；②SK是秘密的，只有拥有者知道，PK是公开的；③无法通过PK推导出SK；④$E_{PK}(D_{SK}(P))=P$。因此，$D_{SK}(MD(P))$可以作为SK拥有者对报文P的数字签名，

图 2.9 所示是基于 RSA 的数字签名的实现过程。

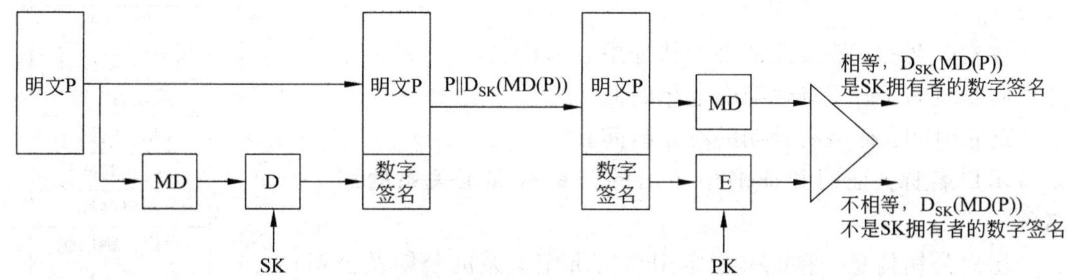

图 2.9　数字签名的实现过程

D_{SK}(MD(P))能够作为 SK 拥有者对报文 P 的数字签名的依据如下：一是私钥 SK 只有 SK 拥有者知道，因此，只有 SK 拥有者才能实现 D_{SK}(MD(P))的运算过程，保证了数字签名的唯一性；二是根据报文摘要算法的特性，即从计算可行性上讲，其他用户无法生成某个报文 P′，且 P≠P′，但 MD(P)＝MD(P′)，因此，MD(P)只能是报文 P 的报文摘要，保证了数字签名和报文 P 之间的关联性；三是数字签名能够被核实，因为公钥 PK 和私钥 SK 一一对应，如果公钥 PK 和 SK 拥有者之间的绑定关系得到权威机构证明，一旦证明用公钥 PK 对数字签名进行加密运算后还原的结果(E_{PK}(数字签名))等于报文 P 的报文摘要(MD(P))，就可以证明数字签名是 D_{SK}(MD(P))。

2.3.3　证书和认证中心

基于 RSA 公开密钥算法的数字签名技术的实现原理是私钥的秘密性，私钥和公钥之间的关联性，以及公钥的公开性。只要证明某个公钥和用户之间的绑定关系，就可以证明和该公钥关联的私钥的拥有者就是该用户。因此，实现基于公开密钥算法的数字签名技术的第一步就是证明公钥和用户之间的绑定关系。用户不能简单地通过公告自己的公钥宣示自己和公钥之间的绑定关系，因为这样做既没有公信力，也很容易让某个攻击者伪造和他人的公钥之间的绑定关系。假定用户 B 通过网页公告自己的公钥 PKB，用户 A 就有可能通过入侵用户 B 的网页篡改用户 B 在网页中给出的公钥 PKB，将自己的公钥 PKA 作为用户 B 的公钥予以公告。

如何让人们确信某个用户通过网页或媒体公告的公钥不是其他人伪造的？公开密钥算法为解决这种公钥认证问题，设计了认证中心(Certification Authority，CA)。认证中心是一个具有公信力的权威机构，当用户 B 希望通过认证中心认证他所发布的公钥 PKB 不是伪造的时，用户 B 需要携带希望认证的公钥 PKB 和证明自己身份的证件到认证中心，认证中心确认用户 B 的真实身份后提供一份证书，证书分为两部分：一部分是用明文方式给出的用于确认公钥 PKB 和用户 B 之间绑定关系的证明；另一部分是用认证中心的私钥 SKCA 对上述明文的报文摘要进行解密运算后生成的密文(D_{SKCA}(MD(P))。

证书含有的主要内容如图 2.10 所示。

版本：证书格式的版本号，目前最新版本是版本 3。

证书序号：认证中心用于唯一标识该证书的序号。

签名算法标识符：用于标识证书签名算法及算法相关的参数。

签发者名称：签发该证书的认证中心名称。

起始时间：证书有效期的起始时间。

终止时间：证书有效期的终止时间。

用户名称：证明和证书中给出的公钥有绑定关系的用户名称。

用户公钥信息：和证书指定用户有绑定关系的公钥及公钥所相关的算法和参数。

签发者唯一标识符：在签发者名称可能重名的情况下，用于唯一标识签发该证书的认证中心。

用户唯一标识符：在用户名称可能重名的情况下，用于唯一标识和证书中给出的公钥有绑定关系的用户。

扩展信息：用于给出其他一些相关信息。

版本
证书序号
签名算法标识符
签发者名称
起始时间
终止时间
用户名称
用户公钥信息
签发者唯一标识符
用户唯一标识符
扩展信息
D_{SKCA}(MD(P))

P（版本至扩展信息）

图 2.10　证书格式

认证中心签名：用认证中心的私钥对证书内容的报文摘要进行解密运算的结果 D_{SKCA}(MD(P))，P 是证书内容。

认证中心是用户向外发布证书的主要渠道，当然，用户也可以通过其他渠道（如网页或媒体）发布证书。这种证书是无法伪造的，假定用户 A 进入用户 B 的主页，想用自己的公钥 PKA 取代证书上的公钥 PKB，用户 A 只能篡改明文，无法修改密文。当用户 C 访问已被用户 A 篡改的证书时，用户 C 将用认证中心的公钥 PKCA 对证书的密文进行加密运算（E_{PKCA}(D_{SKCA}(MD(P)))= MD(P)），如果发现用认证中心的公钥 PKCA 对证书的密文进行加密运算后得到的明文的报文摘要和通过对证书中给出的明文进行的报文摘要运算后得到的结果不一致，则认为该证书已被篡改。

2.3.4　PKI

认证中心的公钥 PKCA 可以通过多种有公信力的渠道公告给广大用户，因此，认证中心的公钥 PKCA 是无法伪造的。当然，全国乃至全球不可能只有一个认证中心，应该有多个负责一个地区或一个城市的认证中心。但某个城市的用户如何确认另一个城市的认证中心提供的证书？在上面的讨论中，通过众所周知的认证中心的公钥 PKCA 验证证书的真伪，那么，所有认证中心能否使用相同的公钥 PKCA 和私钥 SKCA 对？结论当然是否定的，这将给安全带来很大的隐患。但不同认证中心使用不同的公钥和私钥对带来的问题是如何保证用户获得的某个认证中心的公钥不是伪造的。另外，如果某个用户因为担心私钥泄密而要求撤销证书时，如何撤销证书并向其他用户发布该证书已经撤销的消息？因此，需要有一整套的机制管理、控制证书的全过程，包括证书的生成、更新、撤销和交叉认证等。

1. PKI 模型

公钥基础设施（Public Key Infrastructure，PKI）提供了管理、控制证书全过程的方案，包括证书的生成、更新、撤销和交叉认证机制。PKI 模型如图 2.11 所示。

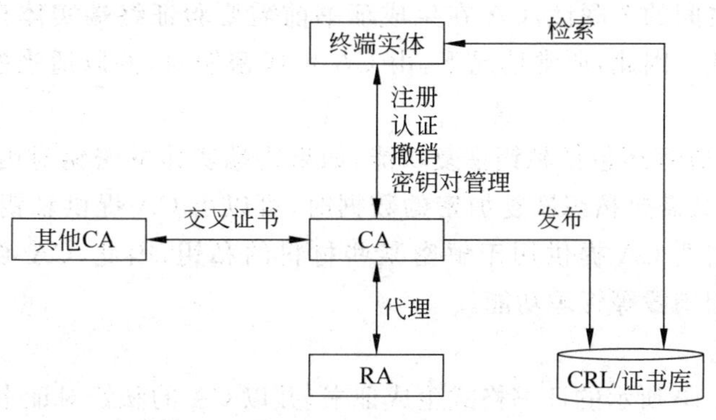

图 2.11 PKI 模型

终端实体指申请了证书的用户、网络设备（如路由器）、进程等，也指依赖证书完成对交易过程中的另一方验证的实体。

认证中心（CA）承担用户注册以及证书生成、发布、更新、撤销等证书管理功能与密钥对的生成和发放，同时通过认证路径完成对证书的认证，认证路径是终端实体 X 证明终端实体 Y 与其公钥之间绑定关系的过程中涉及的认证中心序列，表示如下：

$[CA_1, CA_2, \cdots, CA_N]$

其中 CA_1 是终端实体 X 信任的认证中心，也称终端实体 X 的信任锚。CA_1 是终端实体 X 信任的认证中心，是指 CA_1 与其公钥之间的绑定关系已经被终端实体 X 确认。CA_N 是颁发用于证明终端实体 Y 与其公钥之间绑定关系的证书的认证中心。CA_{i-1} 是对 CA_i 颁发证书的认证中心，颁发给某个 CA 的证书用于证明该 CA 与其公钥之间的绑定关系。通常由其他 CA 颁发某个 CA 的证书，有时，两个 CA 可能相互为对方颁发证书，这种证书称为交叉证书。

注册中心（RA）是一个管理组件，代理着 CA 的用户注册功能，当然，也可以设置单独的 RA。

证书库规范了证书和证书撤销列表（Certificate Revocation List，CRL）的存储和读取方法。

2. PKI 服务过程

（1）注册

注册是为了取得使用 PKI 服务的权限，注册的过程是终端实体向 CA 或 RA 提供身份鉴别信息及其他信息的过程。注册过程中需要提供的信息与终端实体得到的 PKI 服务和证书的用途有关，如申请用于银行电子转账的证书和申请用于图书馆借书的证书需要提供的终端实体的信息是不同的，终端实体可以通过在线和离线方式完成注册过程，完成注册后，终端实体可以得到一个 CA 或 RA 发放的身份鉴别信息，如共享密钥，终端实体通过 CA 或 RA 完成注册。

（2）密钥对管理

生成证书前，必须生成密钥对（公钥和私钥对）。可以由终端实体自行生成密钥对，如果由终端实体自行生成密钥对，为了证明终端实体拥有的私钥和用证书证明的与该终端实体绑定的公钥之间的关联性，CA在生成证书前需要验证终端实体自行生成的私钥和公钥之间的关联性。因此，通常情况下，由CA生成密钥对，并以适当的方式向终端实体发放私钥。

CA的密钥对管理还包括私钥恢复功能，如果终端实体的密钥对由CA生成，当终端实体遗失私钥，且又需要私钥恢复加密的数据时，可以由CA提供私钥恢复功能。另外，执法机构有时也需要CA提供用于解密某些材料的私钥，因此，CA必须提供密钥对生成、私钥存储、私钥销毁等管理功能。

(3) 证书生成

CA按照图2.10所示的证书格式生成证书，并以CA的私钥对证书进行数字签名，将生成的证书发布到证书库，供其他终端实体访问。如果密钥对是由终端实体自行生成的，则终端实体需要以适当的方式向CA提供公钥。

(4) 证书更新

证书更新包括两种情况：一是证书的有效期到期后，通过证书更新延长证书的有效期；二是如果在证书有效期内更换密钥对，需要通过证书更新修改证书中与终端实体绑定的公钥。当然，第一种情况可以通过生成新的证书实现，第二种情况可以通过撤销旧的证书、生成新的证书实现。

(5) 证书撤销

证书有效期内可能发生必须终止证书使用的情况，如私钥泄露、终端实体的一些相关信息发生改变等，这些情况下，终端实体通过向CA发送撤销证书请求撤销证书，CA必须将撤销的证书的有关信息写入证书撤销列表(CRL)，CRL必须通过CA的数字签名保证其权威性和完整性，并保证其他终端实体能够访问CRL。

3. 分层认证结构与认证路径

最简单的办法是用一个CA完成证书和密钥对的管理，但单一CA显然不具有对大量而又分散的终端实体进行证书管理的能力。因此，需要将多个面向不同终端实体的CA连接在一起，构成一个能够适应复杂应用的PKI。目前常见的PKI结构有层次结构和网状结构，如图2.12所示，层次结构比较简单，采用单向认证机制，由上一层CA颁发用于证明下一层CA与其公钥之间绑定关系的证书。根CA的公钥通过有公信力的传播

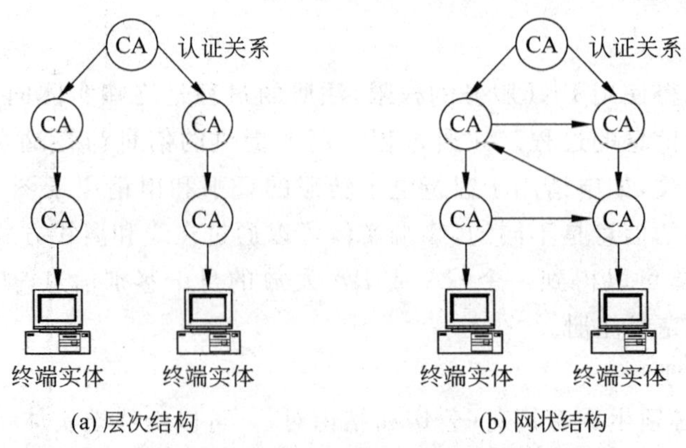

图2.12 PKI结构

渠道公布，并给自己颁发证明自己与其公钥之间绑定关系的证书。层次结构的叶结点是终端实体，为了验证某个终端实体的证书，需要提供根 CA 至终端实体分枝经过的所有 CA 的证书。层次结构的主要问题是可靠性，一旦某个 CA 出现问题，该 CA 连接的所有分枝都将无法正常工作。一旦根 CA 出现问题，整个 PKI 将无法正常工作。网状结构的 CA 之间的认证关系不再是树形结构，允许存在认证环路，由于存在认证环路，构建验证某个终端实体的证书的认证路径过程比较复杂，在后面的应用中，本书主要基于层次结构讨论 PKI 的工作过程。

层次 PKI 结构中与根认证中心绑定的公钥通过有公信力的多种渠道予以公告。终端实体的证书需要建立根认证中心至终端实体的认证路径，对于如图 2.13 所示的分层认证结

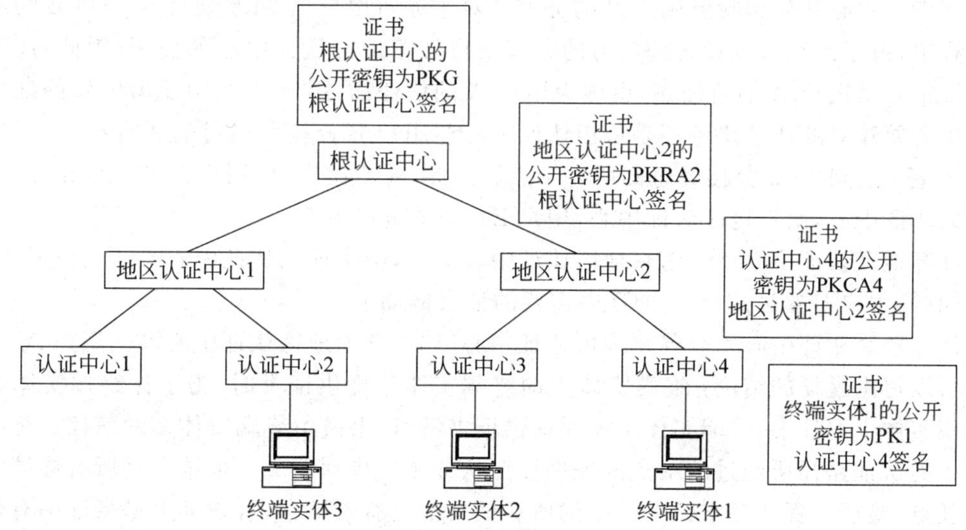

图 2.13 分层认证结构

构，终端实体 1 的认证路径为(根认证中心，地区认证中心 2，认证中心 4，终端实体 1)。其他终端实体，如终端实体 3，如果需要验证证明终端实体 1 与其公钥 PK1 之间绑定关系的证书，则需要获得终端实体 1 的认证路径所包含的所有认证中心的证书，根认证中心的证书不是用来证明根认证中心与其公钥 PKG 的绑定关系的，而是用来存储根认证中心的公钥。根认证中心的公钥通过有公信力的多种渠道予以公告，无须用证书予以证明。由于证明地区认证中心 2 与公钥 PKRA2 之间绑定关系的证书用根认证中心的私钥进行数字签名，因此，可以用根认证中心的公钥 PKG 验证地区认证中心 2 的证书，以此类推，可用地区认证中心 2 的公钥 PKRA2 验证认证中心 4 的证书，可用认证中心 4 的公钥 PKCA4 验证终端实体 1 的证书。将验证某个终端实体证书所涉及的所有证书按照验证顺序排列，构成证书链，对应如图 2.13 所示的分层认证结构，验证终端实体 1 的证书链如下：

根认证中心＜＜地区认证中心 2＞＞，地区认证中心 2 ＜＜认证中心 4＞＞，认证中心 4＜＜终端实体 1＞＞

Y＜＜X＞＞表示由认证中心 Y 签发用于证明用户 X 与某个公钥之间绑定关系的证书。

实际操作过程中，每一层认证中心提供的公钥都可通过这一层所管辖地区的、有公信力的传播媒体予以公告，如负责江苏地区的认证中心可以通过江苏省电视台、政府报纸公告其公钥，而负责南京地区的认证中心可以通过南京市电视台、南京市政府报纸予以公告。但当某个苏州地区的用户A希望和南京地区的用户B通信时，发现用户B的公钥有南京地区认证中心颁发的证书，为验证用户B的证书，需要获得南京市认证中心的公钥。用户A可以通过检索南京地区认证中心的证书库，获得证明南京地区认证中心与其公钥之间绑定关系的证书，该证书由上一层认证中心（江苏地区认证中心）颁发。由于用户A通过有公信力的媒体，已经获得江苏地区认证中心的公钥，因此可以用江苏地区认证中心的公钥验证南京地区认证中心的证书。在确认了南京地区认证中心的公钥后，可以用南京地区认证中心的公钥验证用户B的证书。对于苏州用户A，在验证南京用户B的证书的过程中，由于已经通过具有公信力的渠道获得江苏地区认证中心的公钥，因此，江苏地区认证中心是用户A的信任点，也称为用户A的信任锚，用户A在验证用户B的证书的过程中需要建立的认证路径不是从根认证中心至用户B分枝所经过的所有结点，而是用户A信任点至用户B分枝经过的所有结点。因此，对于用户A，用户B的认证路径是（江苏地区认证中心，南京地区认证中心，用户B），证书链如下：

江苏地区认证中心<<南京地区认证中心>>，南京地区认证中心<<用户B>>

同样，用户B验证用户A的证书需要的证书链如下：

江苏地区认证中心<<苏州地区认证中心>>，苏州地区认证中心<<用户A>>

可以得出这样的结论：终端实体1向终端实体2提供证书时，为了让终端实体2验证终端实体1的证书，终端实体1需要提供证书链，证书链由终端实体2的信任点至终端实体1的认证路径所经过的结点的证书按照认证顺序排列而成。根结点是所有终端实体的信任点，验证过程中要求证书链中的所有证书都是有效证书，有效证书是指证书有效期没有到期且证书没有出现在颁发证书的认证中心的撤销证书列表（CRL）中的证书。

2.3.5 数字签名应用实例

数字签名在实现过程中必须保证私钥的安全性，同时又需要通过私钥计算出数字签名D_{SK}(MD(P))（SK是私钥，P是需要签名的报文）。如果为了便于计算数字签名，将私钥存储在计算机中，则在目前木马病毒和间谍软件十分猖獗的情况下，存在被黑客窃取的危险。如果不将私钥存储在计算机中，则在每一次计算数字签名的过程中，需要输入超过1000位二进制数的私钥。

目前，银行普遍使用的通用串行总线（Universal Serial Bus，USB）key是一种比较好的保证私钥安全性的措施。用户在银行开设账户后，如果需要开通网上业务功能，则银行为用户生成公钥和私钥对，并生成用于证明账户所有者与公钥之间绑定关系的证书，然后将证书和私钥写入USB key，私钥一旦写入，不能从USB key中读出。

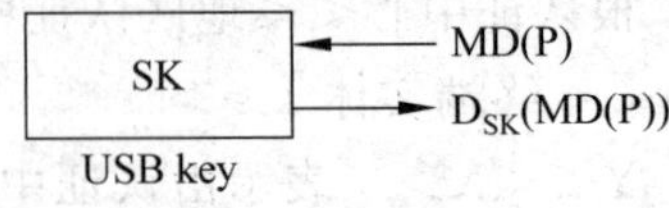

图 2.14　USB key 生成数字签名过程

USB key是一个智能卡，有运算功能。当用户向银行发送业务请求，且需要为业务请求生成数字签名时，将业务请求的报文摘要传输给USB key，由USB key生成，并输出数字签名。USB key生成数字签名的过程如图 2.14 所示。由于私钥是不可见的，因此黑客无法通过木马病毒和间谍软件窃取私钥，私钥的安全性得到保证。

2.3.6 Windows 证书

1. Windows 证书管理

完成“开始”→“运行”操作过程，弹出如图 2.15 所示的“运行”界面，在“打开”框中输入 certmgr.msc，单击“确定”按钮，弹出如图 2.16 所示的 Windows 证书管理器界面。通过 Windows 证书管理器可以对计算机系统中的证书进行管理。图 2.17 所示为某个选定证书的详细内容。

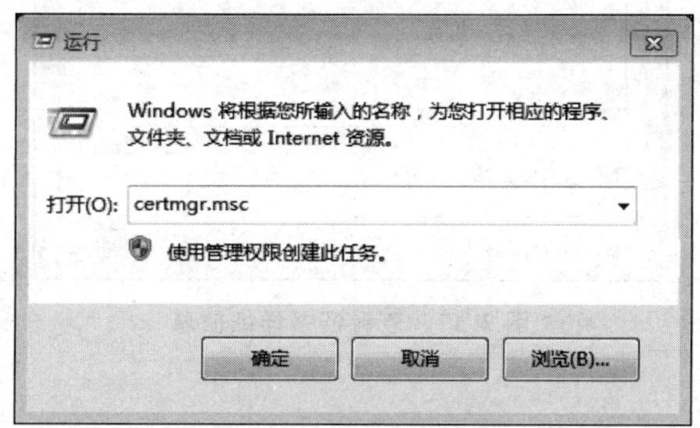

图 2.15　启动证书管理器

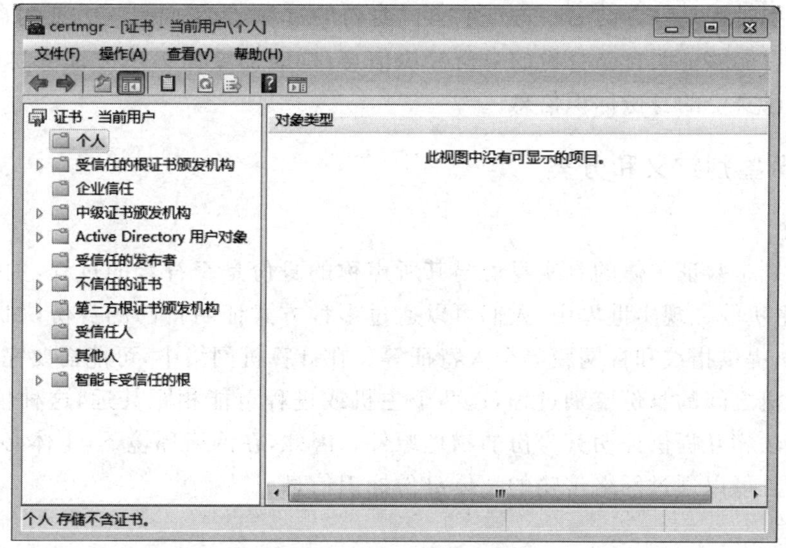

图 2.16　证书管理器界面

2. Windows 证书作用

Windows 证书的作用：一是可以用于验证客户端身份；二是可以对客户端发送的数据进行数字签名，如对客户端发送的邮件进行数字签名。

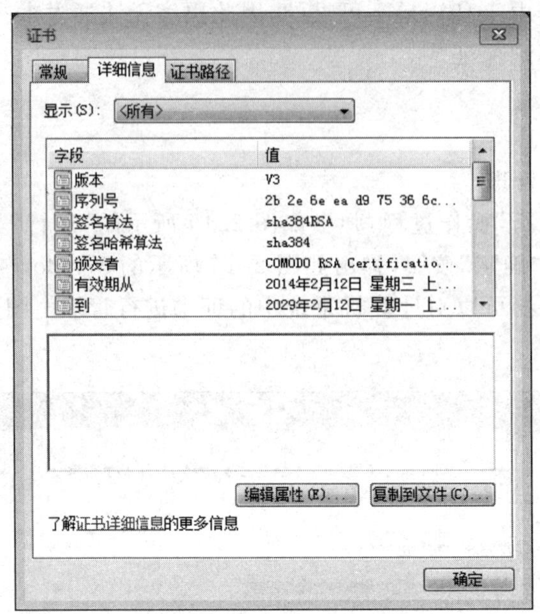

图 2.17 查看证书详细信息

2.4 身份鉴别

身份鉴别过程是一方向另一方证明自己身份的过程，为了向另一方证明自己的身份，首先需要拥有能够证明自己身份的身份标识信息，同时需要向另一方证明自己确实拥有可以证明自己身份的身份标识信息。

2.4.1 身份鉴别定义和分类

1. 定义

身份鉴别是验证主体的真实身份与其所声称的身份是否符合的过程，主体可以是用户、进程和主机等。现实世界中，人们可以通过多种方式证明自己的身份，如出示身份证等有效证件、提供指纹和视网膜等个人特征等。在计算机网络中，可能需要完成两个进程或者两个主机之间的身份鉴别过程，这两个主机或进程可能相距甚远，这种情况下，两个主体之间无法相互提供证明其身份的物理原件。因此，在网络环境下，主体必须具有能够证明其身份且可以通过网络传输的主体身份标识信息。

2. 分类

身份鉴别方式可以分为单向鉴别、双向鉴别和第三方鉴别三种。

(1) 单向鉴别

单向鉴别如图 2.18(a)所示，存在主体 A 和主体 B 两个主体，主体 A 需要向主体 B 证明自己的身份，但主体 B 无须向主体 A 证明自己的身份。这种情况下，主体 A 称为示证者，主体 B 称为验证者或鉴别者。

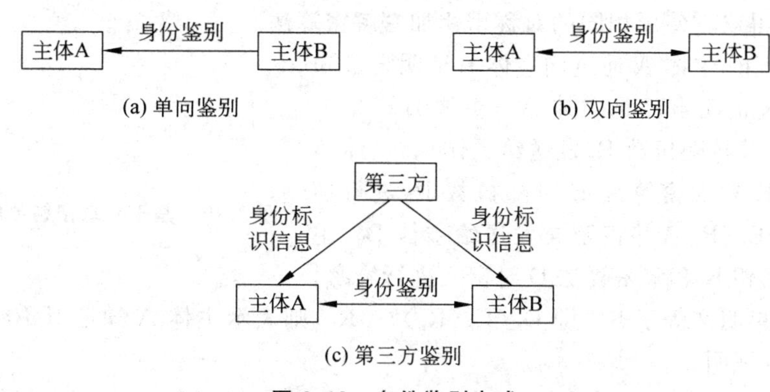

图 2.18　身份鉴别方式

(2) 双向鉴别

双向鉴别如图 2.18(b)所示，主体 A 和主体 B 都需要向对方证明自己的身份。

(3) 第三方鉴别

第三方鉴别如图 2.18(c)所示，存在可信的第三方，由可信的第三方证明主体的身份标识信息与主体之间的绑定关系，主体 A 和主体 B 利用第三方提供的证明完成向对方证明自己身份的过程。

2.4.2　主体身份标识信息

在网络环境下，主要用密钥、用户名和口令、证书和私钥、身体特征信息等作为主体身份标识信息。

1. 密钥

主体拥有某个密钥 x，只要主体能够证明自己知道密钥 x，主体的身份就得到证明。

2. 用户名和口令

这种身份标识信息主要用于标识用户，为每一个授权用户分配用户名和口令，某个用户只要能够证明自己知道某个授权用户对应的用户名和口令，就能证明该用户是授权用户。

3. 证书和私钥

证书可以证明主体 x 与公钥 PK 之间的绑定关系，如果主体 x 能够证明自己知道与公钥 PK 对应的私钥 SK，就能证明自己是主体 x。

4. 身体特征信息

每一个人具有其他人不具备的身体特征信息，如指纹、人脸等。可以事先建立某个人与其身体特征信息之间的关联，当需要证明自己的身份时，通过让鉴别者采集自己的身体特征信息证明自己的身份。

2.4.3　单向鉴别过程

1. 基于共享密钥

基于共享密钥的单向鉴别过程如图 2.19 所示，主体 B 为了能够鉴别主体 A 的身份，一是使得主体 A 和主体 B 拥有相同的对称密钥 K，且该对称密钥 K 只有主体 B 和主体 A

知道；二是使得双方使用相同的对称密钥加密解密算法。

这种情况下，主体 A 通过向主体 B 证明自己知道对称密钥 K 证明自己是主体 A。主体 B 产生一个随机数 R_B，并将随机数 R_B 发送给主体 A，主体 A 用对称密钥 K 和加密算法 E 对随机数 R_B 进行加密，生成密文 $E_K(R_B)$，并将密文发送给主体 B。主体 B 用对称密钥 K 和解密算法 D 对密文进行解密，获得明文，如果明文等于 R_B，即 $D_K(E_K(R_B))=R_B$，则表示主体 A 知道对称密钥 K，主体 A 的身份得到证明。

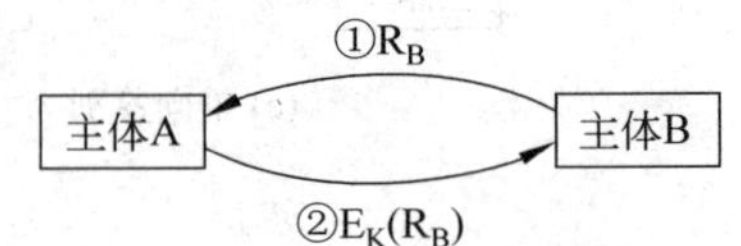

图 2.19　基于共享密钥单向鉴别过程

每一次鉴别主体 A 的身份时，主体 B 先向主体 A 发送随机数 R_B，这样做的目的是为了防止重放攻击。由于主体 B 每一次鉴别主体 A 的身份时都产生不同的随机数，导致主体 A 每一次回送的密文是不同的，使得第三方无法通过截获上一次主体 A 发送给主体 B 的密文冒充主体 A。

主体 A 向主体 B 发送密文的目的是为了防止截获攻击，即使第三方截获主体 B 发送的随机数 R_B 和密文 $E_K(R_B)$，也无法通过随机数 R_B 和密文 $E_K(R_B)$ 解析出对称密钥 K，因而无法冒充主体 A。

2. 基于用户名和口令

基于用户名和口令的单向鉴别过程如图 2.20 所示，主体 B 为了能够鉴别主体 A 的身份，需要事先建立注册用户库，注册用户库中存储所有注册用户的用户名和口令，主体 A 证明自己身份的过程就是证明自己是用户名标识的注册用户的过程。主体 A 为了证明自己是用户名标识的注册用户，需要向主体 B 提供用户名和口令，主体 A 提供的用户名和口令必须是注册用户库中某个注册用户对应的用户名和口令。

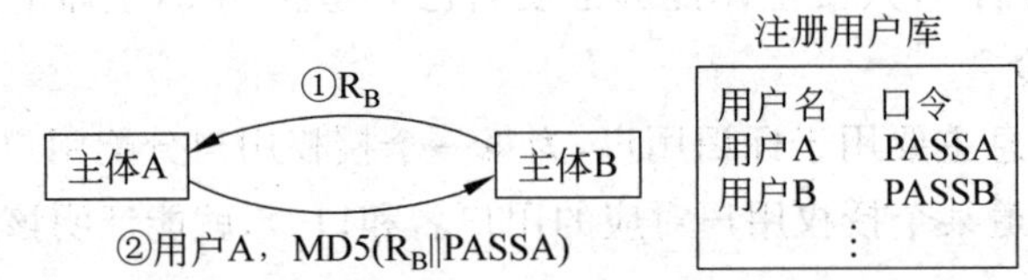

图 2.20　基于用户名和口令的单向鉴别过程

主体 B 产生一个随机数 R_B，并将随机数 R_B 发送给主体 A，主体 A 将随机数 R_B 和自己的口令 PASSA 串接在一起，并对串接结果进行报文摘要运算，然后将用户名“用户 A”和报文摘要 MD5(R_B ‖ PASSA)一起发送给主体 B，这里的 MD5 是一种计算报文摘要的算法。主体 B 根据用户名“用户 A”检索注册用户库，找到用户名为用户 A 的注册用户，获取其口令 PASSA，将随机数 R_B 和口令 PASSA 串接在一起，并对串接结果进行报文摘要运算。然后将运算结果与主体 A 发送的报文摘要进行比较，如果相等，则表明主体 A 是用户名为用户 A 的注册用户，主体 A 的身份得到证明。

由于报文摘要算法的单向性，因此即使第三方截获报文摘要 MD5(R_B ‖ PASSA)，也无法推导出口令 PASSA。主体 B 先向主体 A 发送随机数 R_B 的目的是防止重放攻击。

3. 基于证书和私钥

基于证书和私钥的单向鉴别过程如图 2.21 所示，主体 B 拥有用于证明公钥 PKA 与主体 A 之间绑定关系的证书，且证书的有效性已经得到验证。主体 A 证明自己身份的过程就是证明自己知道公钥 PKA 对应的私钥 SKA 的过程。

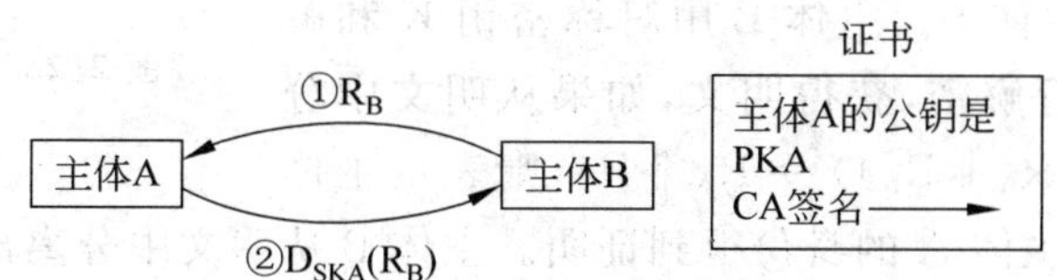

图 2.21　基于证书和私钥的单向鉴别过程

主体 B 产生一个随机数 R_B，并将随机数 R_B 发送给主体 A。主体 A 用私钥 SKA 和解密算法 D 对随机数进行解密运算，得到运算结果 $D_{SKA}(R_B)$，并将运算结果 $D_{SKA}(R_B)$ 回送给主体 B。主体 B 用公钥 PKA 和加密算法 E 对主体 A 发送的运算结果进行加密运算，如果加密运算结果等于随机数 R_B，即 $E_{PKA}(D_{SKA}(R_B))=R_B$，则表明主体 A 知道公钥 PKA 对应的私钥 SKA，主体 A 的身份得到证明。

4. 基于指纹

基于指纹的单向鉴别过程如图 2.22 所示，实施前提有两个：一是主体 A 和主体 B 之间已经约定对称加密算法 E 和加密密钥 K；二是主体 B 已经建立用户指纹库。当主体 B 需要证实用户 A 的身份时，向主体 A 发送随机数 R_B，主体 A 要求用户 A 通过指纹传感器输入指纹，然后对用户 A 输入的指纹和主体 B 发送的随机 R_B 进行加密，产生密文 $E_K(R_B$，指纹$)$，并将密文和用户名"用户 A"一起发送给主体 B。主体 B 通过解密密文得到用户 A 的指纹，然后将该指纹与用户指纹库中用户 A 对应的指纹进行比较，如果相同，则用户 A 的身份鉴别成功，否则用户 A 的身份鉴别失败。

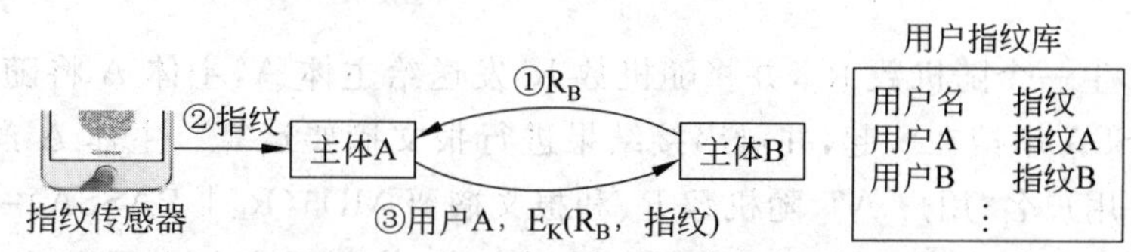

图 2.22　基于指纹的单向鉴别过程

主体 B 发送随机数 R_B，主体 A 同时加密指纹和主体 B 发送的随机数 R_B 的目的是防止黑客通过截获加密用户 A 的指纹后产生的密文 E_K(指纹)，冒充用户 A 通过主体 B 身份鉴别过程的情况发生。

2.4.4　双向鉴别过程

1. 基于共享密钥

基于共享密钥的双向鉴别过程如图 2.23 所示，主体 A 和主体 B 共同拥有相同的对称密钥 K，且双方使用相同的对称密钥加密解密算法。双向鉴别过程是主体 A 和主体 B 分别向对方证明自己知道共享密钥 K 的过程。

主体 B 产生一个随机数 R_B，并将随机数 R_B 发送给主体 A。主体 A 产生一个随机数 R_A，将随机数 R_A 和随机数 R_B 串接在一起，并用对称密钥 K 和加密算法 E 对串接结果 $R_A \parallel R_B$ 进行加密运算，生成密文 $E_K(R_A \parallel R_B)$，将密文发送给主体 B。主体 B 用对称密钥 K 和解密算法 D 对密文进行解密，获得明文，如果从明文中分离出 R_B，即 $D_K(E_K(R_A \parallel R_B)) = R_A \parallel R_B$，则表示主体 A 知道对称密钥 K，主体 A 的身份得到证明。主体 B 从明文中分离出 R_A，用对称密钥 K 和加密算法 E 对 R_A 进行加密运算，生成密文 $E_K(R_A)$，将密文发送给主体 A。主体 A 用对称密钥 K 和解密算法 D 对密文进行解密，获得明文，如果明文等于 R_A，即 $D_K(E_K(R_A)) = R_A$，则表示主体 B 知道对称密钥 K，主体 B 的身份得到证明。

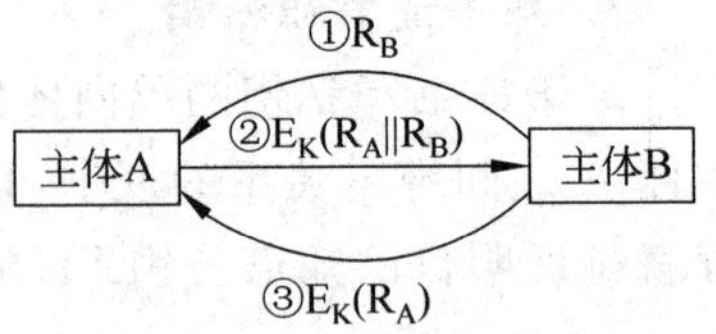

图 2.23 基于共享密钥的双向鉴别过程

2. 基于用户名和口令

基于用户名和口令的双向鉴别过程如图 2.24 所示，主体 A 证明自己身份的过程就是向主体 B 提供有效的用户名和口令的过程。一般情况下，主体 A 对应的口令只有主体 A 和主体 B 知道，如主体 A 是注册用户"用户 A"，主体 B 是作为 Internet 服务提供商(Internet Service Provider，ISP)的电信，用户 A 对应的口令 PASSA 只有用户 A 和电信知道，因此，主体 B 为了证明自己是电信，需要向用户 A 证明知道用户 A 的口令 PASSA。

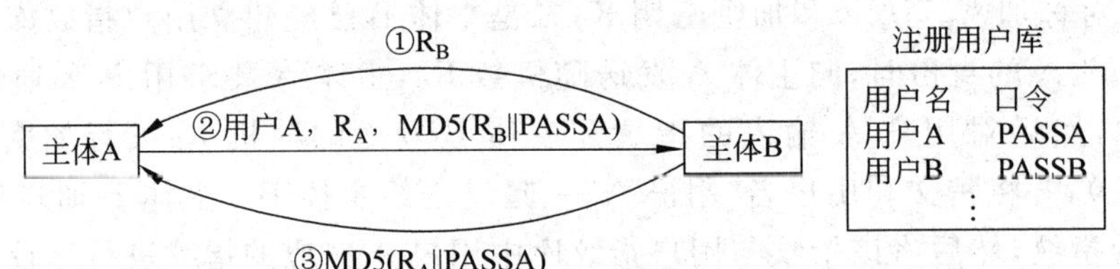

图 2.24 基于用户名和口令的双向鉴别过程

主体 B 产生一个随机数 R_B，并将随机数 R_B 发送给主体 A，主体 A 将随机数 R_B 和自己的口令 PASSA 串接在一起，并对串接结果进行报文摘要运算。主体 A 产生一个随机数 R_A，然后将用户名"用户 A"、随机数 R_A 和报文摘要 MD5($R_B \parallel$ PASSA)一起发送给主体 B。主体 B 根据用户名"用户 A"检索注册用户库，找到用户名为用户 A 的注册用户，获取其口令 PASSA，将随机数 R_B 和口令 PASSA 串接在一起，并对串接结果进行报文摘要运算。然后将运算结果与主体 A 发送的报文摘要进行比较，如果相等，则表明主体 A 是用户名为用户 A 的注册用户，主体 A 的身份得到证明。

主体 B 将随机数 R_A 和用户 A 对应的口令 PASSA 串接在一起，并对串接结果进行报文摘要运算。将报文摘要 MD5($R_A \parallel$ PASSA)发送给主体 A。主体 A 将随机数 R_A 和口令 PASSA 串接在一起，并对串接结果进行报文摘要运算。然后将运算结果与主体 B 发送的报文摘要进行比较，如果相等，则表明主体 B 知道用户 A 对应的口令，主体 B 的身份得到证明。

基于用户名和口令的双向鉴别用于防止用户接入伪造的接入点(Access Point，AP)和伪造的 ISP 接入网，以免用户访问 Internet 的信息被伪造的 AP 和伪造的 ISP 截获。

3. 基于证书和私钥

基于证书和私钥的双向鉴别过程如图 2.25 所示，主体 B 拥有用于证明公钥 PKA 与主体 A 之间绑定关系的证书，且证书的有效性已经得到验证。主体 A 证明自己身份的过程就是证明自己知道公钥 PKA 对应的私钥 SKA 的过程。同样，主体 A 拥有用于证明公钥 PKB 与主体 B 之间绑定关系的证书，且证书的有效性已经得到验证。主体 B 证明自己身份的过程就是证明自己知道公钥 PKB 对应的私钥 SKB 的过程。

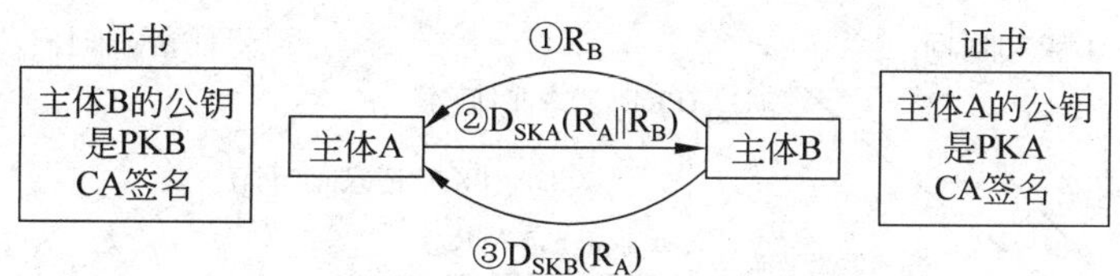

图 2.25 基于证书和私钥的双向鉴别过程

主体 B 产生一个随机数 R_B，并将随机数 R_B 发送给主体 A。主体 A 产生一个随机数 R_A，将随机数 R_A 和随机数 R_B 串接在一起，然后用私钥 SKA 和解密算法 D 对串接结果 $R_A \| R_B$ 进行解密运算，得到运算结果 $D_{SKA}(R_A \| R_B)$，并将运算结果 $D_{SKA}(R_A \| R_B)$ 回送给主体 B。主体 B 用公钥 PKA 和加密算法 E 对主体 A 发送的运算结果进行加密运算，如果从加密运算结果中分离出随机数 R_B，即 $E_{PKA}(D_{SKA}(R_A \| R_B)) = R_A \| R_B$，则表明主体 A 知道公钥 PKA 对应的私钥 SKA，主体 A 的身份得到证明。

主体 B 从加密运算结果中分离出随机数 R_A，用私钥 SKB 和解密算法 D 对随机数 R_A 进行解密运算，得到运算结果 $D_{SKB}(R_A)$，并将运算结果 $D_{SKB}(R_A)$ 发送给主体 A。主体 A 用公钥 PKB 和加密算法 E 对主体 B 发送的运算结果进行加密运算，如果加密运算结果等于随机数 R_A，即 $E_{PKB}(D_{SKB}(R_A)) = R_A$，则表明主体 B 知道公钥 PKB 对应的私钥 SKB，主体 B 的身份得到证明。

2.4.5 第三方鉴别过程

1. 引出第三方鉴别的原因

基于证书和私钥鉴别过程要求鉴别者必须拥有用于证明公钥与示证者之间绑定关系的证书，且证书的有效性已经得到验证。验证证书的有效性需要提供从鉴别者和示证者共同的信任点开始的证书链。因此，在鉴别者和示证者经常变换的情况下，验证证书有效性的过程将是一个十分复杂的过程。所谓的第三方鉴别就是由权威机构提供与示证者绑定的公钥，且公钥与示证者之间的绑定关系由权威机构予以证明。

2. 鉴别过程

第三方鉴别过程如图 2.26 所示，公钥管理机构是一个权威机构，由公钥管理机构提供与示证者绑定的公钥，且示证者与公钥之间的绑定关系由公钥管理机构予以证明。每一个主体生成公钥和私钥对，主体拥有私钥，由公钥管理机构管理与每一个主体绑定的公钥，且由公钥管理机构证明主体与公钥之间的绑定关系。每一个主体拥有公钥管理机构的公钥 PK，且 PK 与公钥管理机构之间的绑定关系已经得到证明。

为了鉴别主体 A 的身份，由公钥管理机构提供与主体 A 绑定的公钥 PKA，且 PKA

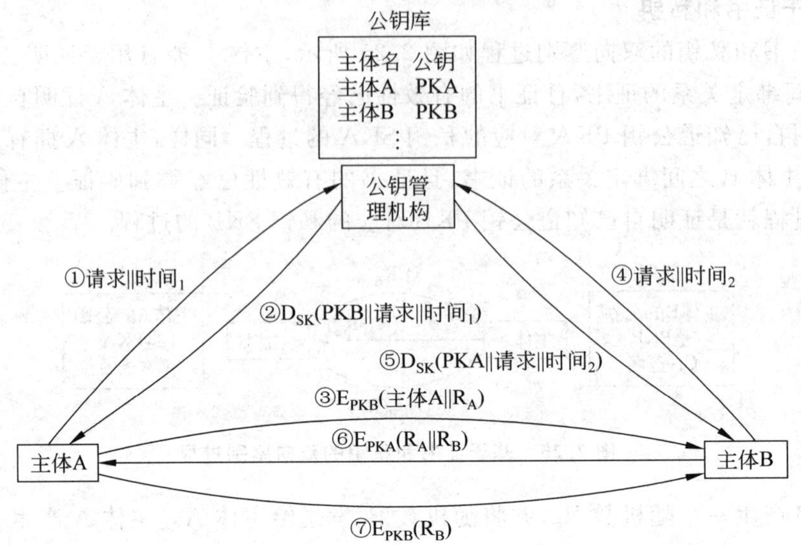

图 2.26 第三方鉴别过程

与主体 A 之间的绑定关系得到公钥管理机构的证明。主体 A 只要证明自己拥有与 PKA 对应的私钥 SKA,即可证明自己是主体 A。

当主体 A 希望与主体 B 通信时,主体 A 向公钥管理机构发送对主体 B 的身份进行鉴别的请求消息,公钥管理机构接收该请求消息后,根据主体名“主体 B”在公钥库中检索到主体 B 对应的公钥 PKB,用公钥管理机构的私钥 SK 和解密算法 D 对主体 B 的公钥 PKB 和请求消息进行解密运算,并将运算结果 D_{SK}(PKB‖请求‖时间$_1$)发送给主体 A。主体 A 接收到公钥管理机构发送的解密运算结果,用公钥管理机构的公钥 PK 和加密算法 E 对公钥管理机构发送的运算结果进行加密运算,并从加密运算结果(E_{PK}(D_{SK}(PKB‖请求‖时间$_1$))= PKB‖请求‖时间$_1$)中分离出主体 B 的公钥 PKB。主体 A 产生随机数 R_A,将主体名主体 A 和随机数 R_A 串接在一起,用主体 B 的公钥 PKB 和加密算法 E 对串接结果主体 A‖R_A进行加密运算,并将加密运算结果 E_{PKB}(主体 A‖R_A)发送给主体 B。主体 B 用自己的私钥 SKB 和解密算法 D 对主体 A 发送的加密运算结果 E_{PKB}(主体 A‖R_A)进行解密运算,得到结果=D_{SKB}(E_{PKB}(主体 A‖R_A))=主体 A‖R_A。

主体 B 获悉需要与主体 A 通信后,向公钥管理机构发送请求对主体 A 的身份进行鉴别的请求消息,公钥管理机构接收该请求消息后,根据主体名“主体 A”在公钥库中检索到主体 A 对应的公钥 PKA,用公钥管理机构的私钥 SK 和解密算法 D 对主体 A 的公钥 PKA 和请求消息进行解密运算,并将运算结果 D_{SK}(PKA‖请求‖时间$_2$)发送给主体 B。主体 B 接收到公钥管理机构发送的解密运算结果,用公钥管理机构的公钥 PK 和加密算法 E 对公钥管理机构发送的运算结果进行加密运算,并从加密运算结果(E_{PK}(D_{SK}(PKA‖请求‖时间$_1$))= PKA‖请求‖时间$_1$)中分离出主体 A 的公钥 PKA。主体 B 产生随机数 R_B,将随机数 R_B和主体 A 发送的随机数 R_A串接在一起,用主体 A 的公钥 PKA 和加密算法 E 对串接结果 R_A‖R_B进行加密运算,并将加密运算结果 E_{PKA}(R_A‖R_B)发送给主体 A。主体 A 用自己的私钥 SKA 和解密算法 D 对主体 B 发送的加密运算结果

$E_{PKA}(R_A \| R_B)$进行解密运算,得到结果$=D_{SKA}(E_{PKA}(R_A \| R_B))= R_A \| R_B$。如果主体A从解密运算结果中分离出随机数$R_A$,则证明主体B拥有公钥PKB对应的私钥SKB,主体B的身份得到证明。

主体A用主体B的公钥PKB和加密算法E对随机数R_B进行加密运算,并将加密运算结果$E_{PKB}(R_B)$发送给主体B。主体B用自己的私钥SKB和解密算法D对主体A发送的加密运算结果$E_{PKB}(R_B)$进行解密运算,得到结果$=D_{SKB}(E_{PKB}(R_B))= R_B$。如果解密运算结果等于随机数$R_B$,则证明主体A拥有公钥PKA对应的私钥SKA,主体A的身份得到证明。

本章小结

- 加密过程是将明文表示的信息转换成密文表示的信息的过程。
- 加密是实现网络环境下的信息保密性的基础。
- 存在对称密钥体制和非对称密钥体制这两种密钥体制。
- 对称密钥体制中存在分组密码体制和流密码体制。
- 分组密码体制允许反复使用同一密钥,但需要将明文分割成固定长度的数据段后再进行加密运算。
- 流密码体制的每一次加密过程使用不同的密钥,且这些密钥之间没有相关性。
- 非对称密钥体制的加密密钥与解密密钥是不同的,且不能够由一个密钥推导出另一个密钥。
- 公开密钥加密算法RSA是属于非对称密钥体制的加密算法,同时也是一种属于分组密码体制的加密算法,即需要将明文分割成固定长度的数据段后再进行加密运算。
- RSA的加密密钥可以公开,但解密密钥必须保密。
- 对称密钥体制和非对称密钥体制是两种互补性很强的密钥体制,结合使用有利于发挥各自优点。
- 报文摘要算法是一种将任意长度的报文转换成固定长度的报文摘要的算法,报文摘要算法的重要特点是抗碰撞性和单向性。
- 用于实现信息完整性检测的附加信息称为消息鉴别码,通常是对需要进行完整性检测的消息的报文摘要加密运算后得到的结果。
- MD5和SHA是目前常用的报文摘要算法。
- 报文摘要算法的抗碰撞性和单向性使得报文摘要可以用于实现完整性检测、密码安全存储和数字签名等应用。
- 数字签名是某个报文的附加信息,该附加信息一是能够证明签名者的真实性,二是能够证明签名者对该报文的确认。
- 基于RSA数字签名的关键是认证中心颁布的用于证明用户与其公钥之间绑定关系的证书。
- 身份鉴别过程是一方向另一方证明自己身份的过程。

• 身份鉴别方式可以分为单向鉴别、双向鉴别和第三方鉴别三种。

习　题

2.1　简述加密过程必须是可逆的含义和必要性。

2.2　完成字符串 this is a good job 的凯撒密码加密解密过程(加密解密过程不含字符串中的空格)。

2.3　完成字符串 this is a good job 的换位密码加密解密过程(加密解密过程不含字符串中的空格)。

2.4　简述替代加密算法和换位加密算法的特点。

2.5　简述明文集合 M 和密文集合 C 之间关系。

2.6　简述明文长度与密文安全性之间的关系。

2.7　简述以下两种极端情况的危害：①明文长度很小，加密密钥长度很大；②明文长度很大，加密密钥长度很短。

2.8　简述两种密码体制的特点。

2.9　简述对称密钥体制保障密钥安全性的两种思路(复杂的加密解密算法和一次一密)的优缺点。

2.10　简述分组密码体制中明文长度和密钥长度之间的关系。

2.11　如果 8 位数据段的置换规则为{8,5,4,1,7,2,6,3}，求出逆置换规则。假定 8 位数据段是 10011101，给出置换和逆置换过程。

2.12　为什么说报文摘要算法的抗碰撞性是用报文摘要实现完整性检测的前提?

2.13　简述不用 MD5 或 SHA-1 作为生成检错码的算法的理由。

2.14　MD5 将任意长度报文映射到 128 位的报文摘要，肯定存在多个不同的报文映射到相同的 128 位报文摘要的情况，如何理解 MD5 的抗碰撞性?

2.15　简述 SHA-1 安全性好于 MD5 的理由。

2.16　用户 A 的 RSA 公钥和私钥对为 PKA、SKA，用户 B 的 RSA 公钥和私钥对为 PKB、SKB，如果用户 B 需要确定数据发送者是用户 A，而用户 A 只希望用户 B 能读取数据，用户 A 如何封装数据? 如果用户 A 将发送大量数据给用户 B，如何解决发送端身份鉴别和数据加密的问题?

2.17　简述网络环境下身份鉴别的特殊性。

2.18　基于共享密钥的单向身份鉴别过程中的共享密钥有什么保密要求?

2.19　基于用户名和口令的单向身份鉴别过程中的口令有什么保密要求?

2.20　基于证书和私钥的单向身份鉴别过程中的私钥有什么保密要求?

2.21　简述单向身份鉴别过程中随机数的特性和用途。

2.22　简述基于共享密钥的双向身份鉴别的实现思路。

2.23　简述基于用户名和口令的双向身份鉴别的实现思路。

2.24　简述基于证书和私钥的双向身份鉴别的实现思路。

2.25　简述基于证书和私钥的双向身份鉴别与第三方鉴别的异同。

第 3 章 病毒防御技术

病毒是计算机面临的最大威胁，防御病毒需要从三个方面着手：一是养成良好的使用计算机和上网的习惯，防止计算机植入病毒；二是通过杀毒软件及时清除计算机中已经植入的病毒；三是通过监控程序运行过程发现病毒、控制病毒造成的危害。

3.1 病毒作用过程

病毒是一种恶意代码，只有植入主机系统并被执行，才能对计算机系统和网络系统产生破坏作用。病毒又是一种特殊的恶意代码，具有感染和传播能力。为了完成感染和传播过程，病毒需要隐藏在主机系统中，并不时激发其感染和传播功能。

病毒防御技术需要贯穿整个病毒的作用过程：能够阻止病毒植入，能够发现隐藏在主机系统的病毒并予以清除，能够检测到病毒的感染和传播过程并予以阻止，能够检测到病毒的破坏过程并予以制止。

3.1.1 病毒的存在形式

病毒可以是一段寄生在其他程序和文件中的恶意代码，也可以是一个完整的程序。寄生在其他程序和文件中的病毒称为寄生病毒。对于寄生病毒，嵌入病毒的程序和文件称为宿主程序和文件。为了方便，将嵌入病毒的程序和完整、独立的病毒程序统称为病毒程序。

1. 寄生病毒

(1) 脚本病毒

脚本病毒是用脚本语言编写的一段恶意代码，嵌入在超文本标记语言(Hyper Text Markup Language，HTML)文档中，当浏览器浏览嵌入脚本病毒的 HTML 文档时，将执行用脚本语言编写的脚本病毒。

(2) 宏病毒

宏病毒以宏的形式寄生在 Office 文档中，宏通常由 Visual Basic 宏语言(Visual Basic for Application，VBA)编写。当用户通过 Office 软件(如 Word、Excel 等)打开包含宏病毒的 Office 文档时，Office 软件将执行以宏的形式寄生在 Office 文档中的宏病毒。

(3) PE 病毒

可移植的执行体(Portable Executable，PE)是指 win 32 可执行文件，如后缀为 exe、dll 和 ocx 等的文件。PE 病毒是嵌入在 PE 格式文件中的一段恶意代码，当运行 PE 格式文件时，执行嵌入在 PE 格式文件中的 PE 病毒。

2. 非寄生病毒

非寄生病毒是一个独立、完整的程序，可以单独执行。蠕虫病毒一般是非寄生病毒。

3.1.2 病毒的植入方式

对于寄生病毒，病毒植入是指将包含病毒的宿主程序或宿主文件传输到主机系统中的过程。对于非寄生病毒，病毒植入是指将独立、完整的病毒程序传输到主机系统中的过程。

1. 移动媒体

移动媒体是植入病毒的主要手段之一，通过移动媒体，可以将包含病毒的宿主程序或宿主文件，以及独立、完整的病毒程序复制到主机系统中，作为该主机系统的某个文件。

2. 访问网页

网页中可以嵌入脚本病毒，当通过浏览器访问嵌入脚本病毒的网页时，包含脚本病毒的网页被下载到主机系统中。

3. 下载实用程序

有些应用程序中嵌入了 PE 病毒，甚至有些应用程序本身就是一个完整、独立的病毒程序，只是为该病毒程序取了一个具有欺骗性的名字。当用户通过网络下载这样的应用程序后，该应用程序会以 PE 格式的文件存储在主机系统中。

4. 下载和复制 Office 文档

当用户通过移动媒体复制了包含宏病毒的 Office 文档，或者通过网络下载了包含宏病毒的 Office 文档后，包含宏病毒的 Office 文档以 Office 文档的格式存储在主机系统中。

5. 邮件附件

电子邮件的附件可以是嵌入了 PE 病毒的 PE 格式文件，也可以是包含宏病毒的 Office 文档，当用户接收并存储了附件是嵌入了 PE 病毒的 PE 格式文件，或者是包含宏病毒的 Office 文档的电子邮件后，事实上是存储了嵌入了 PE 病毒的 PE 格式文件，或者是包含宏病毒的 Office 文档。

6. 黑客上传

黑客利用主机系统漏洞成功入侵主机系统后，往往会上传后门程序，这种后门程序将长期驻留在主机系统中。

7. 蠕虫蔓延

当网络中的某个主机系统执行蠕虫病毒时，该蠕虫病毒将自动地向网络中的其他主机系统传播自身。

8. 智能手机病毒植入过程

智能手机病毒植入过程与普通计算机系统相比有着一些特殊性，以下是常见的智能手机植入病毒过程。

(1) 下载安装嵌入病毒的应用程序

黑客可以对某个下载量较大的应用程序(App)进行如下处理，即解包(Unpacking)、反汇编(Decompiling)、嵌入病毒(Code Injection)、重新生成源代码(Source Code)、重新打包(Repacking),然后将该嵌入病毒的应用程序(App)上传到一些缺乏安全验证的中小型手机软件论坛,骗取用户下载安装。一旦用户下载安装这样的应用程序,就会完成病毒程序的植入过程。

(2) 打开诱导植入病毒的链接

一些骗取用户扫描的二维码和一些用于实施欺骗的短消息中会嵌入某个链接,该链接指向的网页主要用于诱导用户下载安装病毒程序。如果用户按照该网页的提示完成操作过程,将完成病毒程序的植入过程。

3.1.3　病毒隐藏和运行

病毒植入主机系统后,一是必须运行,二是需要隐藏,三是需要能够被不时激发。病毒第一次运行的过程与病毒的存在形式和植入方式有关。

1. 病毒的首次运行过程

(1) U 盘 AutoRun 病毒

如果仅仅通过 U 盘等移动媒体将包含病毒的宿主程序或宿主文件,以及独立、完整的病毒程序作为文件存储在主机系统中,则需要人工激发该病毒的第一次运行过程。一般情况下,人工激发该病毒的第一次运行过程的机会不是很大,除非将病毒嵌入一个非常有用的应用程序中,或者为独立、完整的病毒程序取一个非常有欺骗性的文件名。

通常做法是将病毒写入 U 盘中,然后修改 U 盘的 AutoRun.inf 文件,将病毒程序作为双击 U 盘后执行的程序。如果已经启动 Windows 的自动播放功能,当用户打开该 U 盘时,Windows 将自动执行该病毒程序。

解决自动运行 AutoRun 病毒问题的方法是关闭 Windows 的自动播放功能。关闭 Windows 7 自动播放功能的过程如下。完成"开始"→"运行"操作过程,弹出如图 3.1 所示的"运行"程序界面,在"打开"输入框中输入命令 gpedit.msc。单击"确定"按钮,弹出"本地组策略管理器"界面。在"本地组策略管理器"界面上完成"计算机配置"→"管理模板"→"所有设置"操作过程,弹出如图 3.2 所示的"所有设置",找到并双击"关闭自动播放"这一设置,弹出如图 3.3 所示的"关闭自动播放"界面,选中"已启用",在"关闭自动播放"列表中选择"CD-ROM 和可移动介质驱动器"。最后单击"确定"按钮,完成关闭 Windows 7 的自动播放功能的过程。

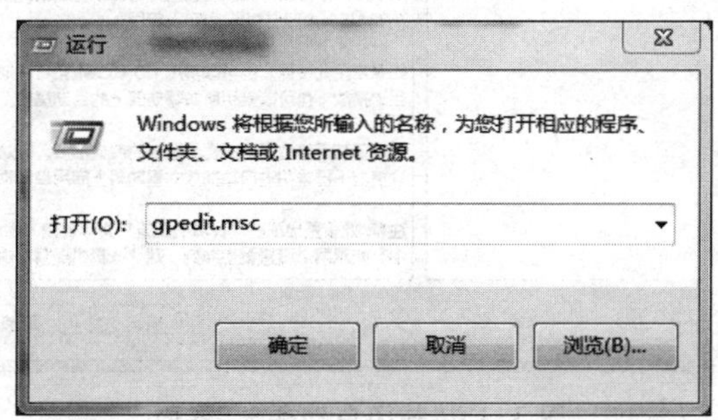

图 3.1　"运行"程序界面

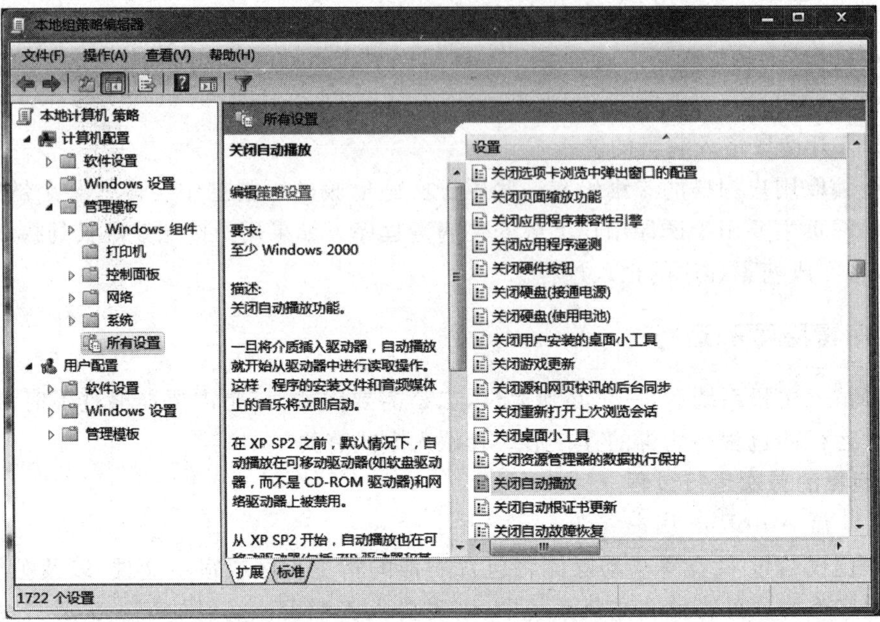

图 3.2 “本地组策略管理器”界面

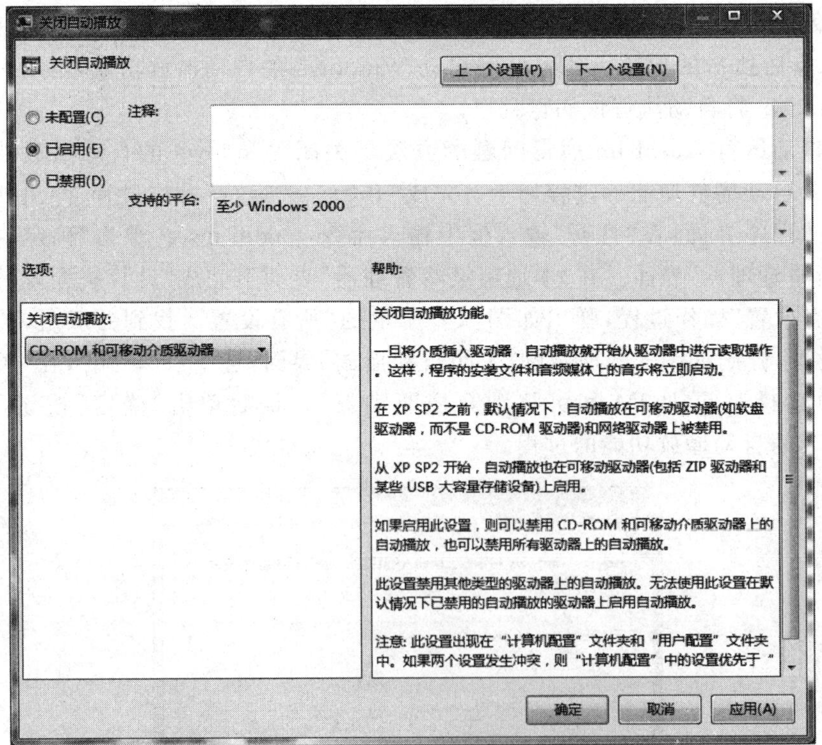

图 3.3 “关闭自动播放”界面

(2) 宏病毒

用户必须用 Office 软件打开包含宏病毒的 Office 文档，才能执行包含在 Office 文档中的宏病毒。

(3) 脚本病毒

当浏览器浏览包含脚本病毒的网页时，浏览器执行包含在网页中的脚本病毒。

(4) PE 病毒

用户必须人工执行，或者由其他进程调用包含 PE 病毒的 PE 格式文件，才能执行包含在 PE 格式文件中的 PE 病毒。

(5) 蠕虫病毒

蠕虫病毒的特点是能够自动完成植入和运行过程，当网络中某个主机系统执行蠕虫病毒时，蠕虫病毒能够自动地将自身植入网络中的其他主机系统并运行。这是蠕虫病毒快速蔓延的主要原因。

(6) 智能手机病毒程序

智能手机病毒程序的第一次运行过程通常是通过下载安装过程完成的。

2. 病毒激发机制

病毒程序为了能够被不时激发，其在首次运行过程中往往需要完成以下过程。

(1) 嵌入 BIOS 和引导区

硬盘的第一个扇区是主引导区，主引导区中存放了分区表和主引导程序。每一个分区有着分区引导区，分区引导区中存放了分区引导程序。如果某个分区作为启动分区存放操作系统，则由该分区的分区引导程序完成将操作系统加载到内存并运行的过程。

主机系统从加电到运行操作系统的过程如下。主机系统加电后，首先执行基本输入输出系统(Basic Input Output System，BIOS)，然后检测主引导区，执行主引导区中的主引导程序。由主引导程序找到存放操作系统的分区，执行该分区引导区中的分区引导程序，由分区引导程序完成将操作系统加载到内存并运行的过程。

为了保证每一次加电启动过程都能够激发该病毒，该病毒在第一次运行过程中需要完成以下操作之一。

- 将病毒嵌入 BIOS。
- 将病毒嵌入主引导程序。
- 将病毒嵌入存放操作系统的分区中的分区引导程序。

(2) 病毒程序作为自启动项

运行操作系统后，操作系统能够自动执行一些程序，这些程序称为自启动项。为了保证操作系统运行后能够自动执行病毒程序，需要将病毒程序作为自启动项。因此，病毒在第一次运行过程中需要完成将病毒程序添加到自启动项列表的过程。

查看 Windows 7 自启动项列表的过程如下。完成“开始”→“运行”操作过程，弹出如图 3.4 所示的“运行”程序界面，在“打开”输入框中输入命令 msconfig，在弹出的“系统配置”界面中，选择“启动”选项卡，弹出如图 3.5 所示的“启动项目”列表，可以通过不再选中某个启动项来禁止该启动项。如果“启动项目”列表中出现可疑的自启动项，则需要检查该自启动项对应的位置信息。

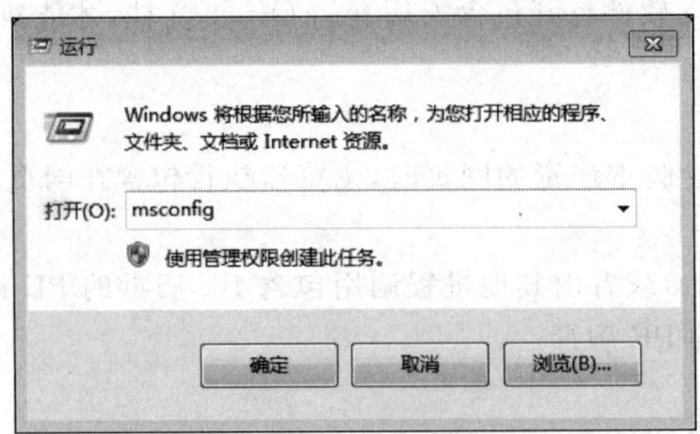

图 3.4 “运行”程序界面

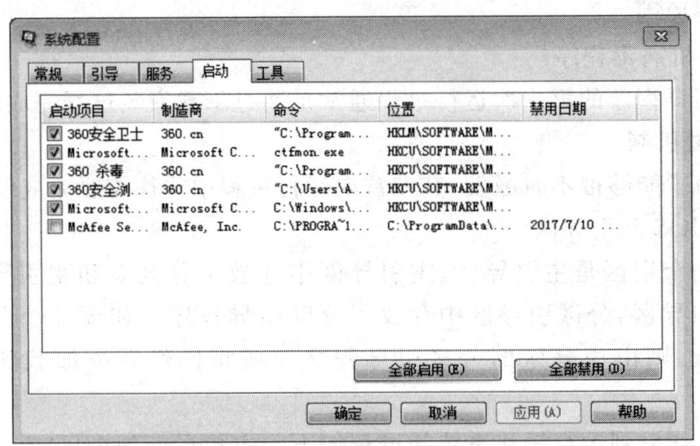

图 3.5 “启动项目”列表

(3) 修改名字

为了隐藏病毒程序，需要修改病毒程序的名字，通常会为病毒程序取一个与系统文件相似的名字，以避免引起用户的注意。

(4) 智能手机病毒激发机制

智能手机病毒通常具有自启动功能，能够随着智能手机的启动而启动。不同的智能手机操作系统有着不同的自启动技术，智能手机病毒的第一次运行过程需要完成将自己变为自启动程序的过程。

3.1.4 病毒感染和传播

病毒的每一次运行过程，不是完成感染和传播的过程，就是完成破坏的过程。感染是指寄生病毒将自身嵌入另一个宿主文件或宿主程序的过程。传播是指将独立、完整的病毒程序植入另一个主机系统的过程。

一般情况下，PE 病毒感染 PE 格式文件，宏病毒感染 Office 文档，脚本病毒感染 HTML 文档，蠕虫病毒自动完成传播过程。

3.1.5　病毒破坏过程

1. 设置后门

目前大量病毒的作用是实现主机资源的非法访问，因此，病毒在执行过程中会创建一个用于远程登录且具有管理员权限的账号，使得黑客可以不时地非法远程登录该主机系统，获取该主机系统中的资源。

2. 监控用户操作过程

许多间谍软件的作用是监控用户的操作过程，当间谍软件监测到用户访问某个银行网站时，可以记录该用户输入的账号和密码，并将其封装成邮件，发送给指定邮件地址。

3. 破坏硬盘信息

这是早期病毒执行过程中经常进行的破坏活动，如删除硬盘主引导区中的内容，使得用户需要重新对硬盘进行分区。删除重要的系统文件，导致操作系统无法运行，使得用户需要重新安装操作系统。

4. 破坏 BIOS

由于 BIOS 存储在可以在线擦除和写入的闪存中，因此，病毒在执行过程中可以擦除甚至修改闪存中的 BIOS，导致主机系统无法启动，需要由厂家重新在闪存中写入正确的 BIOS。

5. 发起拒绝服务攻击

病毒在执行过程中，可以发起对网络或目标主机系统的拒绝服务攻击，如 SYN 泛洪攻击、Smurf 攻击等。

6. 蠕虫蔓延

如果某个主机系统执行了蠕虫病毒，则蠕虫病毒会在网络中快速蔓延。一方面，蠕虫蔓延过程会浪费大量网络资源，导致拒绝服务攻击的结果；另一方面，蠕虫蔓延过程会导致大量主机系统被植入并运行该蠕虫病毒。

7. 对智能手机的破坏过程

(1) 窃取私密信息

智能手机有着大量的私密信息，如通讯录、短消息、微信聊天记录、照片、视频等，木马病毒可以将这些私密信息发送给窃密者。

(2) 监控用户操作

木马病毒可以通过监控智能手机用户的操作过程窃取支付密码等。

(3) 截获验证码

木马病毒能够截获验证码，并将验证码转发给窃密者。

(4) 移动窃听器

病毒程序可以通过启动麦克风监听智能手机周围的声音，并将录音发送给窃听者，使智能手机成为一个移动窃听器。

(5) 跟踪器

病毒程序通过启动定位功能记录智能手机的行踪，并将智能手机的行踪发送给窃密者，使智能手机成为一个跟踪器。

(6) 恶意扣费

病毒程序通过自动启动一些高额收费服务、秘密拨打声讯电话等进行恶意扣费。

3.2 病毒检测技术

病毒检测技术用于发现计算机中已经植入的病毒,并清除或隔离被病毒感染的文件。Windows Defender 是 Windows 自带的杀毒软件,不仅能够静态检测被病毒感染的文件,而且能够动态发现、终止病毒的感染过程。

3.2.1 基于特征的扫描技术

1. 检测病毒过程

基于特征的扫描技术是目前最常用的病毒检测技术,首先通过分析已经发现的病毒,提取出每一种病毒有别于正常代码或文本的病毒特征,并以此建立病毒特征库。然后根据病毒特征库在扫描的文件中进行匹配操作,整个检测过程如图 3.6 所示。

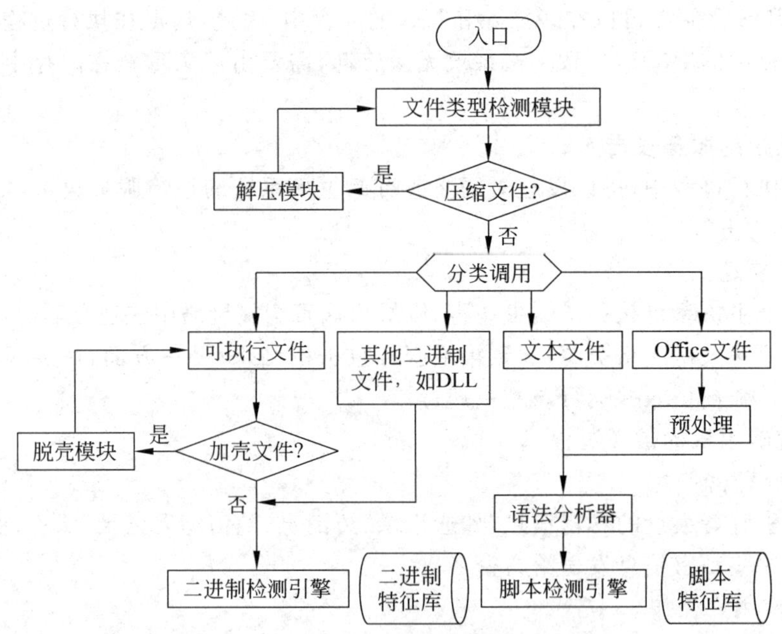

图 3.6 基于特征的扫描检测过程

目前病毒主要分为嵌入在可执行文件中的病毒和嵌入在文本或字处理文件中的脚本病毒。因此,首先需要对文件进行分类,当然,如果是压缩文件,则解压后再进行分类。解压后的文件主要分为两大类:一类是二进制代码形式的可执行文件,包括类似动态链接库(Dynamic Link Library,DLL)的库函数;另一类是用脚本语言编写的文本文件,由于 Office 文件中可以嵌入脚本语言编写的宏代码,因此,将这样的 Office 文件归入文本文件类型。

对可执行文件,由二进制检测引擎根据二进制特征库进行匹配操作,如果这些二进制代码文件经过类似 ASPACK、UPX 工具软件进行加壳处理，则在匹配操作前必须进行脱壳处理。对文本文件，由脚本检测引擎根据脚本特征库进行匹配操作。由于存在多种脚本语言，如 VBScript、JavaScript、PHP 和 Perl。在匹配操作前，必须先对文本文件进行语法分析，然后根据分析结果再进行匹配操作。同样，必须从类似字处理文件这样的 Office 文件中提取出宏代码，然后对宏代码进行语法分析，再根据分析结果进行匹配操作。

2. 存在问题

基于特征的扫描技术主要存在以下问题。

- 由于通过特征匹配检测病毒，因此无法检测出变形、加密和未知病毒。
- 必须及时更新病毒特征库。
- 由于病毒总是在造成危害后才被发现，因此该技术是一种事后补救措施。

3.2.2 基于线索的扫描技术

基于特征的扫描技术由于需要精确匹配病毒特征，因此很难检测出变形病毒。但病毒总有一些规律性特征，如有些变形病毒通过随机产生密钥和加密作为病毒的代码来改变自己。对于这种情况，如果检测到某个可执行文件的入口存在实现解密过程的代码，且解密密钥包含在可执行文件中，这样的可执行文件可能就是感染了变形病毒的文件。基于线索的扫描技术通常不是精确匹配特定二进制位流模式或文本模式的，而是通过分析可执行文件入口代码的功能来确定该文件是否感染病毒。

3.2.3 基于完整性检测的扫描技术

1. 完整性检测过程

完整性检测是一种用于确定任意长度信息在传输和存储过程中是否发生改变的技术，它的基本思想是在传输或存储任意长度信息 P 时，添加附加信息 C，C 是对 P 进行报文摘要运算后的结果，具有如下特性。

- 给定任意长度信息 P，能够很容易地计算出固定长度的 C(C=MD(P)，MD 是报文摘要算法)，且 C 的位数远小于 P 的位数。
- 知道 C，不能反推出 P。
- 从计算可行性上讲，对于任何 P，无法找出另一任意长度信息 P′，且 P≠P′，但 MD(P)=MD(P′)。
- 即使只改变 P 中一位二进制位，也使得重新计算后的 C 变化很大。

这样，可以对系统中的所有文件计算出对应的 C，将 C 存储在某个列表文件中，扫描软件定期重新计算系统中每一个文件对应的 C，并将计算结果和列表中存储的结果进行比较，如果相等，则表明该文件没有发生改变，如果不相等，则表明该文件自计算出列表中存储的 C 以后，已经发生改变。

为了防止一些精致的病毒能够在感染文件的同时修改文件的原始报文摘要，可以采用如图 3.7 所示的检测过程，在计算出某个文件对应的原始报文摘要后，用扫描软件自带的密钥 K 对报文摘要进行加密运算，然后将密文存储在原始检测码列表中，在定期检测文件时，对每一个文件同样计算出加密后的报文摘要，并和存储在原始检测码列表中的密文进行比较。

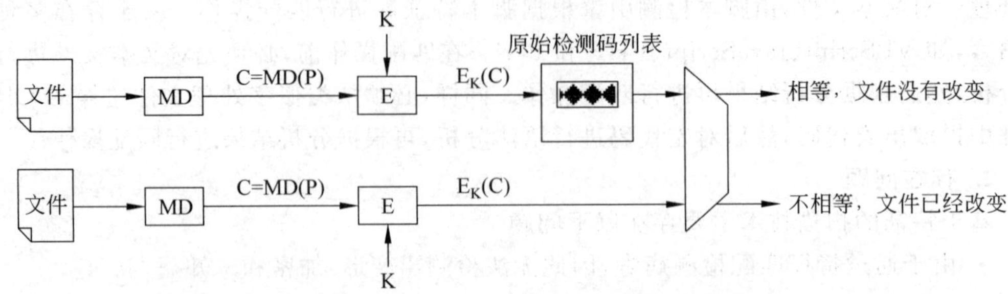

图 3.7 基于完整性的扫描检测过程

2. 存在问题

- 基于完整性检测的扫描技术只能检测出文件是否发生改变，并不能确定文件是否被病毒感染。
- 必须在正常修改文件后，重新计算该文件对应的原始检测码，并将其存储在原始检测码列表中，否则在定期检测过程中，扫描软件会对该文件示警。
- 对于系统中需要经常改变的文件，每一次文件改变后，都需要通过用户干预，生成与改变后的文件一致的原始检测码，这种干预可能会使用户感到不便。
- 对于在计算初始检测码前已经感染病毒的文件，这种检测技术是无效的。

3.2.4 杀毒软件

1. 杀毒软件工作原理

目前大部分杀毒软件采用的是基于特征的扫描技术，因此只能检测已经发现的病毒。这一类杀毒软件的病毒查杀率完全取决于病毒库中包含的病毒特征的数量。因此保证这一类杀毒软件查杀率较高的关键有两点：一是厂家提供的病毒库必须尽可能包含目前已经发现的所有病毒的病毒特征；二是用户的病毒库必须与厂家的病毒库同步，即用户必须及时更新病毒库。

2. 常见的杀毒软件

国内常见的杀毒软件有360杀毒、金山毒霸、瑞星杀毒等。国外常见的杀毒软件有卡巴斯基、诺顿等。

可以基于以下因素选择杀毒软件。

- 是否免费。普通用户大都选择免费的杀毒软件。
- 占用资源程度。运行时，占用资源越少的杀毒软件对计算机系统的影响越少。
- 病毒库。病毒库包含的病毒特征数量越多，杀毒软件的查杀率越高，因此，厂家病毒库要尽可能包含目前已经发现的所有病毒的病毒特征。

目前，杀毒软件不仅能够静态检测已经感染病毒的文件，而且能够动态发现、终止病毒感染过程，因此杀毒软件通常都是自启动软件，不仅可以静态扫描文件，而且可以实时监控程序运行过程中执行的操作，如360杀毒软件就出现在了图3.5所示的“启动项目”列表中。

3. Windows Defender

Windows Defender 是 Windows 7 自带的防护软件，主要用于防护间谍软件、木马和广告软件等。Windows Defender 通过软件更新更新病毒库。

(1) 启动 Windows Defender

通过“开始”→“控制面板”操作过程打开“控制面板”，在“查看方式”中选择“小图标”选项，弹出如图 3.8 所示的所有控制面板项，双击 Windows Defender 可以启动 Windows Defender。

图 3.8 所有控制面板项

(2) 扫描计算机系统

启动 Windows Defender 后，弹出如图 3.9 所示的 Windows Defender 界面，单击“扫描”选项卡旁边的箭头打开“扫描”选项，根据需要选择“快速扫描”“完全扫描”和“自定义扫描”选项。

快速扫描：只扫描上一次完全扫描后生成的新文件和间谍软件可能藏身的文件。快速扫描只需很短的时间即可完成。一般在进行完全扫描后的一段时间内，通过快速扫描维持计算机系统的安全。

完全扫描：扫描硬盘中的每一个文件。完全扫描是最彻底的扫描方式，但需要花费较长的时间，为了计算机系统的安全，需要定期进行完全扫描。

自定义扫描：可以由用户选择需要扫描的驱动器和文件夹，是最自主的扫描方式。

扫描结束后，如果表明没有检测到不需要的软件，则计算机运行正常。如果列出全部可疑软件，则这些可疑软件被 Windows Defender 自动隔离，根据其可能存在的危害程度，分为严重、高、中、低和无法分类。用户可以选择删除可疑软件列表中的其中几项，删除过程如下：选中需要删除的可疑软件，单击“删除”按钮。

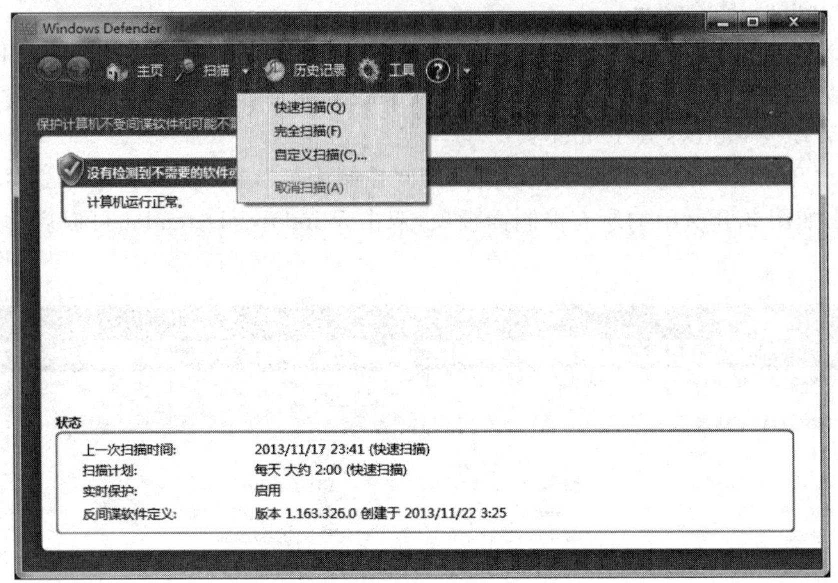

图 3.9　Windows Defender

(3) 查看历史记录

单击"历史记录"选项卡，弹出如图 3.10 所示的"历史记录"界面，该界面清楚地表明了被检测出病毒的文件，以及这些文件被执行的操作。Windows Defender 根据检测出的病毒的危害程度，将这些被检测出病毒的文件的警报级别分为严重、高、中、低和无法分类 5 类。

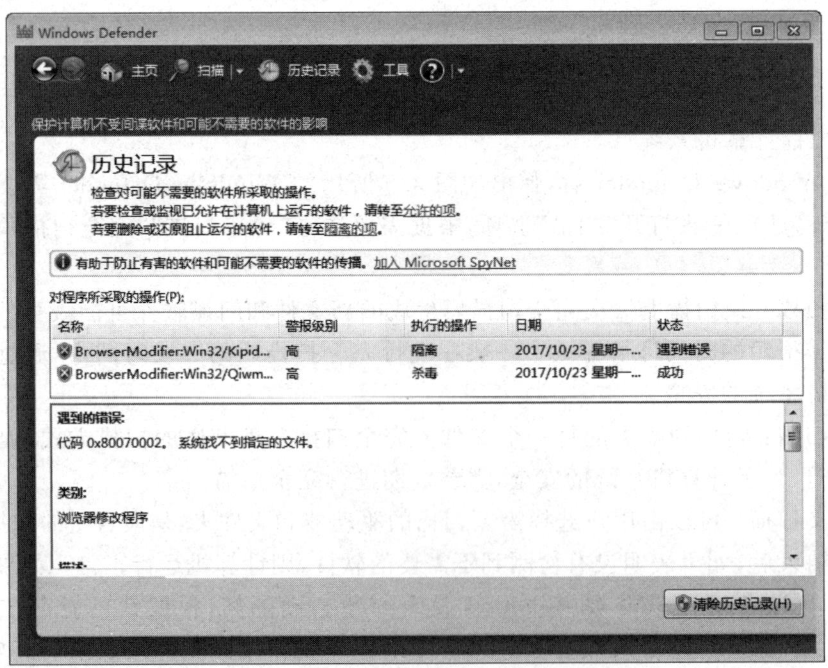

图 3.10　历史记录

(4) 配置可选项

① 自动扫描。单击“工具”选项卡，弹出如图 3.11 所示的 Windows Defender“工具和设置”界面，单击“选项”按钮，弹出如图 3.12 所示的“选项”界面。在左栏中选择“自动扫描”，右栏中弹出有关自动扫描的选项，根据需要选中各个选项并选择选项值，如图 3.12 所示。

图 3.11　Windows Defender 工具和设置

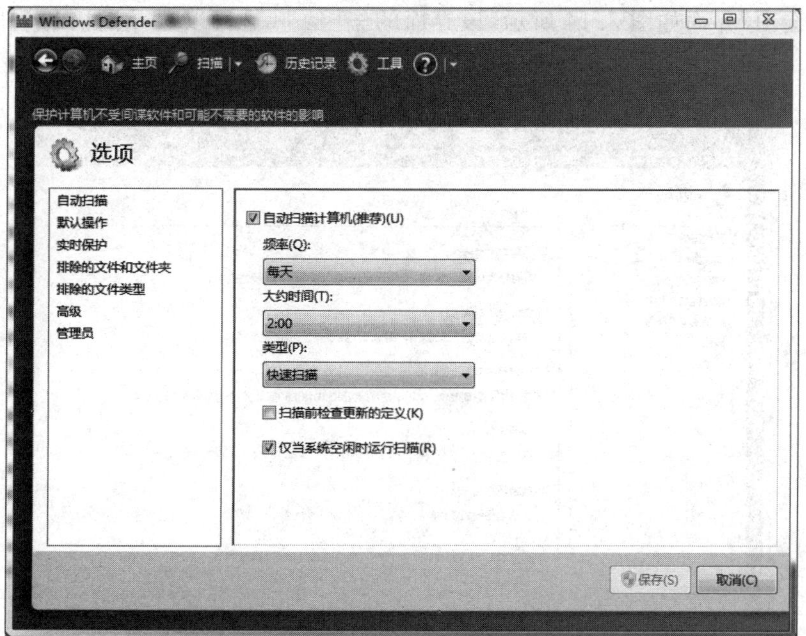

图 3.12　设置自动扫描选项

② 启动实时保护

实时保护可以监测运行程序的行为、扫描下载的文件和邮件中的附件。实时保护可以避免下载包含间谍软件的文件、打开包含间谍软件的邮件附件和安装间谍软件。启动实时保护如图 3.13 所示，根据需要选择扫描选项。

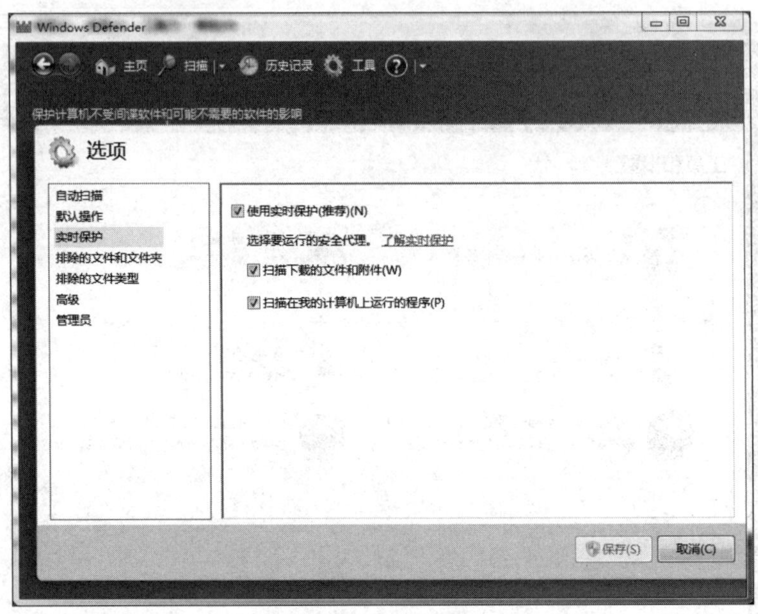

图 3.13　启动实时保护

③ 高级选项配置

"高级选项"界面如图 3.14 所示，该界面的作用：一是可以选择扫描的文件类型和驱

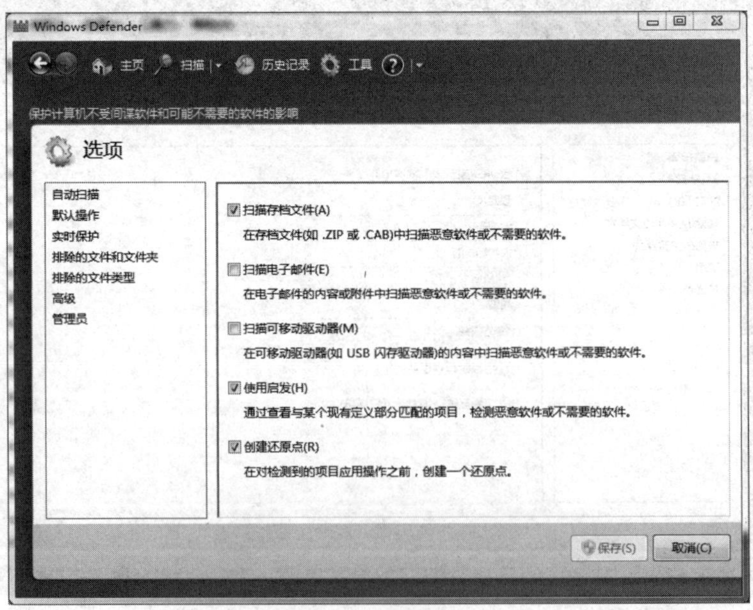

图 3.14　高级选项

动器类型；二是可以选择是否启动启发性扫描和检测方式，一旦启动启发性扫描和检测方式，只需部分匹配特征，就可判断间谍软件，这种扫描和检测方式用于识别变形间谍软件；三是可以选择创建还原点。如果对计算机系统进行了错误操作，则可以将计算机系统恢复到还原点。

④ 管理员选项配置

管理员选项可以选择启动或关闭 Windows Defender，以及是否列出所有用户的隔离项、允许项等。"管理员选项"界面如图 3.15 所示。

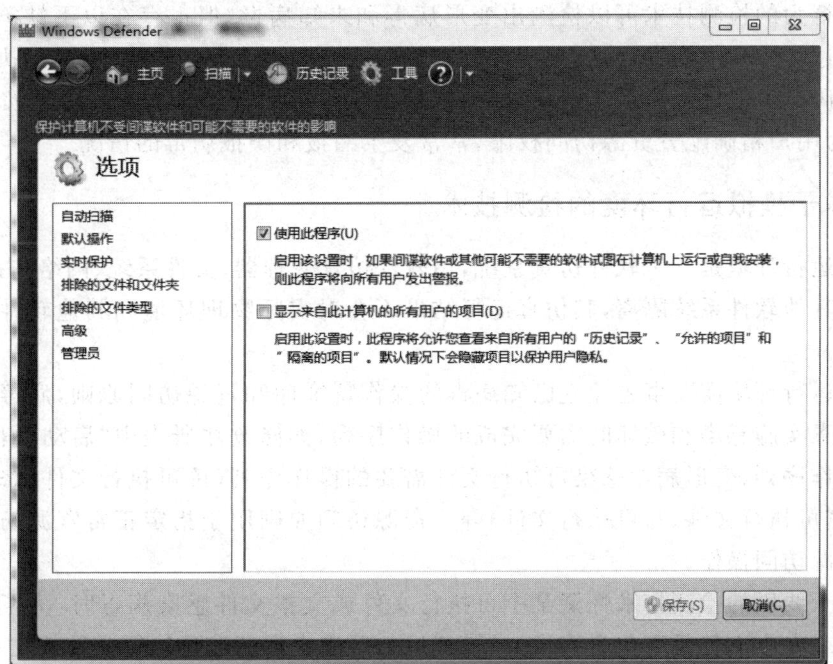

图 3.15 管理员选项

3.3 病毒监控技术

病毒监控技术用于实时监控程序运行过程中执行的操作，一旦发现该程序的执行可能危害计算机系统的操作，则暂停该操作，并向用户示警，以此控制病毒程序可能对计算机系统造成的危害。用户账户控制(User Account Control，UAC)是 Windows 7 的一种安全机制，用于实时监控程序运行过程中执行的操作。

3.3.1 基于行为的检测技术

病毒为了激活、感染其他文件、对系统实施破坏操作，需要对系统中的文件、注册表、引导扇区及内存等系统资源进行操作，这些操作通常由操作系统内核中的服务模块完成，因此，当某个用户进程发出修改注册表中的自启动项列表、格式化文件系统、删除某个系统文件的操作请求时，可以认为该用户进程正在实施病毒代码要求完成的操作。

为了检测某个用户进程是否正在执行病毒代码，可以为不同安全等级的用户配置资源访问权限，用权限规定每一个用户允许发出的请求类型、访问的资源种类及访问方式，病毒检测程序常驻内存，截获所有对操作系统内核发出的资源访问请求，确定发出请求的用户及安全等级，要求访问的资源及访问模式，然后根据为该安全等级用户配置的资源访问权限检测请求中要求的操作的合法性，如果请求中要求的资源访问操作违背为发出请求的用户规定的访问权限，则表明该用户进程可能包含病毒代码，病毒检测程序可以对该用户进程进行干预并以某种方式示警。

基于行为的检测技术可以检测出变形病毒和未知病毒，但也存在以下缺陷：一是由于在执行过程中检测病毒，检测到病毒时有可能已经执行部分病毒代码，已经执行的这部分病毒代码有可能已经对系统造成危害；二是由于很难区分正常和非正常的资源访问操作，无法为用户精确配置资源访问权限，常常发生漏报和误报病毒的情况。

3.3.2 基于模拟运行环境的检测技术

模拟运行环境是一个软件仿真系统，用软件仿真处理器、文件系统、网络连接系统等，该环境与其他软件系统隔离，其仿真运行结果不会对实际物理环境和其他软件运行环境造成影响。

模拟运行环境需要事先建立已知病毒的操作特征库和资源访问原则，病毒的操作特征是指病毒实施感染和破坏时需要完成的操作序列，如修改注册表中“启动项目”列表所需要的操作序列，变形病毒感染可执行文件需要的操作序列（读可执行文件、修改可执行文件、加密可执行文件、写可执行文件）等。资源访问原则用于指定正常资源访问过程中进行的资源访问操作。

当基于线索的检测技术怀疑某个可执行文件或文本文件感染病毒时，为了确定该可执行文件或文本文件是否包含病毒，在模拟运行环境中运行该可执行文件或文本文件，并对每一条指令的执行结果进行分析。如果发生某种病毒的操作特征时，如修改注册表某个特定键的值或者发生违背资源访问原则的资源访问操作，则确定该可执行文件或文本文件感染病毒。如果直到整个代码仿真执行完成，都没有发生和操作特征库匹配或违背资源访问原则的资源访问操作，则断定该文件没有感染病毒。由于整个代码的执行过程都在模拟运行环境下进行，所以执行过程不会对系统的实际物理环境和其他软件的运行环境产生影响。

3.3.3 常见的病毒监控软件

1. 主机安全卫士

安全卫士的主要功能是监控程序的运行过程，当某个用户进程发出修改注册表中“启动项目”列表、格式化文件系统、删除某个系统文件的操作请求时，可以认为该用户进程正在实施病毒代码要求完成的操作，安全卫士将弹出示警信息，由用户确认后完成更改系统设置的操作。当然，实际的安全卫士可能具有其他管理计算机系统的功能，如计算机体检、木马查杀、系统修复、优化加速等。常见的国内安全卫士软件有360安全卫士、百度安全卫士等。

2. 手机安全卫士

智能手机本身是一个完整的计算机系统，因此，手机安全卫士的部分功能与主机安全卫士是相似的，如手机体检、木马查杀、优化加速等，但手机安全卫士有着以下针对手机特有的安全威胁的安全功能。

(1) 拦截垃圾短信

手机安全卫士具有举报垃圾短信功能。如果用户接收到垃圾短信，可以举报该垃圾短信，手机安全卫士后台云端将记录与所有被举报的垃圾短信有关的信息，如发送号码、短信关键词等。手机安全卫士具有示警垃圾短信功能。当用户接收到短信时，手机安全卫士首先将该短信的发送号码和短信关键词发送给云端，一旦发送号码和短信关键词与云端存储的某个被举报的垃圾短信相同，手机安全卫士将给出提示信息。用户确认是垃圾短信后，该短信的发送号码和关键词将自动进入手机安全卫士的短信黑名单。用户可以手工配置手机安全卫士的短信黑名单。手机安全卫士将自动拦截所有与短信黑名单匹配的短信。

(2) 拦截骚扰电话

手机安全卫士后台云端记录与所有被举报的骚扰电话有关的信息，如主叫号码等，一旦手机接收到呼叫连接请求，且主叫号码与云端存储的某个被举报的骚扰电话相同，手机安全卫士就给出提示信息。用户确认是骚扰电话后，该电话的主叫号码将自动进入手机安全卫士的电话黑名单。手机安全卫士能够检测某些特征明显的骚扰电话，如“响一声”来电，自动将这些来电的主叫号码加入疑似骚扰电话列表，用户可以将这些来电的主叫号码导入手机安全卫士的电话黑名单。用户可以手工配置手机安全卫士的电话黑名单。手机安全卫士将自动拦截所有与电话黑名单匹配的来电。

(3) 杀毒

手机安全卫士一般兼具手机杀毒软件的功能，可以查杀手机中的病毒。

(4) 流量监控

手机安全卫士针对每一个软件统计流量，用于发现感染病毒的软件进行的恶意扣费活动。手机安全卫士一般也可以对每一个软件设置流量阈值，以防发生重大恶意扣费事件。

(5) 隐私保护

手机安全卫士具有保护手机中隐私信息的功能，可以对指定的隐私信息进行加密，并指定密码。以后读取隐私信息时，必须手工输入密码。隐私信息可以是指定号码发送的短信，将某个号码发送的短信指定为隐私信息后，一旦接收到该号码发送的短信，手机安全卫士首先对其进行加密。用户手工输入密码后，才能读取该短信内容。

3. Windows 7 UAC

(1) UAC 功能

用户账户控制(User Account Control，UAC)是 Windows 7 中用于保障主机系统安全的机制，它具有以下安全功能：一是对账户分类，不同类型的账户具有不同的操作计算机的权限，用相应账户登录的用户具有该账户对应的权限；二是只允许用管理员账户登录的用户和在具有管理员权限的运行环境下运行的程序更改系统设置；三是为避免错误操作，只要用户和程序进行更改系统设置的操作，Windows 7 将弹出示警信息，由用户确认后完成更改系统设置的操作。

(2) UAC 工作机制

有些选项旁边有“盾牌”标记，如图 3.16 所示的“更改用户账户控制设置”选项，选择这些选项的用户必须具有管理员权限，如果某个用标准用户账户登录的用户选中旁边有“盾牌”标记的选项，则弹出输入管理员账户和密码的对话框，除非输入正确的管理员账户和密码，否则该用户无法选择该选项。同样，在用标准账户登录的环境下运行的程序也不能更改系统设置。

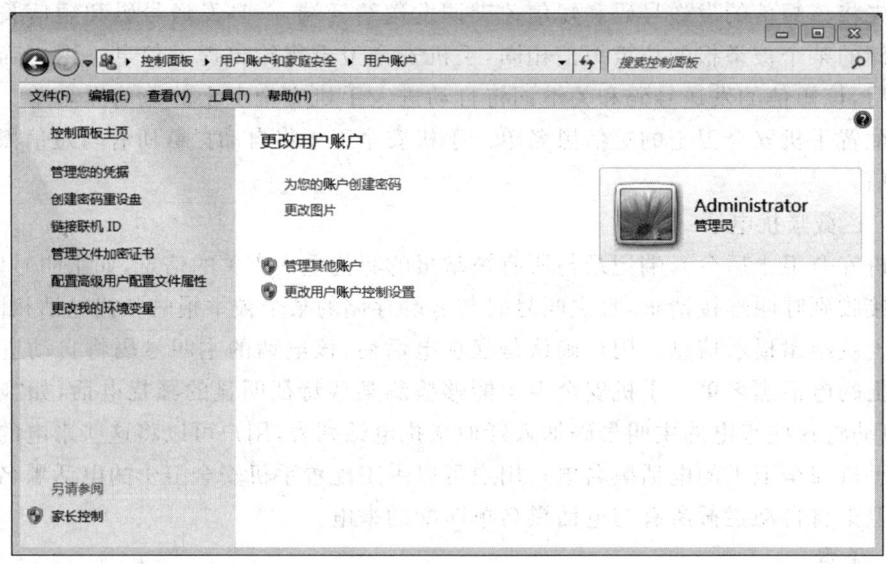

图 3.16　用户账户设置

用具有管理员权限账户登录的用户选择这些选项时，不会弹出输入管理员账户和密码的对话框。但为了防止用具有管理员权限账户登录的用户因为误操作修改系统设置，可以通过设置用户账户控制使在具有管理员权限的用户更改系统设置时同样弹出警示信息，用户确定需要更改相应系统设置时，通过单击“是”按钮完成更改操作。如果是用户因为误操作选择该选项，则可以通过单击“否”按钮终止更改操作。

通过设置用户账户控制使在具有管理员权限的运行环境下运行的某个程序更改系统设置时同样弹出警示信息，在用户确认后，才能允许该程序完成更改操作，以此防止病毒或其他恶意软件通过更改系统设置对计算机系统实施破坏操作。

(3) UAC 配置

完成“控制面板”→“用户账户和家庭安全”→“用户账户”操作过程，弹出如图 3.16 所示的“用户账户”设置界面。单击“更改用户账户控制设置”选项，弹出如图 3.17 所示的“用户账户控制设置”界面，通过拖动游标可以在“始终通知”“默认”“不变暗屏幕”和“从不通知”四个选项中选择其中一个选项。

始终通知：一旦用户或运行的程序更改系统设置，UAC 便弹出警示信息，同时变暗屏幕，用户通过选择“是”或“否”继续或终止更改操作。

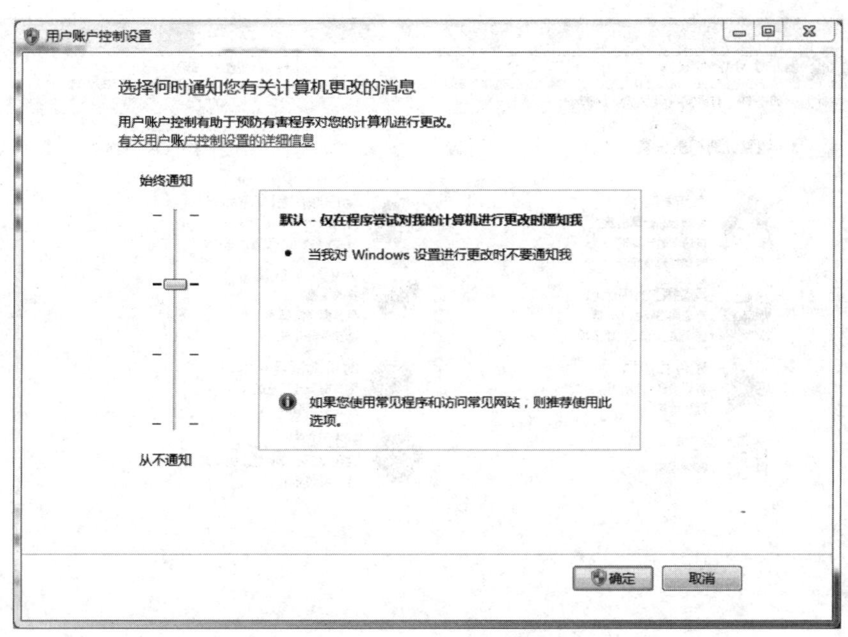

图 3.17 用户账户控制设置

默认：只有当运行的程序更改系统设置时，UAC 才弹出警示信息，同时变暗屏幕，用户通过选择“是”或“否”继续或终止更改操作。用户更改系统设置时不再弹出警示信息。

不变暗屏幕：该选项与默认选项相同，只是弹出警示信息时不变暗屏幕。

从不通知：关闭 UAC，用户和运行的程序更改系统设置时，UAC 均不弹出警示信息。

值得强调的是，UAC 对通过内置管理员账户登录的用户不起作用，这也是慎用内置管理员账户登录的原因。

3.4 应用程序控制策略

病毒是一段恶意代码，只有执行后才能完成感染和破坏过程，因此，限制程序执行也是一种防御病毒的机制。Windows 7 应用程序控制策略（AppLocker）可以为每一个用户指定允许或禁止该用户执行的程序、Windows 安装程序和脚本，因此，通过精心配置应用程序控制策略可以限制病毒程序的运行。

3.4.1 配置 Application Identity 服务

Windows 的每一个服务用于为用户实现特定的功能，Application Identity 服务用于实现确定并验证应用程序标识的功能，该功能是实现应用程序控制策略所需要的。将 Application Identity 服务的启动类型设置为自动的过程如下。

完成“开始”→“控制面板”操作过程，弹出如图 3.18 所示的查看方式为“类别”的“控制面板”界面。单击“系统和安全”选项，弹出如图 3.19 所示的“系统和安全”界面。单击“管理工具”选项，弹出如图 3.20 所示的“管理工具”界面。双击“服务”选项，弹出如图 3.21

图 3.18 控制面板

图 3.19 系统和安全

图 3.20　管理工具

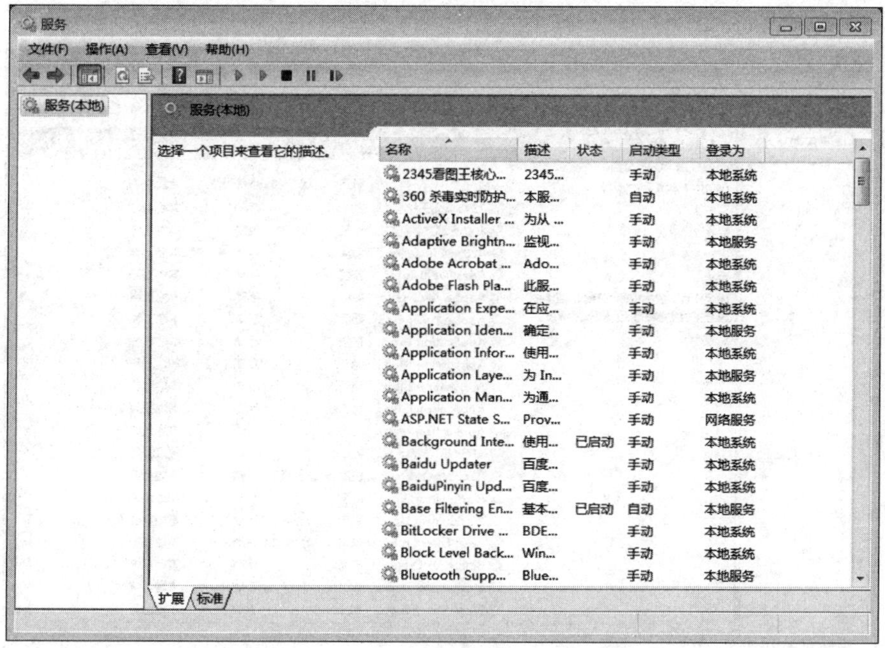

图 3.21　服务

所示的“服务”界面。默认配置下，Application Identity 服务的启动类型是手动。双击 Application Identity 选项，弹出如图 3.22 所示的“Application Identity 的属性”界面，将“启动类型”由“手动”改为“自动”，单击“确定”按钮，完成 Application Identity 服务配置的过程。Application Identity 服务的启动类型将由手动改为自动，如图 3.23 所示。重新启动系统后，系统自动启动 Application Identity 服务。

图 3.22 “Application Identity 的属性”界面

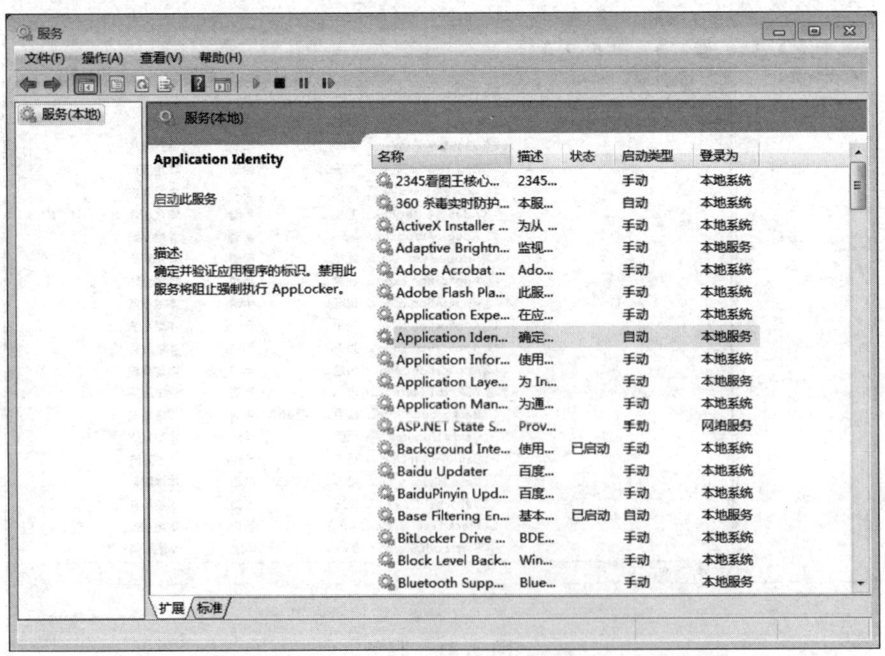

图 3.23 Application Identity 服务启动类型改为自动

3.4.2　配置应用程序控制策略

通过配置应用程序控制策略的可执行规则、Windows 安装程序规则和脚本规则，可以解决以下问题。

- 每一个用户可以运行哪些应用程序。
- 哪些用户允许运行脚本。
- 哪些用户允许安装新的软件。
- 允许运行哪一个版本的应用程序。

下面以禁止用户 userA 执行可执行文件 Microsoft Office 2010 PowerPoint. exe 为例讨论应用程序控制策略的配置过程。

配置应用程序控制策略的过程如下。完成"开始"→"运行"操作过程，弹出如图 3. 24 所示的"运行"界面，在"打开"输入框中输入组策略编辑命令 gpedit. msc，单击"确定"按钮，弹出如图 3. 25 所示的"本地组策略编辑"界面。完成计算机配置下"Windows 设置"→"安全设置"→"应用程序控制策略"→"AppLocker"操作过程，弹出如图 3. 26 所示的 AppLocker 配置界面。AppLocker 下可以配置可执行规则、Windows 安装程序规则和脚本规则。可执行规则用于控制用户执行后缀名为 exe 和 com 的可执行文件。Windows 安装程序规则用于控制用户执行后缀名为 msi 和 msp 的 Windows 安装文件，脚本规则用于控制用户执行后缀名为 js、psl、vbs、cmd 和 bat 的脚本。

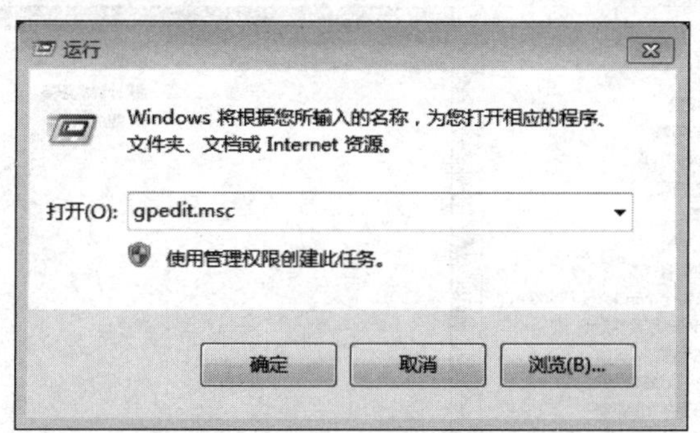

图 3. 24　"运行"界面

如果需要配置可执行规则，则通过右击"可执行规则"，弹出如图 3. 27 所示的可执行规则配置菜单，单击"创建新规则"按钮，弹出如图 3. 28 所示的"创建可执行规则"界面，界面中给出创建新规则开始前需要了解的信息。单击"下一步"按钮，弹出如图 3. 29 所示的"权限"界面，可以在"允许"和"拒绝"这两种权限中选择一种。这里选择"拒绝"，因此，选中"拒绝"选项。

默认的用户或用户组是 Everyone，即选中的权限对所有用户起作用。如果选中的权限只对某个特定用户起作用，则单击"选择"按钮，弹出如图 3. 30 所示的"选择用户或组"界面。单击"高级"按钮，弹出如图 3. 31 所示的"选择用户或组"界面，单击"立即查找"按钮，搜索结果中列出所有的用户和用户组，在搜索结果中单击 userA 选中用户 userA，单击"确定"按钮，完成用户 userA 选择过程，如图 3. 32 所示。可以依次选择多个用户。完

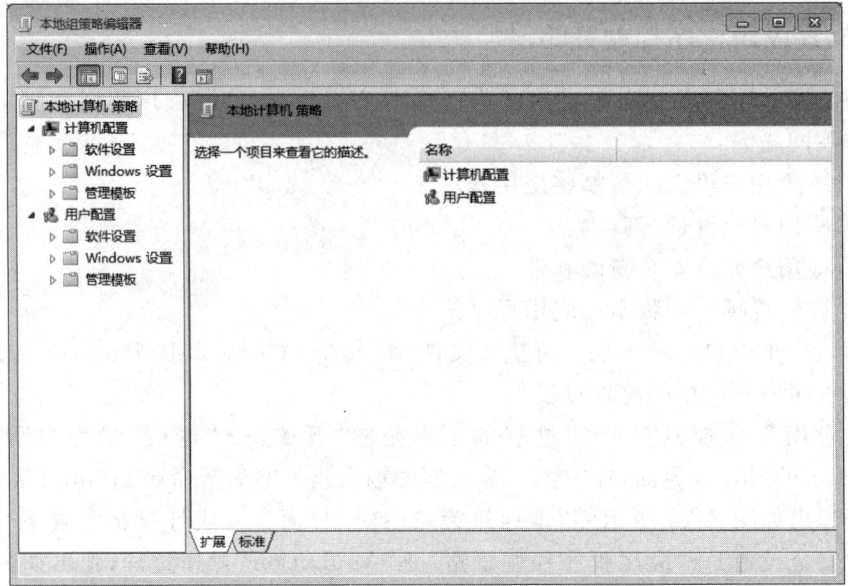

图 3.25　本地组策略编辑

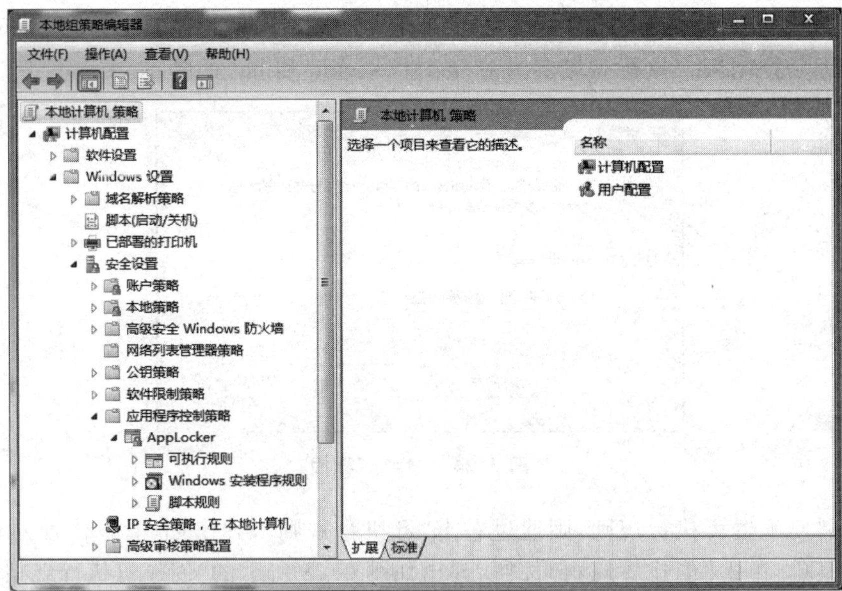

图 3.26　AppLocker 配置

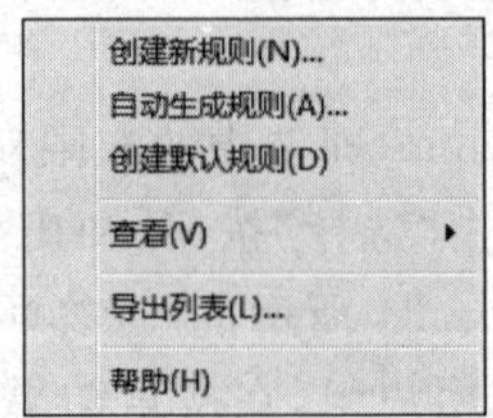

图 3.27　可执行规则配置菜单

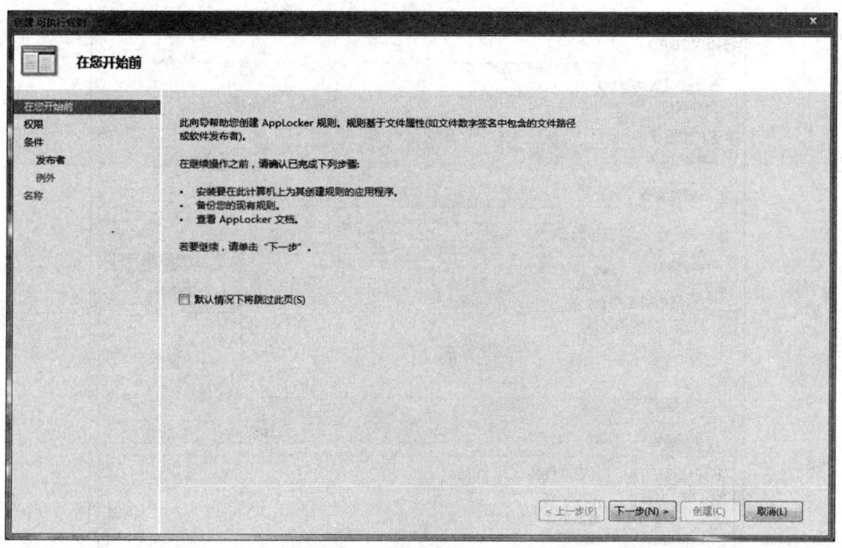

图 3.28　创建可执行规则

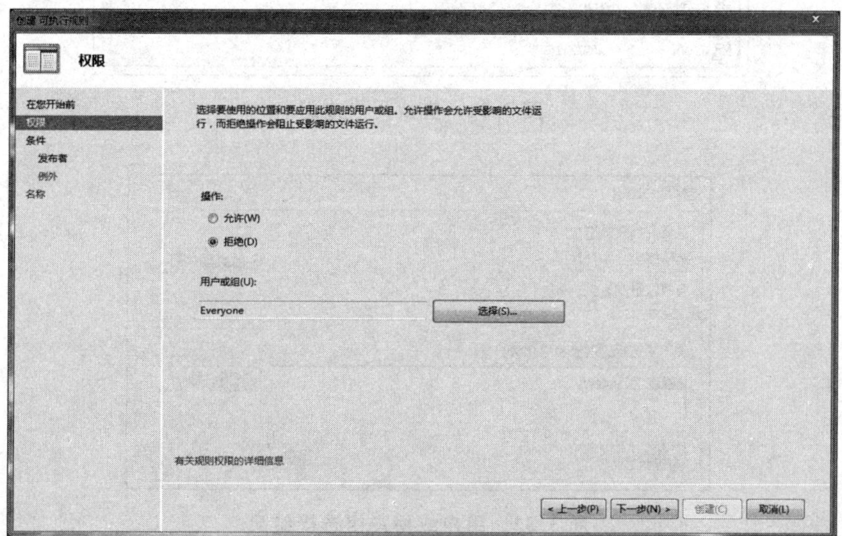

图 3.29　权限配置

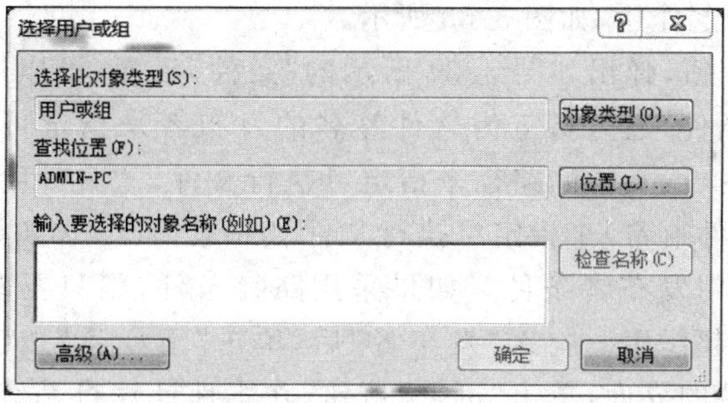

选择用户或组
选择此对象类型(S):
用户或组
对象类型(O)...
查找位置(F):
ADMIN-PC
位置(L)...
输入要选择的对象名称(例如)(E):
检查名称(C)
高级(A)...
确定
取消

图 3.30　选择用户或组

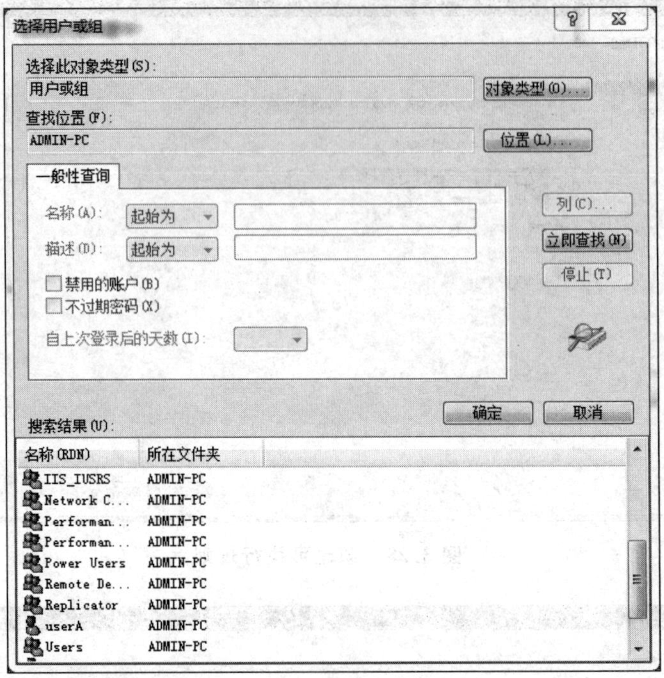

图 3.31 查找用户或组

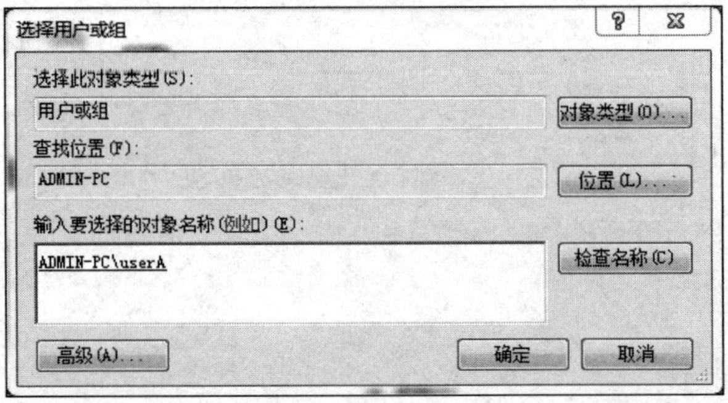

图 3.32 用户或用户组选择结果

成用户选择过程后单击“确定”按钮，完成新规则用户或用户组选择的过程。这里表明新规则只对用户 userA 起作用，如图 3.33 所示。

单击“下一步”按钮，弹出如图 3.34 所示的“条件”界面，可以通过三种条件指定可执行文件，“发布者条件”通过指定为软件签名的发布者来指定可执行文件。“路径条件”通过指定存储可执行文件的路径来指定可执行文件。“文件哈希”通过指定可执行文件的报文摘要（文件哈希）来指定可执行文件。一般情况下，如果可执行文件是由发布者签名的，推荐使用发布者条件。如果采用路径条件，则只要改变可执行文件的存储路径，新规则将不起作用。勾选“发布者”后，单击“下一步”按钮，弹出如图 3.35 所示的指定可执行文件的界面，单击“浏览”按钮，在本地计算机系统中指定可执行文件，这里是 Microsoft Office 2010 PowerPoint. exe。当滑动条到底时，指定可执行文件的条

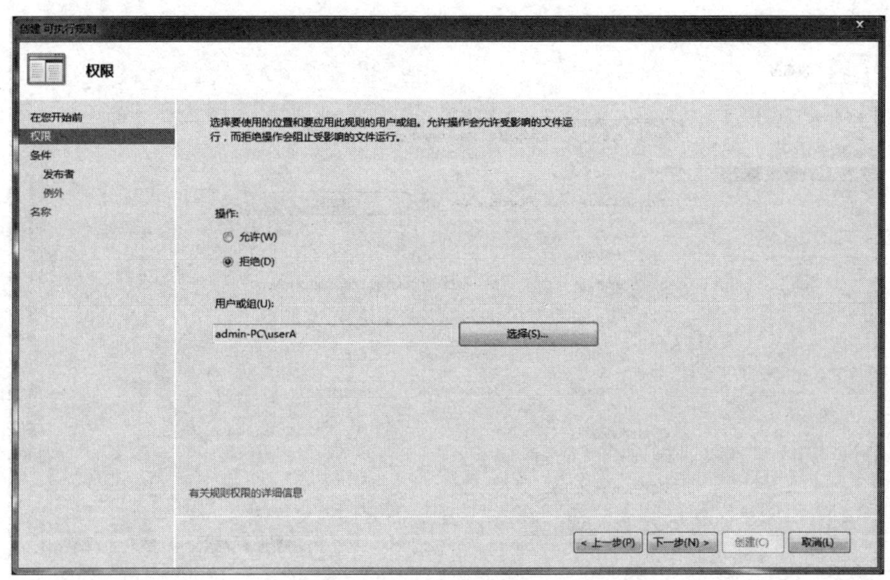

图 3.33　完成用户选择后的界面

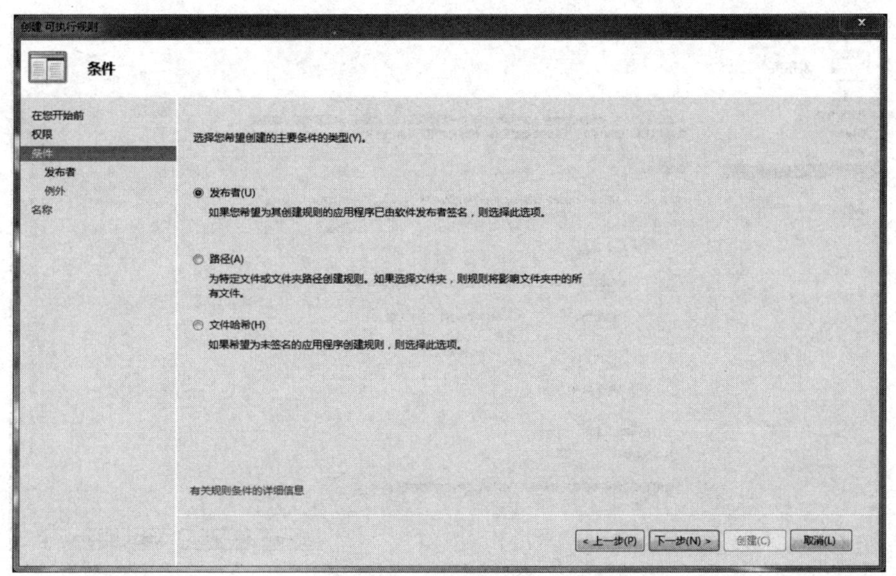

图 3.34　条件配置

件同时包括发布者、产品名、文件名和文件版本，向上移动滑动条到文件名时，如图 3.36 所示，指定可执行文件的条件只包括发布者、产品名和文件名，即所有版本的 PowerPoint.exe 文件都符合指定可执行文件的条件。当滑动条上移到产品名时，指定可执行文件的条件只包括发布者和产品名，即所有属于 Microsoft Office 2010 的可执行文件都符合指定可执行文件的条件，以此类推。这里指定可执行文件的条件只包括发布者、产品名和文件名。

单击“下一步”按钮，弹出如图 3.37 所示的“例外”界面。例外用于在符合指定可执行

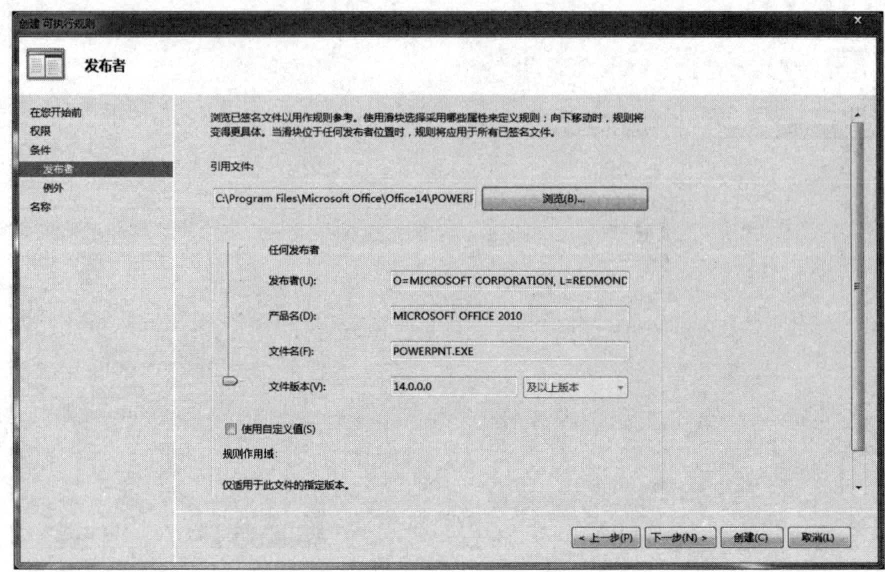

图 3.35 指定可执行文件的界面

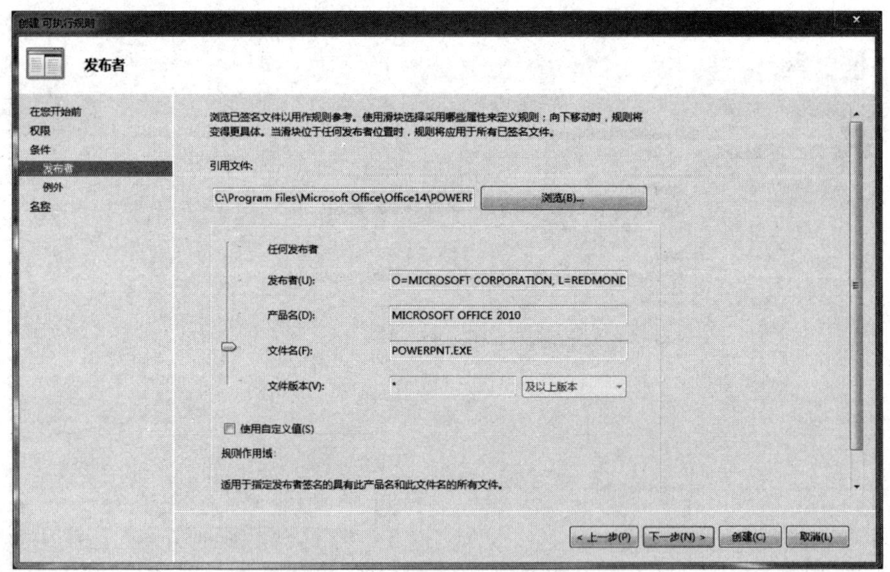

图 3.36 滑动条上移到文件名的界面

文件条件的可执行文件中去掉一些特殊的可执行文件。进入例外列表中的可执行文件等同于不符合指定可执行文件条件的可执行文件。如果没有例外的可执行文件，则单击“下一步”按钮，弹出如图 3.38 所示的“名称和描述”界面，可以通过描述框输入对新规则的一些描述。单击“创建”按钮，完成新规则创建过程，创建新规则后的可执行规则如图 3.39 所示，操作为“允许”的三条规则是默认规则。新规则禁止用户 userA 运行可执行文件 Microsoft Office 2010 PowerPoint. exe。

切换到 userA，运行 Microsoft Office 2010 PowerPoint. exe，弹出如图 3.40 所示的

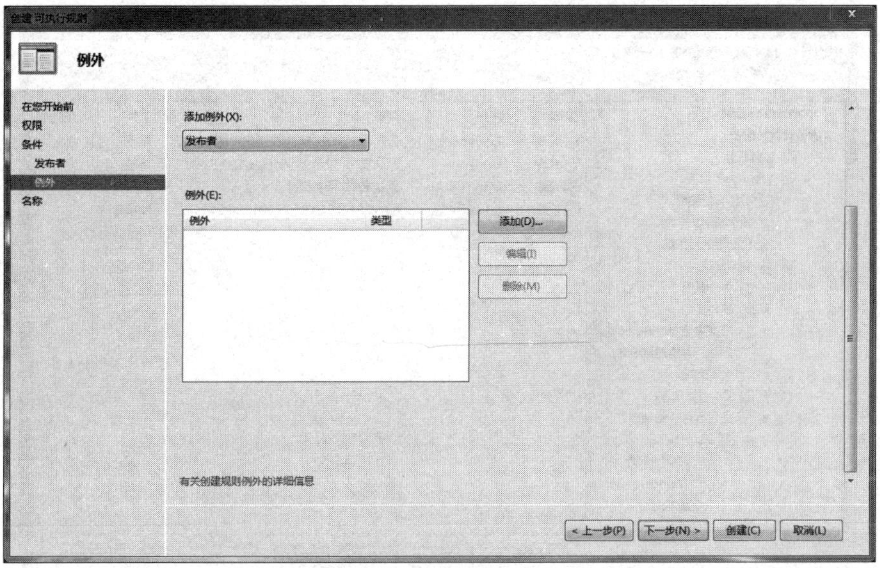

图 3.37　例外配置

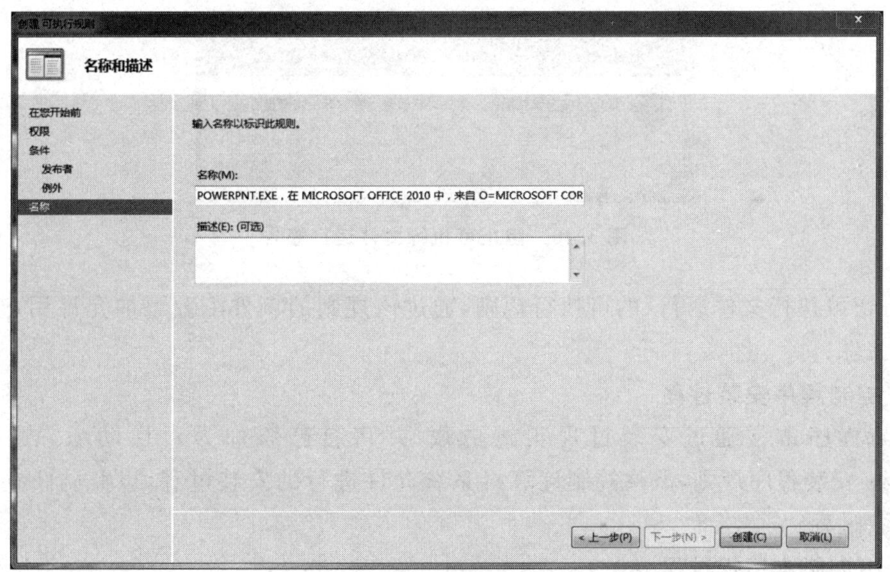

图 3.38　显示“名称和描述”

“阻止可执行文件运行警告”界面，表明组策略禁止用户 userA 运行 Microsoft Office 2010 PowerPoint.exe。

3.4.3　应用程序控制策略的防病毒应用

1. 定制应用环境

对于安全性要求很高的计算机系统，可以为每一个用户定制应用环境，该应用环境中，除了允许用户运行的可执行文件外，禁止其他一切可执行文件的运行。可以设置一条

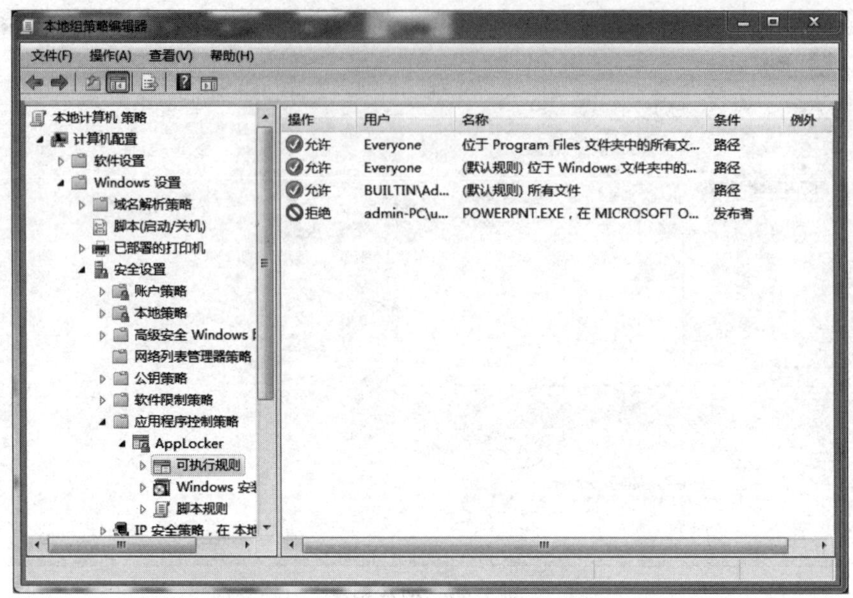

图 3.39 可执行规则

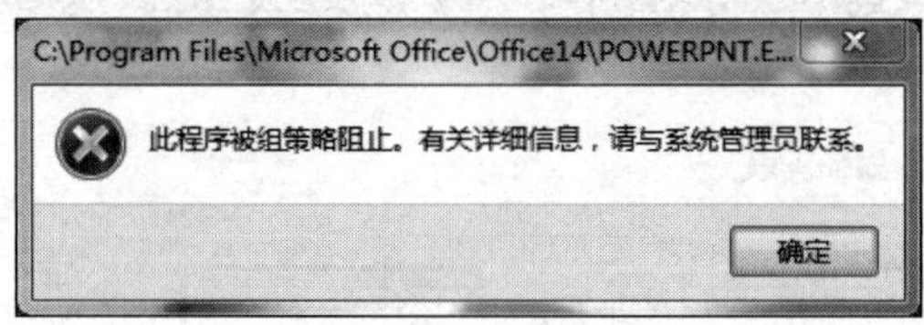

图 3.40 阻止可执行文件运行警告

“禁止一切可执行文件运行”的可执行规则，通过该规则的例外配置添加允许用户运行的可执行文件。

2. 控制程序安装过程

病毒程序常常通过安装过程实施隐藏，并将自己添加为自启动项。通过设置 Windows 安装程序规则，严格控制计算机系统允许进行的安装过程，以此防止病毒程序完成安装过程。

3. 控制脚本运行过程

大量病毒是脚本病毒，可以通过设置脚本规则，严格控制脚本运行过程，以此阻止脚本病毒运行。

本 章 小 结

- 病毒是计算机面临的最大威胁。
- 应从三方面着手防御病毒，即预防病毒植入、清除植入病毒和控制病毒实施的破坏活动。

- 预防病毒植入需要用户养成良好的使用计算机和上网的习惯。
- 可以用杀毒软件清除植入计算机系统中的病毒。
- 可以用安全卫士实时监控程序运行过程中执行的操作。
- Windows Defender 是 Windows 自带的杀毒软件。
- UAC 是 Windows 的一种安全机制，用于实时监控程序运行过程中执行的操作。
- 应用程序控制策略可以限制可执行文件、Windows 安装程序和脚本运行过程，以此阻止病毒程序运行。

习　题

3.1　列出常见的寄生病毒类型。

3.2　何为病毒植入？列出几种植入病毒的方法。

3.3　病毒程序如何实现第一次运行过程？第一次运行过程需要完成哪些工作？

3.4　简述病毒的作用过程。

3.5　简述基于特征的扫描技术的特点。

3.6　简述基于线索的扫描技术的特点。

3.7　简述基于完整性检测的扫描技术的特点。

3.8　简述基于行为的检测技术的特点。

3.9　简述基于模拟运行环境的检测技术的特点。

3.10　简述 Windows Defender 的杀毒功能。

3.11　简述 UAC 监控程序运行过程中执行的操作的过程。

3.12　简述应用程序控制策略在防病毒方面的作用。

第4章 无线通信安全技术

随着移动互联网的广泛应用，移动终端已经成为人们最常使用的网络终端。移动终端采用无线通信方式与互联网交换数据，无线局域网和移动通信网络是移动终端最常用的采用无线通信方式的网络。因此，掌握无线局域网和移动通信网络的安全机制是实现无线通信安全的基础。

4.1 无线通信基础

无线通信(Wireless Communication)是一种利用电磁波在自由空间的传播实现终端之间数据传输过程的通信方式。无线局域网和移动通信网络是最常用的采用无线通信方式的网络。由于数据传输速率与信号的带宽成正比，因此，用于实现数据传输的电磁波通常是位于微波频段的电磁波。

4.1.1 无线通信定义

无线通信(Wireless Communication)是一种利用电磁波在自由空间的传播实现终端之间数据传输过程的通信方式。

实现电磁波在自由空间的传播需要由变化的电场在邻近区域激发变化的磁场，再由变化的磁场在较远区域激发新的变化的电场，这种激发由近及远、不断继续下去的过程就是电磁波的传播过程。电磁波的主要特征参数有频率、初始相位和功率，这一点和按正弦或余弦变化的模拟信号相同。实际上，电磁波发射装置就是通过在天线上产生按正弦或余弦变化的电流激发变化的电场，并因此产生电磁波。

4.1.2 电磁波频谱

电磁波的传播速度在真空中等于光速 c，由于将电磁波峰值之间的距离定义为波长，由此可以得出波长 λ 和频率 f 之间的关系式：$f\times\lambda=c$。

用电磁波传输数据需要完成调制解调过程。调制过程是将数据转换成电磁波的过程。解调过程是从电磁波中还原出数据的过程。数据传输速率取决于电磁波的波特率和调制技术。由于电磁波的波特率和信号带宽成正比，因此，要想得到较高的数据传输速率，表示二进制位流的电磁波必须有较高的带宽。电磁波的频谱如图4.1所示，由于只有处于高频段的电磁波才有可能获得较高带宽，而且调制后的表示二进制位流的电磁波是以载波信号频率为中心频率的带通信号，因此，利用电磁波进行数据传输时，常常用处于高频段的电磁波作为载波信号。

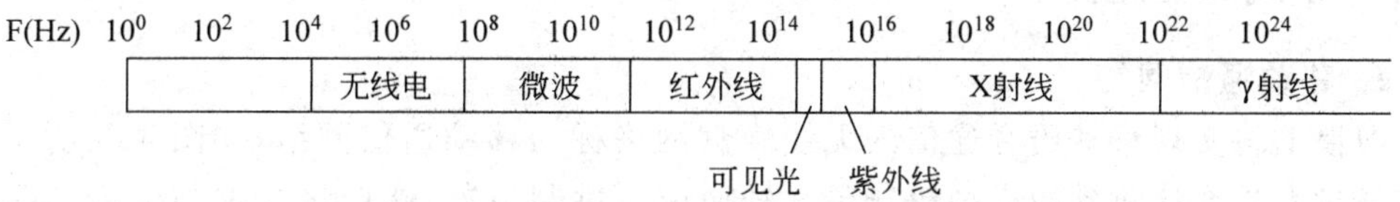

图 4.1 电磁波频谱

紫外线对人体有害，X 射线和 γ 射线对生物有很大的杀伤性，这些频段的电磁波不能作为载波信号，因此，可用作载波信号的电磁波的频率应在紫外线以下。电磁波的频率越高，其传播特性越接近可见光，而可见光的直线传播特性会对使用无线通信的终端的布置带来很大限制，因此，无线通信常采用微波段中的电磁波作为载波信号，以此使得调制后的表示二进制位流的电磁波是位于微波段的带通信号。

4.1.3 无线数据传输过程

无线数据传输过程如图 4.2 所示，发送终端需要发送的二进制位流经过发送终端连接的收发器调制后转化成以载波信号频率为中心频率的带通信号，带通信号经过天线发射后，成为在自由空间传播的电磁波。该电磁波在自由空间传播需要占据频段，该频段是以载波信号频率为中心频率的带通信号的频率宽度。电磁波到达接收终端连接的收发器后，在天线中感应出带通信号，接收终端连接的收发器从带通信号中还原出二进制位流，将二进制位流传输给接收终端，完成二进制位流发送终端至接收终端的传输过程。实际应用中，收发器、天线和终端往往集成在一个设备中，如智能手机、安装无线网卡的笔记本计算机等。

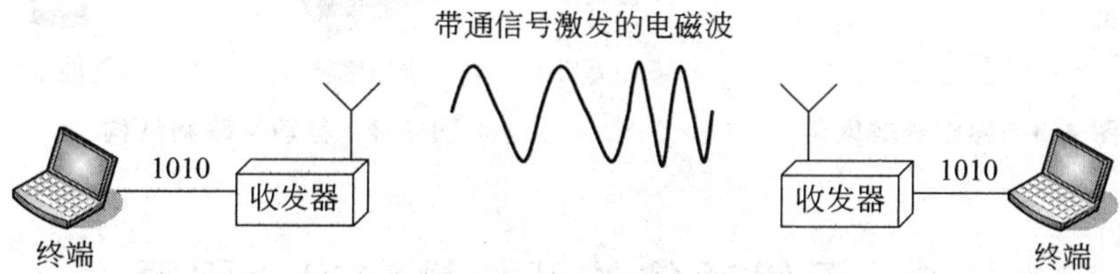

图 4.2 无线数据传输过程

无线数据传输过程中，两个终端之间传播的电磁波需要占据某个频段，该频段称为两个终端之间的无线信道。由于在该电磁波传播范围内不能有其他信号源发射的与该频段重叠的电磁波，因此，发送终端独占该无线信道。如果多个终端共享某个无线信道，即多个终端使用相同的频段进行数据传输过程，当某个终端通过无线信道发射电磁波时，在该电磁波传播范围内不能有其他终端通过该无线信道发射电磁波。这一点与连接多个终端的总线型以太网相似。

任何两个终端之间只有存在无线信道，才能进行数据传输过程，即两个终端之间只有占据一段电磁波频段，两个终端之间才能进行无线数据传输过程。

4.1.4 无线通信应用

1. 移动通信网络

习惯上将实现移动语音通信的无线蜂窝网络称为移动通信网络，如图 4.3 所示。手机将通过麦克风接收到的模拟语音信号转换成二进制位流，然后将二进制位流转换成电磁波，经过手机与基站之间的无线信道完成电磁波手机至基站的无线通信过程。同样，手机接收到基站通过无线信道传播的电磁波后，从电磁波中还原出二进制位流，再将二进制位流还原成模拟语音信号，通过喇叭传输给用户。

2. 移动互联网

移动互联网是移动终端与互联网的有机结合。移动互联网结构如图 4.4 所示，笔记本计算机与平板电脑通过无线局域网接入 Internet，智能手机通过无线局域网或者通用分组无线业务（General Packet Radio Service，GPRS）、3G、4G 等无线数据通信网络接入 Internet。无线局域网与无线数据网络采用无线通信技术。

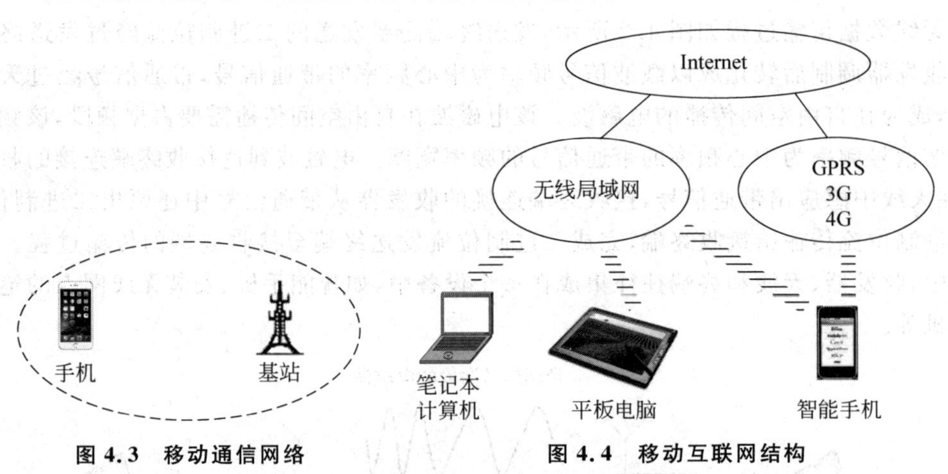

图 4.3 移动通信网络　　图 4.4 移动互联网结构

4.2 无线通信的开放性和安全问题

频段的开发性和空间的开放性使得任何终端可以接收采用无线通信方式传输的数据，从而无法保证经过无线信道传输的信息的保密性和完整性。接入控制、加密和完整性检测是解决无线通信安全问题的基本方法。

4.2.1 频段的开放性

1. 移动通信网络使用的频段

(1) GSM 频段

全球移动通信系统（Global System for Mobile Communication，GSM）使用两个频段，分别是 GSM 900MHz 频段和 GSM 1800MHz 频段。GSM 900MHz 频段的上行频段为 890MHz～915MHz，下行频段为 935MHz～960MHz。上行是指手机至基站方向，下

行是指基站至手机方向。无论是上行频段还是下行频段，都划分为多个无线信道。GSM 1800MHz 频段的上行频段为 1710MHz～1785MHz，下行频段为 1805MHz～1880MHz。由于同一区域内存在多个移动通信服务商，如中国移动和中国联通，需要在这些移动通信服务商之间合理分配上行频段和下行频段，即不同移动通信服务商的上行频段和下行频段之间不能重叠。

(2) 3G 频段

目前常用的第三代移动通信技术（Third Generation，3G）标准有 WCDMA 和 CDMA2000，WCDMA 的上行频段为 1940MHz～1955MHz，下行频段为 2130MHz～2145MHz。CDMA2000 的上行频段为 1920MHz～1935MHz，下行频段为 2110MHz～2125MHz。

2. 无线局域网使用的频段

无线局域网使用的频段基本属于 ISM（Industrial Scientific and Medical）频段，这些频段是工业、科学和医疗所使用的电磁波频段，是为了满足公众利用无线电进行通信的需求，允许公众自由使用的开放电磁波频段，图 4.5 所示是美国开放的电磁波频段，大多数国家都与此兼容。

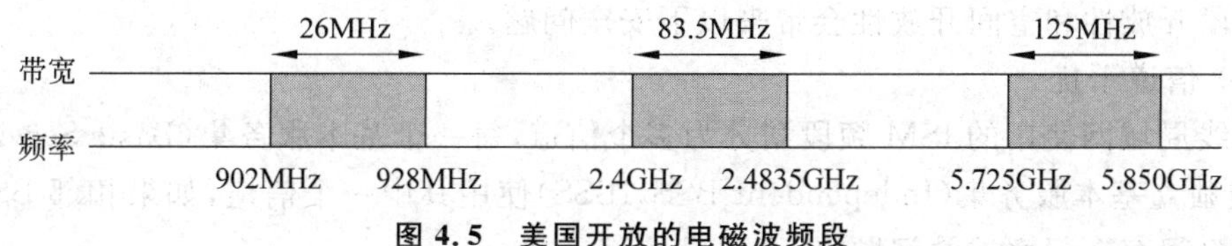

图 4.5 美国开放的电磁波频段

无线局域网使用的电磁波频段是 2.401GHz～2.483GHz、5.15GHz～5.35GHz 和 5.725GHz～5.825GHz 这三个频段，显然，5.15GHz～5.35GHz 频段并不完全和 ISM 频段兼容，是专为无线局域网开放的电磁波频段。无线局域网中一般将 2.401GHz～2.483GHz 频段简称为 2.4GHz 频段，将 5.15GHz～5.35GHz 和 5.725GHz～5.825GHz 这两个频段简称为 5GHz 频段。

利用标准和开放的电磁波频段进行无线通信，意味着任何能够接收这些频段的电磁波的无线电设备都能接收用于实现数据通信的电磁波，并根据无线通信的调制解调原理还原出数据。

4.2.2 空间的开放性

无线通信方式下，电磁波在自由空间传播，电磁波的传播范围取决于发射时的电磁波能量。某个发射装置所发射的电磁波的传播范围如图 4.6 所示，任何处于该电磁波传播范围内的接收设备都能接收到该发射装置所发射的电磁波。

电磁波具有穿透性，因此，电磁波不会局限于某个物理空间内，如办公大楼。某个单位在进行无线通信时使用的电磁波很可能传播到该单位外，导致外部人员无须进入该单位也能接收到该单位无线通信时使用的电磁波。空间的开放性使得大量非授权人员可以方便地嗅探经过无线信道传输的数据。

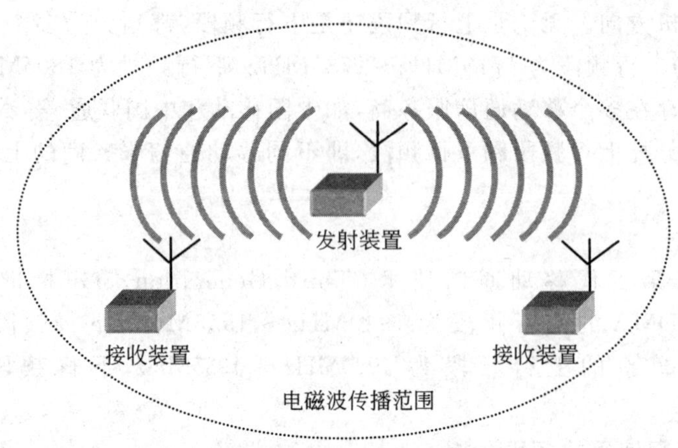

图 4.6 电磁波传播过程

4.2.3 开放性带来的安全问题和解决思路

1. 安全问题

频段开放性和空间开放性会带来以下安全问题。

(1) 信道干扰

无线局域网使用的 ISM 频段划分为多个信道,每一个基本服务集(Basic Service Set,BSS)或独立基本服务集(Independent BSS,IBSS)使用其中一个信道,如果相邻 BSS 使用的信道之间存在频率重叠问题,就会引发信道干扰。

由于许多其他的无线设备也采用 ISM 频段,因此,无线局域网与这些无线设备之间也很容易引发信道干扰。

由于移动通信网络和无线局域网采用的频段是标准的、公开的,因此,黑客很容易通过发射相同频段的噪声信号实现信道干扰。

(2) 嗅探和流量分析

由于电磁波传播范围内的无线终端均可以接收电磁波,并还原出电磁波表示的数据,因此,位于某个终端的电磁波传播范围内的任何其他终端均可接收该终端发送的数据。由此可见,无线通信很容易实现嗅探攻击,并通过嗅探攻击获得的信息完成流量分析过程。

(3) 重放攻击

当某个终端通过嗅探攻击获得另一个终端发送的数据后,可以通过延迟一段时间重发或多次重发该数据实施重放攻击。

(4) 数据篡改

黑客终端可以通过 ARP 欺骗攻击截获终端 A 发送给终端 B 的媒体接入控制(Medium Access Control,MAC)帧,对 MAC 帧中的数据实施篡改,并将篡改后的 MAC 帧转发给终端 B。

(5) 伪造 AP

BSS 中的移动终端首先与接入点(Access Point,AP)建立关联,而且,发送给同一

BSS内其他终端的MAC帧和发送给属于其他BSS的终端的MAC帧必须由AP完成转发过程。因此,黑客可以伪造一个AP,伪造的AP可以与该AP电磁波传播范围内的移动终端建立关联,并使得这些移动终端发送的MAC帧都经过伪造的AP,从而使得黑客可以截获这些移动终端发送的MAC帧。

(6) 伪造基站

移动通信网络中的手机首先需要接入某个基站,在接入某个基站过程中,手机会发送一些用于表明手机身份的标识信息。因此,黑客可以伪造一个基站(称为伪基站),伪基站一方面可以窃取手机的身份标识信息,另一方面可以向手机发送大量欺诈短信。

2. 解决思路

(1) 接入控制

有线网络(如以太网)存在物理接入过程,某个终端接入以太网时,必须用线缆(通常是双绞线电缆)连接以太网交换机端口和终端,因此,可以通过控制物理连接过程对终端接入以太网过程实施控制。同时,通过鉴别机制对接入终端的身份进行鉴别,保证只有授权终端才能通过以太网发送或接收数据。但对于如图4.3所示的移动通信网络和如图4.7所示的由AP组成的BSS,电磁波自由传播的特性使得任何处于基站或AP电磁波传播范围内的终端都能与基站或AP进行通信。

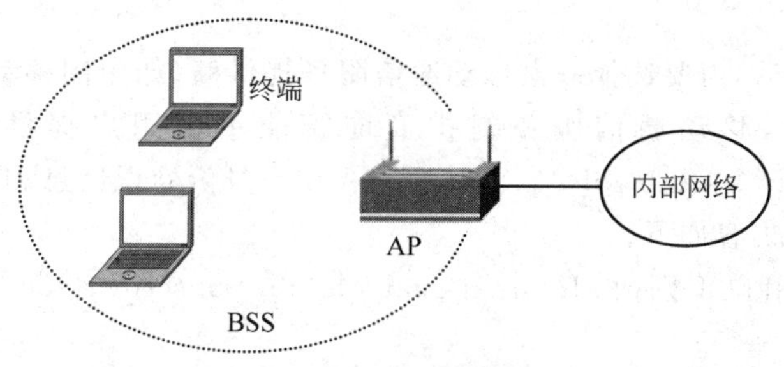

图4.7　基本服务集

解决上述问题的思路是对无线终端实施接入控制,保证只有授权终端才能与基站或AP进行通信。

移动通信网络中,存在手机接入基站的过程,接入过程中,由基站完成对手机的身份鉴别过程,基站只允许接入授权手机。

为了在无线局域网中实现鉴别机制,首先必须使终端和AP之间有一个类似以太网建立物理连接过程的虚拟连接建立过程,AP在建立和终端之间的虚拟连接后,必须对接入终端的身份进行鉴别,以此保证只有授权终端才能和AP进行通信。

为了避免伪造AP或基站的情况发生,要求采取双向身份鉴别过程,手机与基站、终端与AP只有在完成双向身份鉴别过程后才能相互通信。

(2) 加密

电磁波自由传播的特性使得任何一个位于发送端电磁波传播范围内的终端都能接收发送端发送的表示数据的电磁波,因此,如果不对通过无线信道传输的数据进行加密,将无法保证数据的保密性。

解决上述问题的思路是加密手机与基站、授权终端与 AP 之间交换的数据，保证只有拥有密钥的手机和基站、授权终端和 AP 才能还原出明文，以此保证手机与基站、授权终端与 AP 之间交换的数据的保密性。

(3) 完整性检测

手机与基站、授权终端与 AP 之间交换的数据可以被黑客终端截获、篡改，因此，无线通信无法保证手机与基站、授权终端与 AP 之间交换的数据的完整性。

解决上述问题的思路是对手机与基站、授权终端与 AP 之间交换的数据进行完整性检测，通过完整性检测机制保证手机与基站、授权终端与 AP 之间交换的数据的完整性。

4.3 移动通信网络安全机制

无线通信的安全机制不外乎接入控制、加密和完整性检测，接入控制的基础是身份鉴别。GSM 只具有单向身份鉴别和加密安全机制。3G 具有双向身份鉴别、加密和完整性检测安全机制。

4.3.1 GSM 安全机制

1. 注册过程

购买智能手机后，需要选择一家移动通信服务提供商（如中国移动和中国联通）进行注册，完成注册后，移动通信服务提供商向智能手机用户提供用户身份识别卡(Subscriber Identity Module，SIM)，SIM 中包含用户身份标识信息和身份鉴别与加密时使用的算法。主要内容如下。

- 国际移动用户识别码(International Mobile Subscriber Identification Number，IMSI)。
- 128 位长度的身份鉴别密钥 K_i。
- 身份鉴别算法 A3 和加密密钥生成算法 A8。

同样，完成注册后，移动通信服务提供商在称为归属位置寄存器(Home Location Register，HLR)的注册用户身份信息库中为该注册用户建立一项记录，核心内容与用户 SIM 中包含的内容相似，主要有 IMSI、K_i、身份鉴别算法 A3 和加密密钥生成算法 A8 等。

值得强调的是，分配给用户的 IMSI 是全球唯一的，用于唯一标识用户身份。K_i 是保密的，只存在于 SIM 和称为归属位置寄存器(HLR)的注册用户身份信息库中。用户通过证明自己拥有 K_i 来证明自己是 IMSI 标识的用户。

2. 身份鉴别过程

讨论如图 4.8 所示的身份鉴别过程前，先说明两点：一是为简化起见，图 4.8 中的基站还包括移动通信网络的其他构件，如归属位置寄存器(HLR)等；二是手机往往需要多次接入同一基站，因此，为避免发生因为多次传输 IMSI 造成 IMSI 被黑客截获的情况，在第一次接入某个基站时，由该基站为手机分配一个临时移动用户识别码(Temporary Mobile Subscriber Identification Number，TMSI)，并同时建立 IMSI 与 TMSI 之间映射。TMSI 是该基站用于唯一标识该手机的临时移动用户识别码。

如图4.8所示，由手机发起身份鉴别过程，向基站发送TMSI。基站接收到手机发送的TMSI后，完成以下操作。

① 基站根据TMSI与IMSI之间的映射获取IMSI。

② 用IMSI检索HLR，获取该IMSI关联的K_i'、A3和A8。

③ 生成128位随机数RAND。

④ 计算出32位SRES'，SRES'=A3(K_i',RAND)。

⑤ 计算出64位加密密钥K_C'，K_C'=A8(K_i',RAND)。

⑥ 向手机发送RAND。

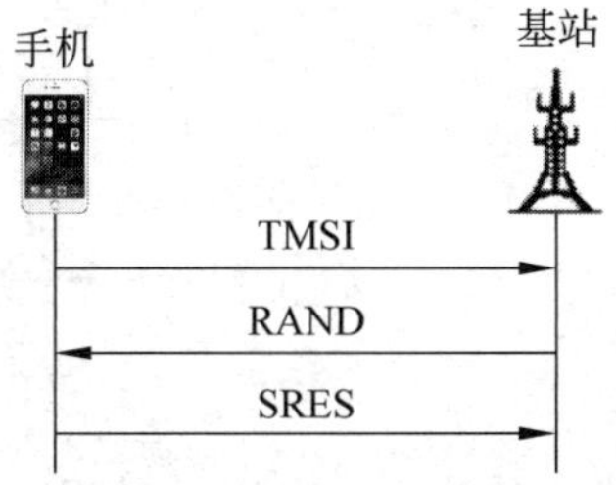

图4.8　身份鉴别过程

手机接收到RAND后，将RAND传输给SIM，由SIM完成以下操作。

① 计算出32位SRES，SRES=A3(K_i,RAND)。

② 计算出64位加密密钥K_C，K_C=A8(K_i,RAND)。

由手机将SRES发送给基站，基站接收到手机发送的SRES后，比较SRES与SRES'，如果SRES=SRES'，则表示$K_i=K_i'$。由IMSI标识的手机身份得到确认。

手机完成注册后，手机SIM中的IMSI和K_i与移动通信网络的HLR中的IMSI和K_i将IMSI与K_i关联在一起。手机证明自己由IMSI标识的身份的唯一办法是向移动通信网络证明自己拥有与该IMSI关联的K_i。手机不能通过向移动通信网络发送K_i证明自己拥有K_i，因为这样做很容易让黑客截获经过无线信道传输的K_i。图4.8所示的鉴别过程既能证明手机拥有K_i，又不需要手机向移动通信网络发送K_i。

保证上述身份鉴别过程有效的前提有两个：一是由于手机与基站之间以明文方式传输RAND和SRES，因此，A3算法必须保证即使截获有限对RAND和SRES，也不能通过有限对RAND和SRES推导出K_i；二是每一次身份鉴别过程中HLR生成的随机数RAND都是不同的。

保密K_i是保证手机安全接入移动通信网络的关键，实际操作过程中，SIM中的K_i是无法读出的，而且，移动通信网络的操作人员也无法从HLR中读取K_i，因此，K_i的保密性是有保障的。

3. 加密传输过程

完成手机身份鉴别过程后，SIM和HLR分别生成加密密钥K_C和K_C'，只要$K_i=K_i'$，则$K_C=K_C'$。

GSM采用流密码体制，每一次加密过程采用不同的一次性密钥。发送端加密过程如图4.9所示，发送端将64位的对称密钥K_C和22位的帧序号Fn作为算法A5的输入，A5的输出是与明文长度相同的一次性密钥，该一次性密钥与明文逐位异或运算的结果就是加密后的密文。接收端的解密过程如图4.9所示，接收端同样将64位的对称密钥K_C和22位的帧序号Fn作为算法A5的输入，A5的输出是与密文长度相同的一次性密钥，该一次性密钥与密文逐位异或运算的结果就是解密后的明文。由于每一次加密解密过程中A5的输入是相同的，因此，产生的一次性密钥也是相同的。

由于不同帧的帧序号是不同的，因此，加密不同帧中数据的一次性密钥也是不同的，以此保证加密传输过程中不会重复使用一次性密钥。

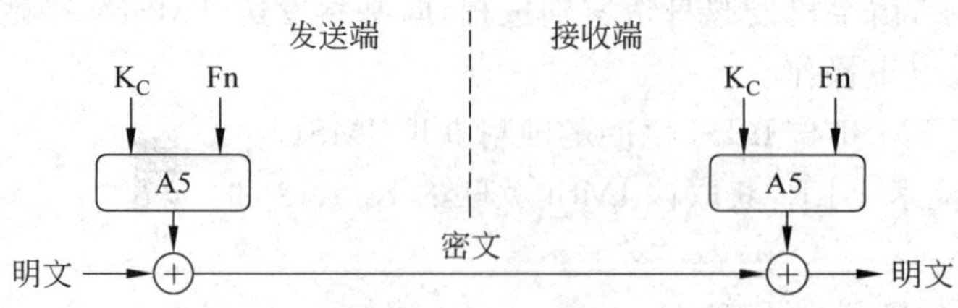

图 4.9 加密解密过程

由于每一次接入过程有不同的随机数 RAND,所以每一次接入过程有着不同的加密密钥 K_C,因此,加密密钥 K_C的安全性是有保障的。

4. 安全缺陷和伪基站

GSM 的安全缺陷主要有两点:一是采用单向身份鉴别机制,即只有基站对手机进行的身份鉴别过程,没有手机对基站进行的身份鉴别过程,导致伪基站危害的发生;二是没有完整性检测机制,接收端无法检测出数据传输过程中发生的篡改。

伪基站通过发送较强的信号吸引手机接入。身份鉴别阶段中,伪基站在接收到手机发送的任何鉴别响应消息后,都向该手机发送身份鉴别成功消息。如图 4.10(a)所示,吸引手机接入的过程中,通过反复向手机发送识别请求,使手机认为基站无法识别 TMSI,导致手机向伪基站发送 IMTI。完成身份鉴别过程后,伪基站可以向手机发送任意短信,如图 4.10(b)所示。

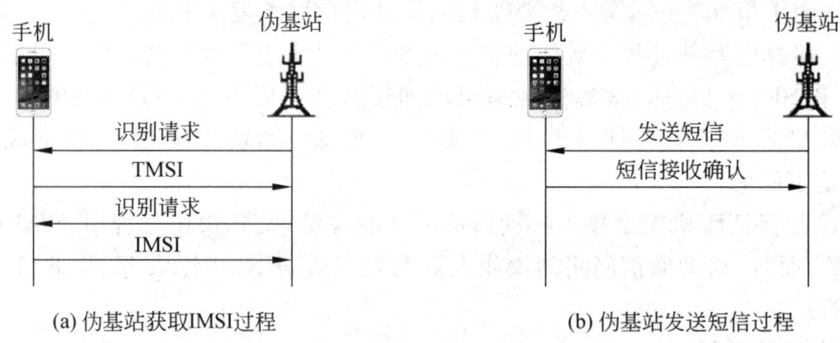

图 4.10 伪基站的危害

值得说明的是,在语言通信过程中,加密是必须的。在发送短信过程中,加密是可选的,由基站决定。而伪基站通常不会选择加密传输短信的方式。

4.3.2 3G 安全机制

GSM 是第二代移动通信网络(2G),通用移动通信系统(Universal Mobile Telecommunications System,UMTS)是基于 GSM 发展而成的第三代移动通信网络(3G)。UMTS 克服了 GSM 单向身份鉴别和缺乏数据完整性检测的安全缺陷,提供双向身份鉴别、数据加密和数据完整性检测等安全机制。

1. 注册过程

手机用户完成注册后,获得全球用户识别卡(Universal Subscriber Identity Module,

USIM)，USIM 中含有各种函数，函数名称和功能如表 4.1 所示，除了实现不同功能的各种函数以外，USIM 还包含如下信息。

表 4.1　函数名称和功能描述

函 数 名 称	功 能 描 述	函 数 名 称	功 能 描 述
f1	鉴别信息生成函数	f4	完整性检测密钥生成函数
f2	挑战响应生成函数	f5	匿名密钥生成函数
f3	加密密钥生成函数		

- 国际移动用户识别码(International Mobile Subscriber Identification Number，IMSI)。
- 128 位长度的身份鉴别密钥 K_i。

同样，完成注册后，移动通信服务提供商在称为归属位置寄存器(HLR)的注册用户身份信息库中为该注册用户建立一项记录，其核心内容与用户 USIM 中包含的内容相似。

值得强调的是，分配给用户的 IMSI 是全球唯一的，用于唯一标识用户身份。K_i 是保密的，只存在于 USIM 和称为归属位置寄存器(HLR)的注册用户身份信息库中。由于 K_i 只存在于 USIM 和称为归属位置寄存器(HLR)的注册用户身份信息库中，因此，用户和基站分别通过确定对方是否拥有 K_i 确定对方的身份。

USIM 中的 K_i 是无法读出的，移动通信网络的操作人员也无法从 HLR 中读取 K_i，因此，K_i 的保密性是有保障的。

2. 身份鉴别与密钥协商

UMTS 通过身份鉴别与密钥协商(Authentication and Key Agreement，AKA)机制完成双向身份鉴别过程和密钥协商过程。协商产生的密钥分别是用于加密数据的加密密钥和用于数据完整性检测的完整性检测密钥。

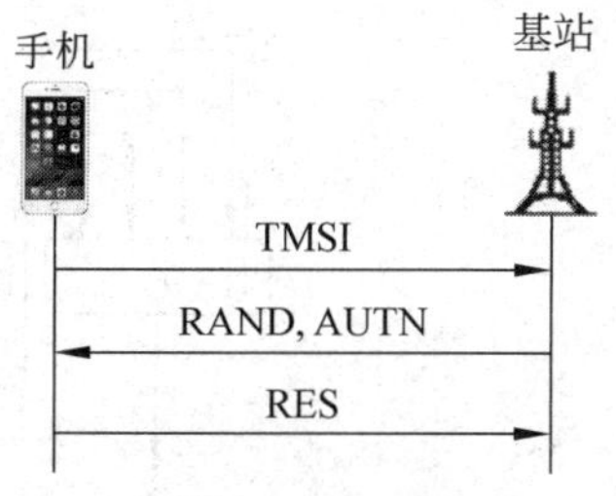

图 4.11　身份鉴别与密钥协商的过程

与讨论 GSM 身份鉴别过程相似，一是为简化起见，图 4.11 中的基站还包括移动通信网络的其他构件，如归属位置寄存器(HLR)等。二是由于手机需要多次接入同一基站，因此，为避免发生因为多次传输 IMSI 造成 IMSI 被黑客截获的情况，在第一次接入某个基站时，由该基站为手机分配一个 TMSI，并由该基站建立 IMSI 与 TMSI 之间的映射，TMSI 是该基站用于唯一标识该手机的临时移动用户识别码。

如图 4.11 所示，由手机发起身份鉴别过程，向基站发送 TMSI。基站接收到手机发送的 TMSI 后，完成以下操作。

① 基站根据 TMSI 与 IMSI 之间的映射获取 IMSI。

② HLR 根据 IMSI 获取该 IMSI 关联的信息。

③ HLR 生成随机数 RAND 和序号 SQN，序号用于防止重放攻击，因此，每一次 AKA 过程生成的序号不仅不同，而且是不断增加的。

④ 如图 4.12 所示，HLR 通过函数 f1 生成鉴别信息 MAC-A′＝f1(RAND,SQN,AMF,K_i)，鉴别管理域(Authenticated Management Field,AMF)是移动服务提供商定义的相关信息。通过函数 f2 生成挑战响应 RES′＝f2(RAND,K_i)，通过函数 f3 生成加密密钥 CK′＝f3(RAND,K_i)，通过函数 f4 生成完整性检测密钥 IK′＝f4(RAND,K_i)，通过函数 f5 生成匿名密钥 AK′＝f5(RAND,K_i)，SRQ′＝SRQ⊕AK′。

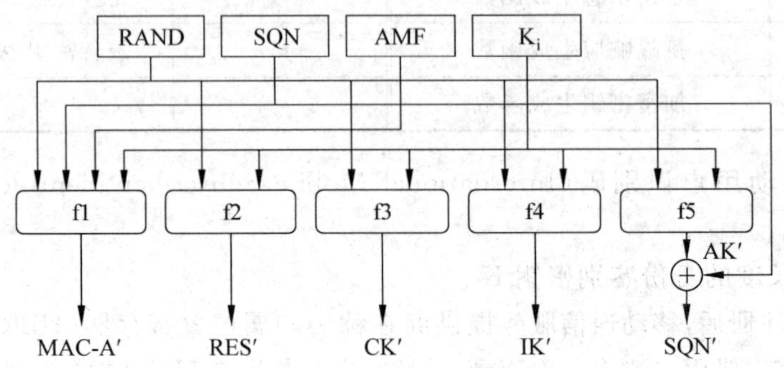

图 4.12　HLR 计算鉴别信息和密钥的过程

⑤ 基站向用户发送 RAND 和 AUTN，AUTN＝AMF‖SRQ′‖MAC-A′。

手机接收到基站发送的 RAND 和 AUTN 后，由 USIM 完成以下操作。

① 从 AUTN 中分离出 AMF、SRQ′和 MAC-A′。

② 如图 4.13 所示，USIM 通过函数 f5 生成匿名密钥 AK＝f5(RAND,K_i)，通过计算出的匿名密钥 AK 还原出序号 SRQ＝SRQ′⊕AK。判别接收到的序号 SRQ 是否在允许范围内，如果不在允许范围内，则判定身份鉴别过程失败。

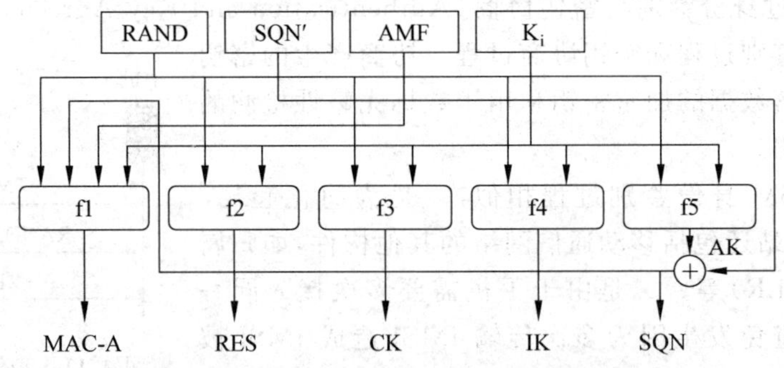

图 4.13　USIM 计算鉴别信息和密钥的过程

③ 如图 4.13 所示，USIM 通过函数 f1 生成鉴别信息 MAC-A＝f1(RAND,SQN,AMF,K_i)。通过函数 f2 生成挑战响应 RES＝f2(RAND,K_i)，通过函数 f3 生成加密密钥 CK＝f3(RAND,K_i)，通过函数 f4 生成完整性检测密钥 IK＝f4(RAND,K_i)。

④ USIM 比较 MAC-A 和 MAC-A′，如果相等，则基站身份得到确认，否则判定身份鉴别过程失败。

⑤ 手机向基站发送挑战响应 RES。

基站接收到手机发送的挑战响应 RES，比较 RES 和 RES′，如果 RES＝RES′，则手机的身份得到确认，否则判定身份鉴别过程失败。

保证身份鉴别过程有效的前提有两个：一是f1函数必须保证无法从有限对RAND、AMF、SQN′和MAC-A′推导出身份鉴别密钥 K_i；二是f2函数必须保证无法从有限对RAND和RES推导出身份鉴别密钥 K_i。

一旦成功完成双向身份鉴别过程，则表示两端的完整性检测密钥和加密密钥相同。

3. 完整性检测和加密过程

(1) 完整性检测

完整性检测机制使用函数f9和完整性检测密钥IK，函数f9的功能相当于散列消息鉴别码(Hashed Message Authentication Codes，HMAC)算法，输入是任意长度的消息和固定长度的密钥，输出是固定长度的消息鉴别码(Message Authentication Code，MAC)。如图4.14所示，MAC-I=$f9_{IK}$(帧序号‖方向‖随机数‖消息)，帧序号、方向、随机数和消息都是需要进行完整性检测的内容。其中帧序号是数据帧携带的序号，发送端每发送一帧数据帧，帧序号增1。方向是一位标志位，用于表明传输方向，分别有手机至基站和基站至手机两个传输方向。随机数是开始传输数据前，由基站产生并发送给手机的。消息是发送端传输的数据。MAC-I是32位MAC，具有以下特征：一是计算MAC-I时必须输入完整性密钥IK；二是只要帧序号、方向、随机数和消息发生改变，重新计算后的MAC-I也发生改变。

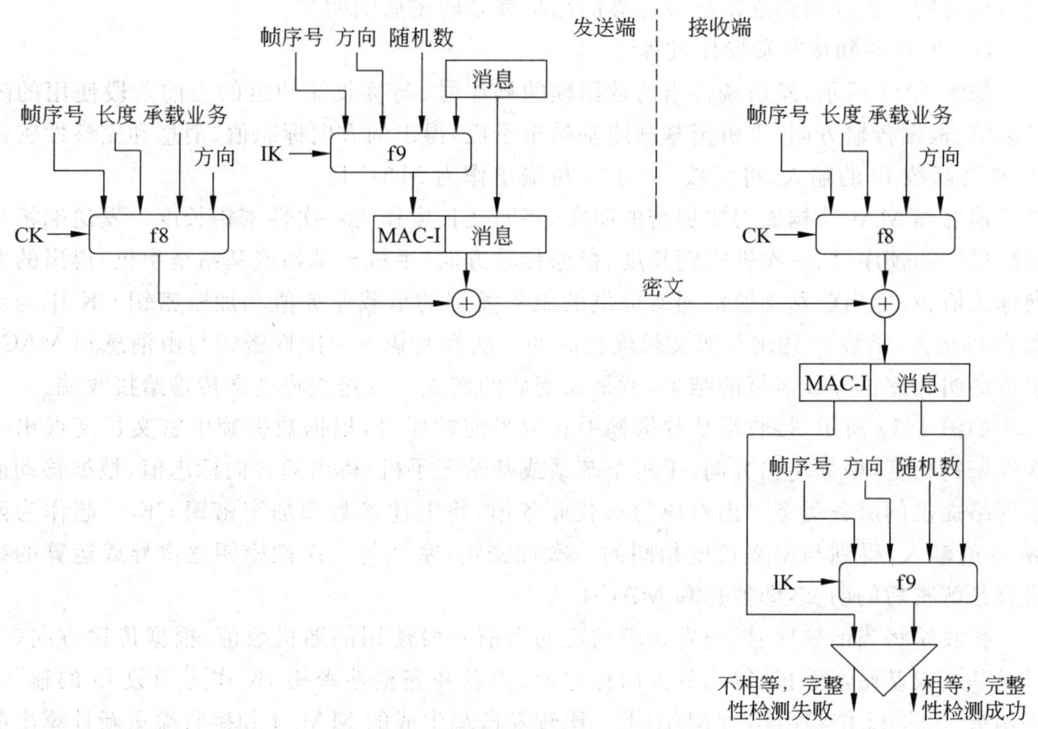

图4.14 完整性检测和加密的过程

为了防止重放攻击，要求不同数据帧之间存在区别。不同数据帧之间通过帧序号、随机数和方向产生区别。帧序号使得每一帧数据帧的序号不同。随机数使得不同的数据帧传输阶段对应不同的随机数值。方向使得不同传输方向的数据帧有着不同的方向标志。因此，即使消息和IK保持不变，产生有着相同MAC-I的两帧数据帧的概率也是很小的。

函数f9必须具有报文摘要算法要求的单向性和抗碰撞性，即对于P和MAC＝f9(P)，单向性要求只能根据P求出MAC＝f9(P)，无法根据MAC推导出P。抗碰撞性要求无法根据P找出P′，且P≠P′，但f9(P)＝f9(P′)。

(2) 加密

函数f8用于生成一次性密钥，它的输入是加密密钥CK、帧序号、承载业务、方向和一次性密钥长度。输出是长度等于明文长度的一次性密钥。流密码体制的安全性基于两个前提：一是每一次加密用的一次性密钥都不同；二是每一次加密用的一次性密钥不可预测。因此，为了尽可能保证流密码体制的安全性，图4.14所示的一次性密钥生成过程在加密密钥CK保持不变的前提下，必须做到以下几点：一是不同的帧序号对应不同的一次性密钥，保证加密每一帧数据帧的一次性密钥都不同；二是用5位承载业务表示移动通信网络当前为手机提供的服务类型，不同的承载业务对应不同的一次性密钥，保证为不同的服务类型生成不同的一次性密钥集；三是不同传输方向对应不同的一次性密钥，保证为不同传输方向生成的不同的一次性密钥集。一次性密钥长度＝消息长度＋MAC-I长度。一次性密钥与由消息和MAC-I组成的明文逐位异或运算的结果就是加密后的密文。密文与相同的一次性密钥逐位异或运算的结果就是解密后的明文。

(3) 发送端和接收端操作过程

如图4.14所示，发送端将当前数据帧的帧序号、与接收端约定的当前阶段使用的随机数值、根据传输方向(手机至基站或基站至手机)得出的方向标志值、消息和完整性密钥IK作为函数f9的输入，将函数f9的32位输出作为MAC-I。

消息和MAC-I构成需要加密的明文，将明文长度作为一次性密钥长度。发送端将当前数据帧的帧序号、一次性密钥长度、根据传输方向(手机至基站或基站至手机)得出的方向标志值、对应当前移动通信网络提供的服务类型的承载业务值和加密密钥CK作为函数f8的输入，函数f8输出与明文长度相同的一次性密钥。一次性密钥与由消息和MAC-I组成的明文逐位异或运算的结果，就是加密后的密文。发送端将密文传输给接收端。

如图4.14所示，接收端从数据帧中获取当前帧序号，根据数据帧中密文长度得出一次性密钥长度，根据传输方向(手机至基站或基站至手机)得出的方向标志值，根据移动通信网络提供的服务类型得出对应的承载业务值，将上述参数和加密密钥CK一起作为函数f8的输入，得到与密文长度相同的一次性密钥，密文与一次性密钥逐位异或运算的结果就是解密后的明文，即消息和MAC-I。

接收端将当前帧序号、与发送端约定的当前阶段使用的随机数值、根据传输方向(手机至基站或基站至手机)得出的方向标志值、消息和完整性密钥IK作为函数f9的输入，将函数f9的32位输出作为MAC-I′。比较发送端生成的MAC-I和接收端重新计算出的MAC-I′，如果MAC-I＝MAC-I′，则表明数据帧在传输过程中没有改变，完整性检测成功。如果MAC-I≠MAC-I′，则表明数据帧在传输过程中发生改变，完整性检测失败。

4. GSM与3G安全性比较

GSM只具有单向身份鉴别机制，即只有基站对手机进行身份鉴别，手机不对基站进行身份鉴别，而3G进行双向身份鉴别。GSM没有完整性检测机制，而3G能够根据完整性检测密钥IK和函数f9为每一帧数据帧生成MAC。GSM的加密密钥K_C只有64位，而3G生成128位的加密密钥CK和完整性检测密钥IK，密钥长度越长，安全性越高。

由于许多手机对于GSM和3G是自适应的，即如果检测到3G基站，则接入3G基站。如果只检测到GSM基站，则接入GSM基站。因此，当GSM伪基站屏蔽掉3G基站的信号后，3G手机也有可能接入GSM伪基站，这是GSM伪基站造成广泛危害的原因。

4.4　无线局域网安全机制

无线局域网的安全机制包括接入控制、加密和完整性检测，目前无线局域网提供两种安全技术，分别是WEP和WPA2，由于WPA2的安全性好于WEP，因此，WPA2成为移动终端首选的安全技术。

WEP和WPA2个人模式采用共享密钥身份鉴别机制，即通过判别移动终端和AP是否配置相同的密钥鉴别对方的身份，因此，移动终端和AP配置的密钥的保密性是无线局域网安全的基础。值得指出的是，移动通信网络中共享密钥的保密性好于无线局域网中共享密钥的保密性。

4.4.1　WEP

802.11有线等效保密（Wired Equivalent Privacy，WEP）是无线局域网早期的安全技术，它的优点是实现简单，可以在处理能力较弱的无线终端上实现，缺点是安全性不强，因此，随着无线局域网应用的普及，WEP已经无法应对目前面临的无线局域网安全问题。

1. WEP加密和完整性检测机制

(1) 发送端完整性检验值计算和数据加密过程

WEP发送端完整性检验值计算和数据加密过程如图4.15所示。40位密钥（也可以是104位密钥）和24位初始向量（Initialization Vector，IV）串接在一起，构成64位随机数种子，伪随机数生成器（PRNG）根据随机数种子产生一次性密钥，一次性密钥的长度等于数据长度+4（单位为字节），一次性密钥长度中增加的4字节用于加密完整性检验值（Integrity Check Value，ICV）。4字节的完整性检验值是根据数据和生成函数$G(X)$计

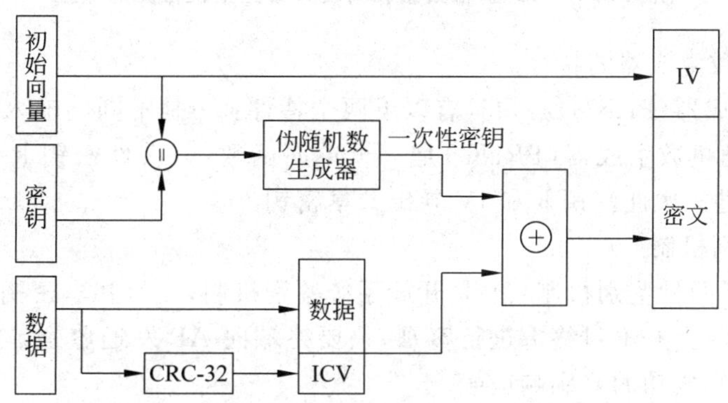

图4.15　WEP生成完整性检验值和加密数据的过程

算所得的循环冗余检验码，WEP 用 32 位循环冗余检验(Cyclic Redundancy Check，CRC)码作为检测数据完整性的完整性检验值。可以用 CRC-32 表示 32 位循环冗余检验码。

一次性密钥和随机数种子是一对一的关系，只要随机数种子改变，一次性密钥也随之改变。构成随机数种子的 64 位二进制数中，40 位密钥是固定不变的，可以改变的是 24 位初始向量。为了使接收端能够产生相同的一次性密钥，必须让接收端和发送端同步随机数种子。WEP 要求发送端和接收端具有相同的 40 位密钥，因此，只要同步初始向量，就可以同步随机数种子。为了同步初始向量，发送端每一次向接收端传输数据时，将 24 位初始向量以明文的方式和数据一起传输给接收端。数据和 4 字节完整性检验值与相同长度的一次性密钥异或运算后生成密文。因此，发送端传输给接收端的是加密数据和 4 字节完整性检验值后生成的密文与 24 位初始向量明文。

为了保证数据传输安全，发送端每一次向接收端传输数据时，要求使用不同的一次性密钥，因此，发送端每一次向接收端传输数据时，要求使用不同的初始向量。

(2) 接收端解密数据和实现数据完整性检测的过程

接收端解密数据和实现数据完整性检测的过程如图 4.16 所示，接收端将配置的 40 位密钥和 MAC 帧携带的 24 位初始向量串接成 64 位随机数种子，伪随机数生成器根据这 64 位随机数种子产生一次性密钥，其长度等于密文长度。密文和一次性密钥异或运算后还原出数据明文和 4 字节的完整性检验值。接收端根据 MAC 帧中的数据和与发送端相同的生成函数 $G(X)$ 计算出循环冗余检验码，并把计算结果和 MAC 帧携带的完整性检验值进行比较，如果相等，则表示数据在传输过程中没有被篡改。

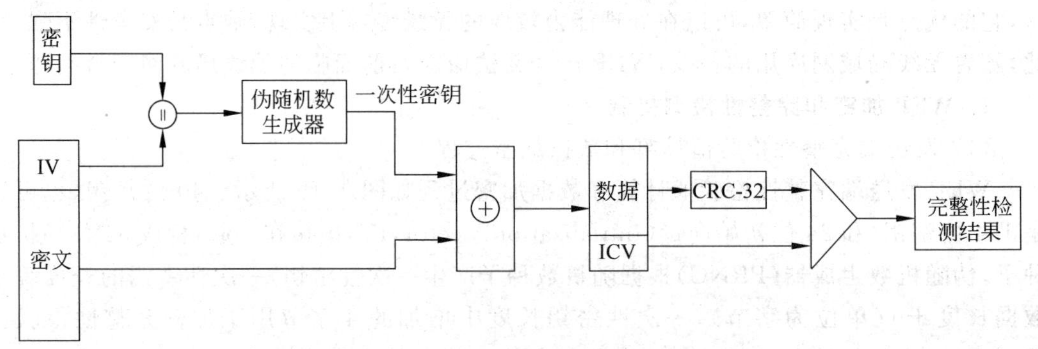

图 4.16　WEP 解密数据和实现数据完整性检测的过程

(3) 伪随机数生成器的特性

伪随机数生成器(PRNG)必须具有以下两个特性：一是不同的输入产生不同的一次性密钥；二是伪随机数生成器(PRNG)是一个单向函数，一次性密钥 k＝PRNG(共享密钥，IV)，无法通过一次性密钥 k 和 IV 导出共享密钥。

2. WEP 鉴别机制

WEP 定义了两种鉴别机制：一是开放系统鉴别机制；二是共享密钥鉴别机制。开放系统鉴别机制实际上并不对终端进行鉴别，只要终端向 AP 发送鉴别请求帧，AP 一定向终端回送表示鉴别成功的鉴别响应帧。

共享密钥鉴别过程如图 4.17 所示，终端向 AP 发送鉴别请求帧，AP 向终端回送鉴别响应帧，鉴别响应帧中包含由 AP 伪随机数生成器产生的长度为 128 字节的随机数 challenge。终端接收到 AP 以明文方式表示的随机数 challenge 后，按照图 4.15 所示的 WEP 加密数据过程对随机数 challenge 进行加密，以加密 challenge 生成的密文和 24 位初始向量为净荷构建鉴别请求帧，并把鉴别请求帧发送给 AP。AP 根据图 4.16 所示的 WEP 解密数据过程还原出随机数 challenge′，并将还原出的随机数 challenge′和自己保留的随机数 challenge 进行比较，如果相同，则表示鉴别成功，向终端发送表示鉴别成功的鉴别响应帧，否则表示鉴别失败，向终端发送表示鉴别失败的鉴别响应帧。图 4.17 中发送的鉴别请求帧和鉴别响应帧都携带鉴别事务序号，从终端发送的第一个鉴别请求帧开始，鉴别事务序号依次为 1～4，因此，终端发送给 AP 的 2 个鉴别请求帧由于鉴别事务序号分别为 1 和 3，AP 对其进行的操作也不同。共享密钥鉴别机制确定某个终端是否是授权终端的依据是该终端是否具有与 AP 相同的密钥。

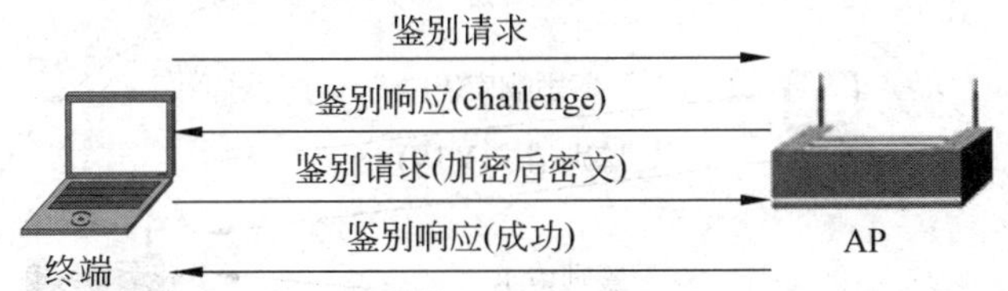

图 4.17 共享密钥鉴别过程

3. WEP 安全缺陷

(1) BSS 中的所有终端使用相同密钥

属于同一基本服务集中的所有终端配置相同的 40 位密钥，而且基本服务集中的所有终端直接用配置的 40 位密钥进行身份鉴别和数据加密。因此，属于同一基本服务集中的所有终端均能解密某个终端经过无线信道传输的加密数据后生成的密文。这将影响经过无线信道传输的数据的保密性。

(2) 一次性密钥集有限

由于基本服务集中的所有终端使用相同密钥，因此，在 24 位初始向量下，基本服务集中的所有终端共享由 2^{24} 个一次性密钥组成的密钥集，因而很容易发生重复使用一次性密钥的情况。

(3) CRC 计算完整性检验值

为了保证完整性检验值能够检测出对数据的蓄意篡改，要求完整性检验值满足以下条件：对于数据 D 和根据数据 D 计算出的完整性检验值 C，无法导出数据 D′，且 D′≠D，但根据数据 D′计算出的完整性检验值等于 C。

如果 CRC 作为计算完整性检验值的算法，对于数据 D 和 C=CRC(D)，容易导出数据 D′，且 D′≠D，但 CRC(D′)=CRC(D)。因此，如果将数据 D 蓄意篡改为 D′，用 CRC 计算出的完整性检验值是无法检测出这种对数据进行的蓄意篡改的。

(4) 鉴别身份过程存在缺陷

如图 4.18 所示，如果非授权终端(入侵终端)想通过 AP 的共享密钥鉴别过程，它可以一直侦听 AP 与其他授权终端之间进行的共享密钥鉴别过程。因为无线通信的开放性,非授权终端可以侦听到共享密钥鉴别过程中授权终端和 AP 之间相互交换的所有鉴别请求帧和鉴别响应帧。由于密文是通过一次性密钥和明文异或运算后得到的结果,即 Y=K ⊕P(Y 为密文,K 为一次性密钥,P 为明文),因此,用明文和密文异或运算后得到的结果就是一次性密钥 K,即 Y ⊕P=K ⊕P ⊕P=K。由于非授权终端侦听到了 AP 以明文方式发送给授权终端的随机数 P,以及授权终端发送给 AP 的随机数 P 加密后的密文 Y 和对应的 24 位初始向量明文,非授权终端完全可以得出授权终端用于此次加密的一次性密钥 K 和对应的初始向量 IV。当非授权终端希望通过 AP 鉴别时,它也发起鉴别过程,并用侦听到的一次性密钥 K 加密 AP 给出的随机数 P′,并将密文 Y′(Y′=K ⊕P′)和对应的初始向量 IV 发送给 AP。由于非授权终端使用的一次性密钥 K 和初始向量 IV 都是有效的,因此 AP 通过对非授权终端的鉴别。

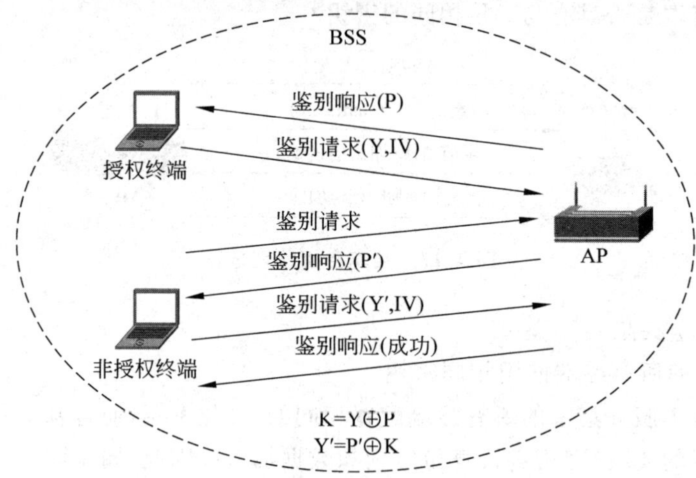

图 4.18 非授权终端通过 AP 鉴别的过程

4.4.2 WPA2

随着无线局域网应用的普及,一是无线局域网面临的安全问题日益严重,二是无线终端的计算能力越来越强。因此,需要采用更加安全的实现接入控制、数据传输保密性和数据传输完整性的技术。当然,这种技术需要采用更加复杂的加密和报文摘要算法,以及更加复杂的一次性密钥生成过程。

Wi-Fi 保护访问(Wi-Fi Protected Access,WPA)是一种比 WEP 有着更高安全性的无线局域网安全标准,WPA 兼容 2003 年颁布的 802.11i 草稿,WPA2 兼容 2004 年颁布的 802.11i 标准。

WPA2 分为企业模式和个人模式,小型无线局域网一般采用个人模式。因此,本节主要讨论 WPA2 个人模式。

1. 密钥导出 PSK 过程

WPA2 个人模式下,AP 和终端之间采用基于预共享密钥的身份鉴别机制。预共享密钥(Pre-Shared Key,PSK)的长度为 256b,为了方便配置,允许属于相同 BSS 的终端配置 8～63 个字符长度的字符串作为密钥,终端和 AP 可以通过密钥导出 256b 长度的预共享密钥 PSK。通过密钥导出 PSK 的过程如下。

PSK=$F_{单}$(SSID,SSID 长度,密钥,…);

只有当终端和 AP 有着相同的密钥和服务集标识符(Service Set Identifier,SSID)时,终端和 AP 才能产生相同的预共享密钥。终端和 AP 鉴别对方身份的过程就是确定对方是否拥有与自己相同的预共享密钥的过程。

2. 由 PSK 导出 PTK 的过程

WPA2 个人模式下,终端和 AP 直接将 256b 长度的 PSK 作为成对主密钥(Pairwise Master Key,PMK)。由 PMK 导出成对过渡密钥(Pairwise Transient Key,PTK)的过程如图 4.19 所示,PMK、AP 的 MAC 地址、终端的 MAC 地址、AP 产生的随机数 AN、终端产生的随机数 SN 作为伪随机数生成器的输入,PTK 作为伪随机数生成器的输出。由于计算 PTK 的输入包含 PMK、AP 的 MAC 地址、终端的 MAC 地址、AP 产生的随机数 AN、终端产生的随机数 SN,因此,在 PMK 和 AP 不变的情况下,当以下参数改变时,输出的 PTK 也随之改变。

- 终端的 MAC 地址。
- 终端产生的随机数。
- AP 产生的随机数。

由于不同的终端有着不同的 MAC 地址,因此,不同终端与 AP 之间有着独立的 PTK。由于终端和 AP 之间每一次建立安全关联时产生的随机数 SN 和 AN 都是不同的,因此,相同 AP 和终端之间每一次建立安全关联时,通过 PMK 导出的 PTK 也是不同的。

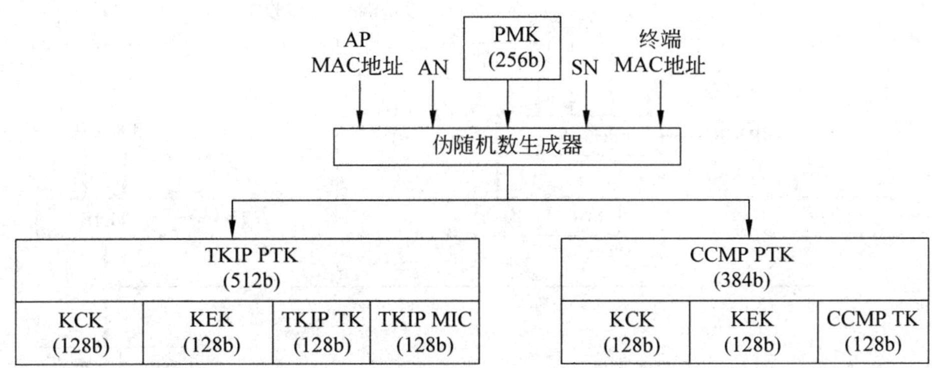

图 4.19 导出 PTK 的过程和 PTK 结构

PTK 由三种类型的密钥组成:一是双向身份鉴别时使用的鉴别密钥 KCK,二是 AP 用于加密广播密钥的加密密钥 KEK,三是终端与 AP 之间传输数据时用于加密数据和实现完整性检测的密钥。对于第三种类型的密钥,临时密钥完整性协议(Temporal Key Integrity Protocol,TKIP)和 AES-CCMP 是不同的。对于 TKIP,加密数据的密钥和实现数据完整性检测的密钥是不同的,TKIP TK 作为加密数据的密钥,TKIP MIC 作为实现数据完整性检测的密钥。对于 AES-CCMP,用同一个密钥 CCMP TK 实现数据加密和数据完整性检测。

AP生成广播密钥GTK的过程如图4.20所示，AP生成广播密钥GTK时用到的GMK通过手工配置或者由AP生成。GN是AP每一次计算广播密钥GTK时生成的随机数。

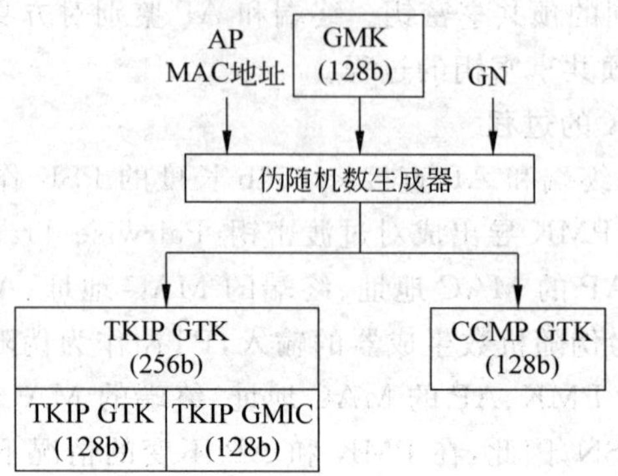

图 4.20　导出 GTK 的过程和 GTK 结构

3. 加密过程

WPA2支持两种不同的加密机制，TKIP和AES-CCMP。TKIP和AES-CCMP均采用流密码体制，但AES-CCMP的安全性好于TKIP。TKIP加密过程如图4.21所示，128位的TKIP TK、MAC帧中的发送地址(TA)和48位序号TSC作为TKIP一次性密钥生成函数的输入，输出是与明文长度相同的一次性密钥。一次性密钥与明文异或运算的结果是加密明文后生成的密文。根据TKIP一次性密钥生成函数的输入可以得出，不同

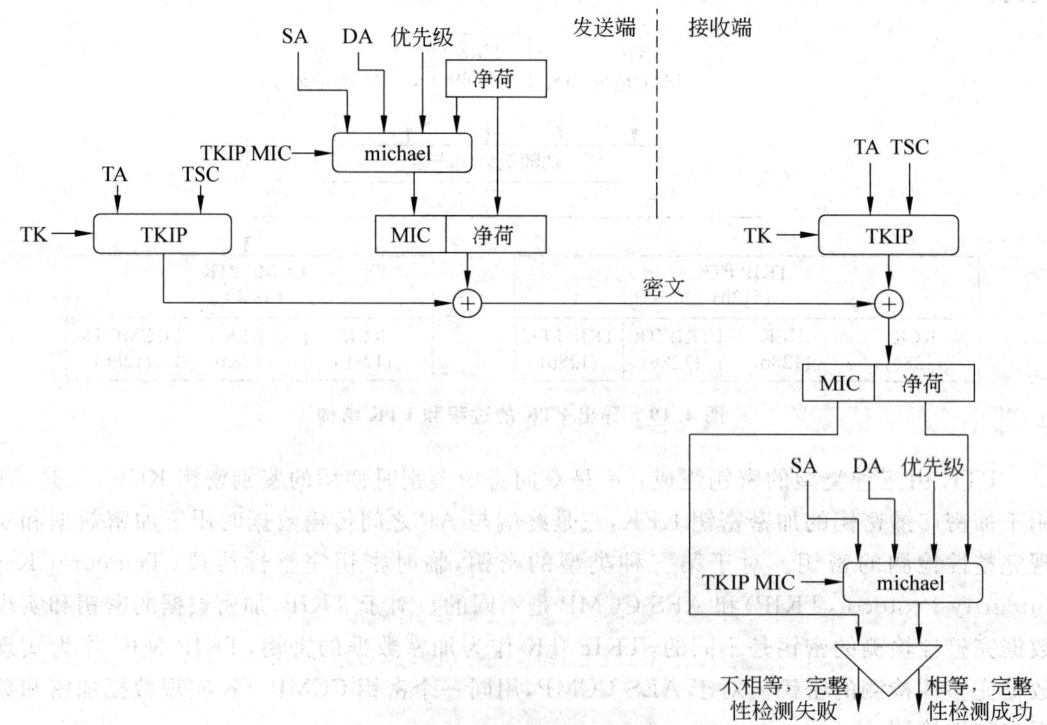

图 4.21　TKIP 加密和完整性检测过程

TK对应不同的一次性密钥、不同TSC对应不同的一次性密钥、不同TA对应不同的一次性密钥。由于不同终端与AP之间有着独立的TK，因此，不同终端之间有着独立的一次性密钥集，使得同一BSS中的其他终端无法解密某个终端与AP之间传输的加密数据。在TA和TK不变的情况下，48位TSC对应着2^{48}个不同的一次性密钥集。TSC是MAC帧携带的序号，不同的MAC帧携带不同的序号。

4. 完整性检测过程

WPA2支持两种不同的数据完整性检测机制，即TKIP和AES-CCMP，这两种安全机制的基本思想是相似的，但AES-CCMP的安全性好于TKIP。TKIP完整性检测过程如图4.20所示，michael是TKIP计算消息完整性编码(Message Integrity Code，MIC)的函数，它的输入是128位TKIP MIC、MAC帧的源MAC地址SA、MAC帧的目的MAC地址DA、1字节长度的优先级和MAC帧净荷，输出是64位的MIC。

michael必须具有报文摘要算法要求的单向性和抗碰撞性，即对于P和MIC＝michael(P)，单向性要求只能根据P求出MIC＝michael(P)，无法根据MIC推导出P。抗碰撞性要求无法根据P导出P′，且P≠P′，但michael(P)＝michael(P′)。

5. 发送端和接收端的操作过程

发送端和接收端的操作过程如图4.21所示，发送端根据密钥TKIP MIC和MAC帧净荷等，通过函数michael计算出MIC，MIC和MAC帧净荷构成明文。发送端根据密钥TKIP TK、MAC帧中TA和MAC帧中TSC等，通过TKIP一次性密钥生成函数生成与明文长度相同的一次性密钥，一次性密钥与明文异或运算的结果作为加密明文后的密文。

接收端根据密钥TKIP TK、MAC帧中TA和MAC帧中TSC等，通过TKIP一次性密钥生成函数生成与密文长度相同的一次性密钥，一次性密钥与密文异或运算的结果作为解密密文后的明文。

接收端根据密钥TKIP MIC和MAC帧净荷等，通过函数michael计算出MIC′，将MIC′和从明文中分离出的MIC进行比较，如果相等，则表示密文在传输过程中没有发生改变，完整性检测成功，否则表示密文在传输过程中已经发生改变，完整性检测失败。

6. 双向身份鉴别

(1) 建立安全关联

如图4.22所示，WPA2为了和802.11中的终端接入无线局域网的过程兼容，将身份鉴别方式设置为“开放系统鉴别”，因此，终端接入无线局域网的过程中，AP没有对终端

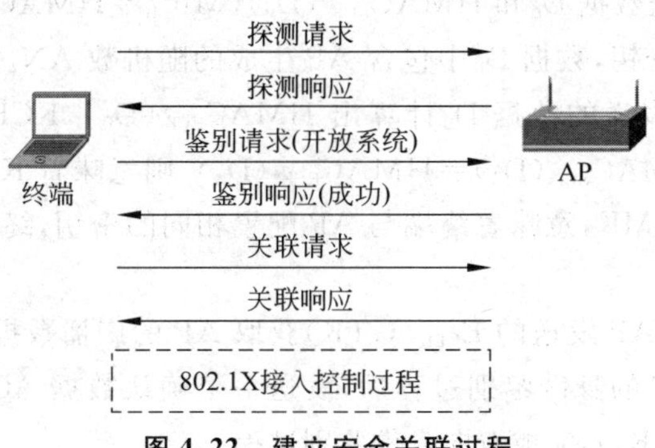

图4.22 建立安全关联过程

进行身份鉴别就建立与终端之间的关联。无线局域网建立 AP 与终端之间关联的过程好像以太网将终端连接交换机端口的过程,交换机一旦在终端连接的端口启动接入控制机制,交换机只允许该端口输入输出授权终端发送或接收的 MAC 帧,交换机通过身份鉴别过程确定接入某个端口的终端是否是授权终端。同样,WPA2 下,AP 与终端之间建立关联后,只有授权终端和授权 AP 之间才能通过该关联传输无线局域网 MAC 帧,终端与 AP 之间必须经过身份鉴别过程确定相互是否是授权终端和授权 AP。具有上述特性的关联称为安全关联。

(2) 双向身份鉴别过程

终端和 AP 双向身份鉴别过程和各自生成派生密钥的过程如图 4.23 所示。

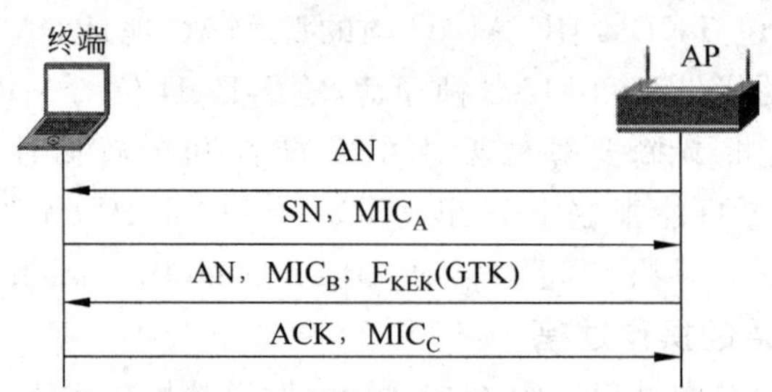

图 4.23 双向身份鉴别过程

① 终端与 AP 之间建立关联后,相互获知对方的 MAC 地址,确定双方有着相同的 SSID。

② AP 生成随机数 AN,将随机数 AN 发送给终端。

③ 终端接收到 AP 发送的随机数 AN 后,生成随机数 SN,根据如图 4.19 所示的 PTK 计算过程计算出 PTK,从 PTK 中分离出 128 位密钥 KCK。

④ 终端向 AP 发送数据 D_A 和 $HMAC_{KCK}(D_A)$($MIC_A = HMAC_{KCK}(D_A)$),数据 D_A 中包含终端生成的随机数 SN。

⑤ AP 根据如图 4.19 所示的 PTK 计算过程,以与终端同样的输入计算出 PTK,从 PTK 中分离出 128 位密钥 KCK′,然后根据终端发送的数据 D_A 计算出 $HMAC_{KCK'}(D_A)$,如果 $HMAC_{KCK'}(D_A) = HMAC_{KCK}(D_A)$,则意味着 KCK′=KCK,意味着 AP 与终端有着相同的 PMK,意味着 AP 与终端配置相同的密钥,AP 完成对终端的身份鉴别过程。

⑥ AP 向终端发送数据 D_B 和 $HMAC_{KCK'}(D_B)$($MIC_B = HMAC_{KCK'}(D_B)$),KCK′是 AP 计算出的 128 位鉴别密钥,数据 D_B 中包含 AP 生成的随机数 AN。

⑦ 终端根据 AP 发送的数据 D_B 计算出 $HMAC_{KCK}(D_B)$,KCK 是终端计算出的 128 位鉴别密钥。如果 $HMAC_{KCK}(D_B) = HMAC_{KCK'}(D_B)$,则意味着 KCK =KCK′,意味着终端与 AP 有着相同的 PMK,意味着终端与 AP 配置相同的密钥,终端完成对 AP 的身份鉴别过程。

⑧ 终端通过解密 AP 发送的 E_{KEK}(GTK)获取 AP 的广播数据加密密钥 GTK。

⑨ 终端完成对 AP 的身份鉴别过程后,发送一个确认数据 ACK 和 $HMAC_{KCK}(ACK)$($MIC_C = HMAC_{KCK}(ACK)$),完成双向身份鉴别过程。

7. WPA2 与 WEP 之间的比较

WPA2 与 WEP 之间主要有着以下不同。

- WPA2 为每一个终端与 AP 之间派生出独立的 PTK，因此，每一个终端与 AP 之间传输的数据用独立的密钥进行加密，每一个终端与 AP 之间用独立的密钥计算 MIC。WEP 下，所有终端用相同的共享密钥产生用于加密数据和完整性检验值的一次性密钥。
- WPA2 使用比 WEP 安全性更好的一次性密钥生成算法生成用于加密终端与 AP 之间传输的数据的一次性密钥。
- WEP 用 CRC-32 计算出 32 位的完整性检验值，WPA2 用 $HMAC_K$(D)计算出 64 位消息完整性编码，其中 D 是双方交换的数据。
- WPA2 采用双向鉴别机制，通过交换 D 和 $HMAC_{KCK}$(D)确认双方配置相同的密钥，其中 D 是双方交换的数据。WEP 采用单向鉴别机制，AP 通过有效 IV 与一次性密钥确定终端有着与 AP 相同的共享密钥。

4.4.3 无线路由器配置过程

1. 家庭局域网接入 Internet 过程

家庭局域网接入 Internet 的物理连接过程如图 4.24(a)和图 4.24(b)所示，其中图 4.24(a)所示的是双绞线缆到家的连接过程，图 4.24(b)所示的是光纤到家的连接过程，这两种连接过程对于无线路由器是透明的。对于双绞线缆到家的连接过程，无线路由器 WAN 端口直接连接 ISP 提供的双绞线缆。对于光纤到家的连接过程，光纤连接光端设备(俗称光猫)的光纤端口，双绞线缆一端连接光端设备的双绞线缆端口，另一端连接无线路由器的 WAN 端口。内部终端既可以通过双绞线缆接入无线路由器的以太网端口，也可以通过无线网络建立与无线路由器之间的无线连接。

图 4.24(c)所示的是图 4.24(a)和图 4.24(b)所示的物理结构对应的逻辑结构，无线路由器内部存在一个 LAN 端口，该 LAN 端口已经配置默认的 IP 地址，如图 4.24(c)所示的 192.168.1.1/24，该 IP 地址既是内部网络所有终端的默认网关地址，同时又确定了内部网络的网络地址，如图 4.24(c)所示的 192.168.1.0/24。修改无线路由器 LAN 端口地址将同时改变内部网络的网络地址和内部终端的默认网关地址。无线路由器内嵌动态主机配置协议(Dynamic Host Configuration Protocol，DHCP)服务器，因此，内部终端只要采用自动获得 IP 地址方式，就可以从无线路由器获得网络配置信息。无线路由器 WAN 端口的 IP 地址在接入 Internet 过程中由接入控制设备分配。

2. 无线路由器配置过程

配置无线路由器前，终端需要接入无线路由器的以太网端口，如果无线路由器 LAN 端口的默认 IP 地址是 192.168.1.1/24(对应不同的无线路由器，该 IP 地址可能不同，参阅无线路由器手册)，通过配置本地连接属性，将终端以太网卡关联的 IP 地址设置为与 192.168.1.1/24 有着相同网络地址的 IP 地址，如 192.168.1.2/24。对无线路由器主要配置以下两方面内容，一是配置宽带连接，二是配置无线网络属性。DHCP 服务器和网络地址转换(Network Address Translation，NAT)功能在默认状态下是启

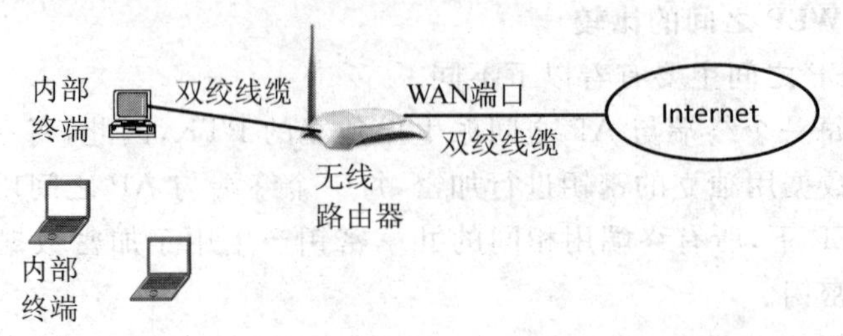

(a) 双绞线缆到家连接过程

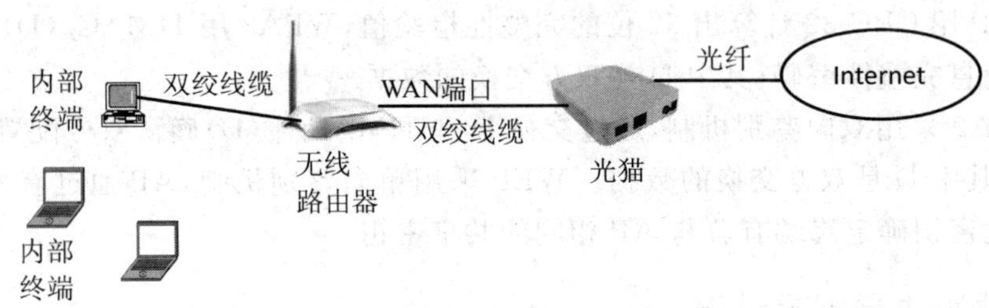

(b) 光纤到家连接过程

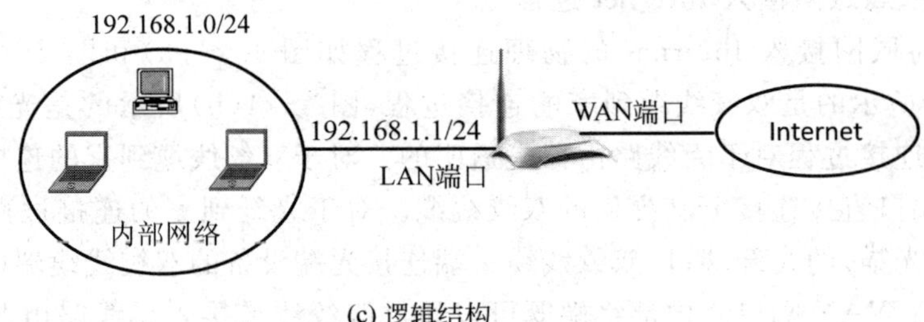

(c) 逻辑结构

图 4.24　家庭局域网接入 Internet 过程

动的。

(1) 进入无线路由器配置界面

为终端手工设置 IP 地址后,启动浏览器,在地址栏输入无线路由器 LAN 端口的默认 IP 地址 192.68.1.1,弹出如图 4.25 所示的无线路由器用户身份鉴别界面。输入无线路由器手册提供的用户名和密码,单击“确定”按钮,弹出无线路由器配置界面。

(2) 配置宽带连接

图 4.26 所示是 TP-LINK 无线路由器宽带连接配置界面,主要配置以下信息。

- WAN 端口连接类型选择 PPPoE。
- 上网账号输入注册时 ISP 提供的账号。
- 上网口令和确认口令输入注册时 ISP 提供的口令。
- 单选“按需连接,在有访问时自动连接”选项。
- 单击下面的“保存”按钮。

(3) 设置无线网络

无线网络设置过程分为基本设置和安全设置两部分。

360安全浏览器 6.2
http://192.168.1.1/
Windows 安全
位于 TP-LINK Wireless N Router WR842N 的服务器 192.168.1.1 要求用户名和密码。
警告: 此服务器要求以不安全的方式发送您的用户名和密码(没有安全连接的基本认证)。
用户名
密码
记住我的凭据
确定
取消

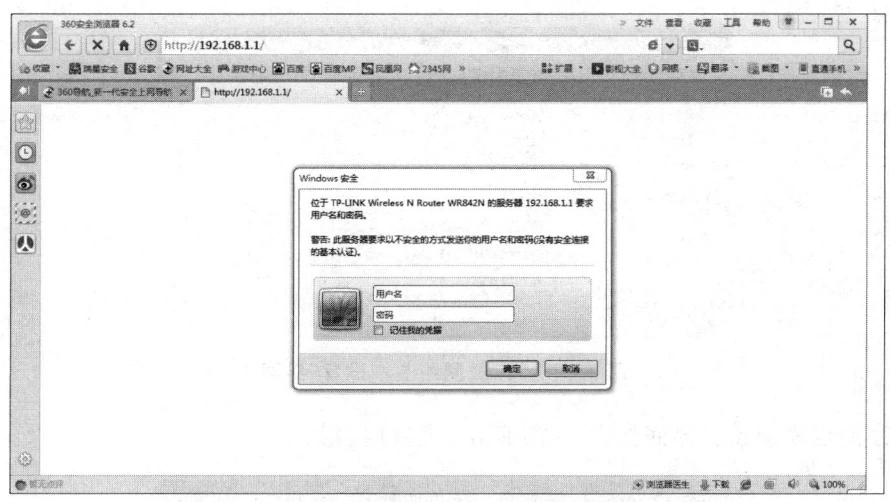

图 4.25　无线路由器用户身份鉴别界面

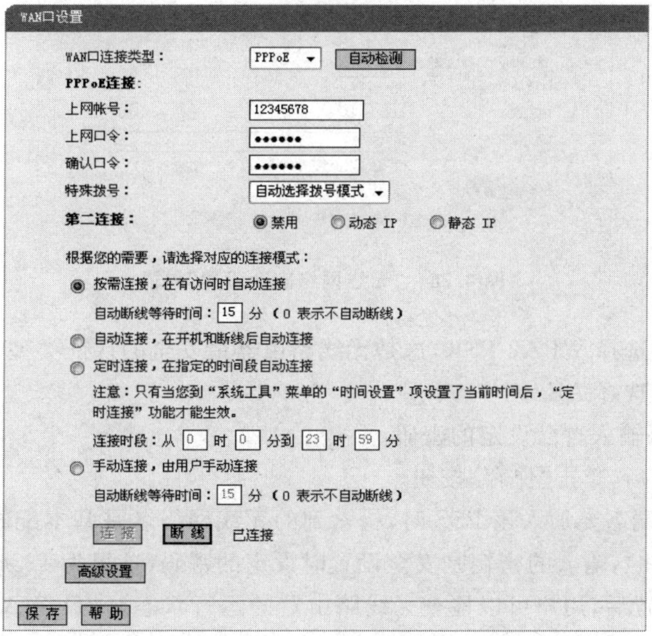

WAN口设置
WAN口连接类型：
PPPoE
自动检测
PPPoE连接:
上网帐号：
12345678
上网口令：
确认口令：
特殊拨号：
自动选择拨号模式
第二连接：
禁用
动态 IP
静态 IP
根据您的需要，请选择对应的连接模式：
按需连接，在有访问时自动连接
自动断线等待时间：15 分（0 表示不自动断线）
自动连接，在开机和断线后自动连接
定时连接，在指定的时间段自动连接
注意：只有当您到“系统工具”菜单的“时间设置”项设置了当前时间后，“定时连接”功能才能生效。
连接时段：从 0 时 0 分到 23 时 59 分
手动连接，由用户手动连接
自动断线等待时间：15 分（0 表示不自动断线）
连 接
断 线
已连接
高级设置
保 存
帮 助

图 4.26　配置宽带连接

基本设置界面如图 4.27 所示,设置内容如下。

- 无线网络的 SSID(该无线路由器固定为 Chinaunicom)。
- 信道,输入 BSS 使用的信道号,选择“自动”,表明由无线路由器自动选择其他 BSS 未使用的信道。
- 模式,输入 BSS 支持的物理层标准,选择 11bgn mixed,表明无线路由器同时支持 802.11/b/g/n 标准的无线终端。
- 完成设置后,单击“保存”按钮。

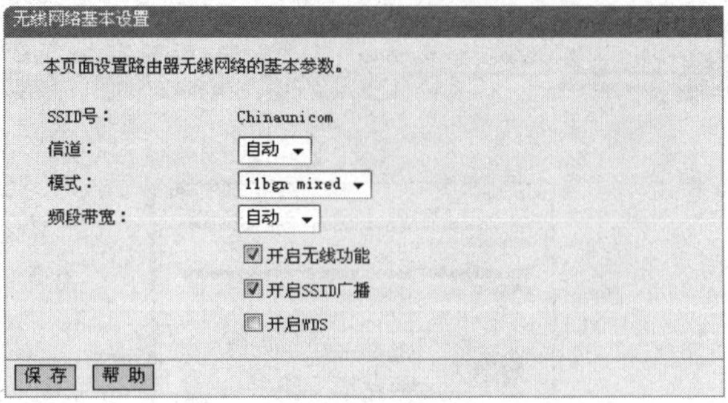

图 4.27 "无线网络基本设置"界面

无线网络安全设置界面如图 4.28 所示，设置内容如下。

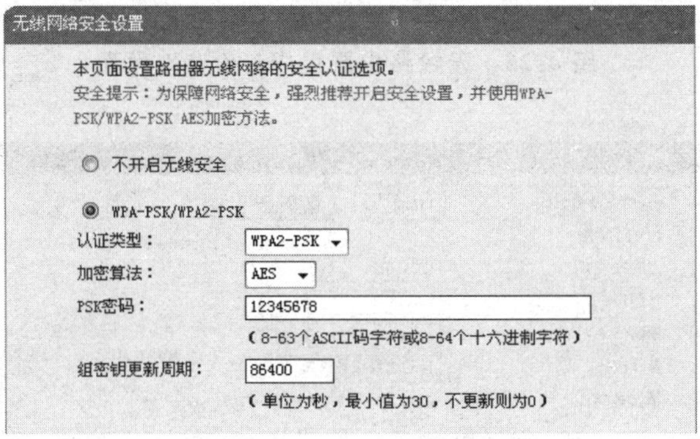

图 4.28 "无线网络安全设置"界面

- 认证类型选择 WPA2-PSK，这是无线路由器最安全的认证类型。
- 加密算法选择 AES。
- PSK 密码输入自己设定的密码。
- 完成设置后，单击"保存"按钮。

其他无线终端需要加入该 BSS 时，检索到的无线网络名是基本配置设定的 SSID(这里为 Chinaunicom)，输入的密钥是安全设置时设定的密码(这里为 12345678)。

完成上述设置后，用户可以检查无线路由器的运行状态，一旦 WAN 端口成功连接，如图 4.29 所示，内部终端便可以开始访问 Internet。当然，无线终端必须与无线路由器建立无线连接后才允许访问 Internet。

4.4.4 家庭局域网面临的安全威胁与对策

1. 非法接入与对策

非法接入是指没有授权与无线路由器建立连接的移动终端成功地连接到无线路由器。不同安全机制下，有着不同的实现非法接入的方法。WEP 安全机制下，黑客终端通过侦听授权终端成功连接到无线路由器过程中所交换的 MAC 帧，就可以冒充授权终端成功连接到无线路由器。

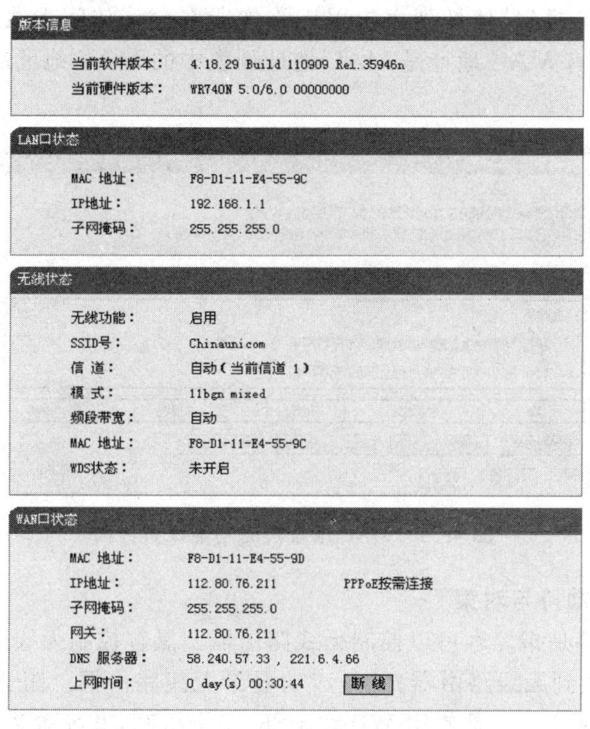

图 4.29　无线路由器运行状态

WPA2-PSK 安全机制下，黑客终端只能通过暴力破解密码实现非法接入，因此，WPA2-PSK 安全机制下，家庭局域网的安全性很大程度上取决于配置的密码的复杂性。如图 4.28 所示的 PSK 密码在实际配置过程中是不允许使用的。实际配置的 PSK 密码通常要求包含数字、大写字母、小写字母和特殊字符等。

无线路由器的主机状态界面如图 4.30 所示，主机状态界面列出目前连接到无线路由器的主机数目及这些主机的 MAC 地址。由于用户可以查看当前正常连接到无线路由器的主机的 MAC 地址，因此，当主机状态中出现未知 MAC 地址时，可以确定有非授权终端连接到无线路由器。

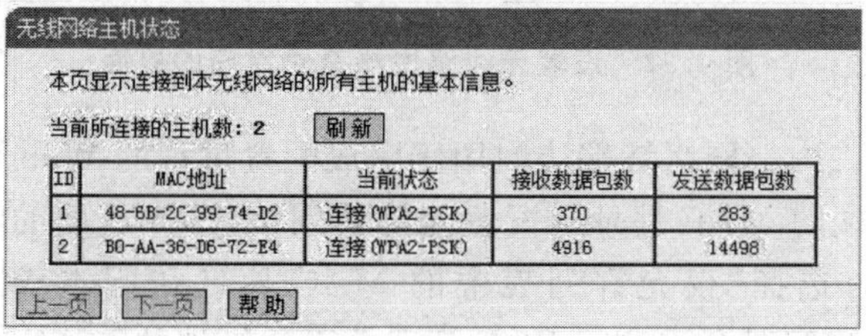

无线网络主机状态

本页显示连接到本无线网络的所有主机的基本信息。

当前所连接的主机数：2　刷新

ID	MAC地址	当前状态	接收数据包数	发送数据包数
1	48-6B-2C-99-74-D2	连接（WPA2-PSK）	370	283
2	B0-AA-36-D6-72-E4	连接（WPA2-PSK）	4916	14498

上一页　下一页　帮助

图 4.30　主机状态

目前阻止非法接入的方法有两个：一是使用 WPA2-PSK 安全机制，并配置复杂的密码，使得暴力破解密码成为不可能；二是启用 MAC 地址过滤功能。MAC 地址过滤功能配置界面如图 4.31 所示。启用过滤功能，过滤规则选择“允许列表中生效的 MAC 地址访问本无线网络”，在MAC地址列表中手工添加所有允许访问无线网络的MAC地址。完成上述操作后，只有MAC地址是MAC地址列表中的MAC地址的移动终端才允许连接到无线路由器。

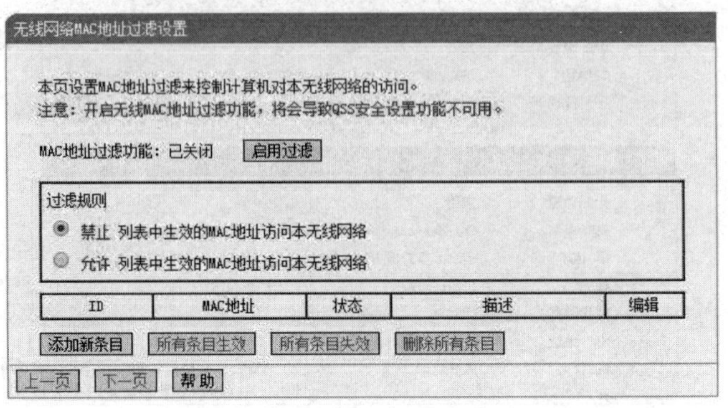

图 4.31　MAC 地址过滤功能配置界面

2. 无线路由器劫持与对策

无线路由器劫持是指黑客可以控制无线路由器。黑客控制无线路由器需要完成两个过程：一是成功连接到无线路由器；二是成功登录无线路由器。阻止黑客终端连接到无线路由器的方法有两个：一是使用WPA2-PSK安全机制，并配置复杂的密码；二是启用MAC地址过滤功能。阻止黑客登录无线路由器的方法也有两个，一是重新设置无线路由器的登录密码，不使用默认的无线路由器登录密码。图4.32所示是重新设置无线路由器登录密码的界面。

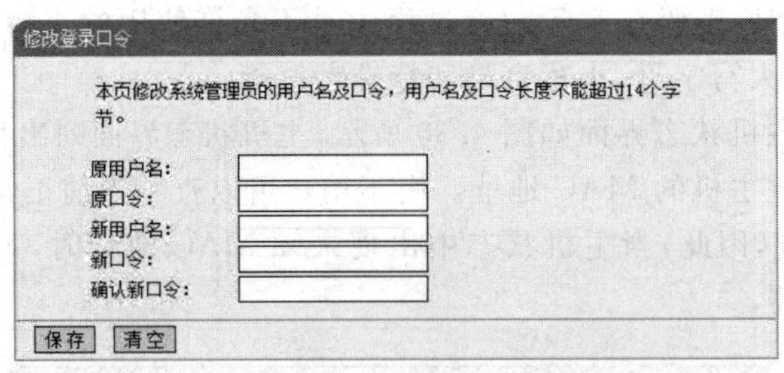

图 4.32　设置无线路由器登录密码的界面

二是选择“只允许内部网络终端访问用于完成配置过程的Web页面”，且限制允许访问该Web页面的终端的MAC地址。配置允许访问该Web页面的终端的MAC地址的界面如图4.33所示，选择“仅允许列表中的MAC地址访问本Web管理页面”，并在MAC地址列表中手工配置允许访问Web管理页面的终端的MAC地址。完成上述操作后，只有MAC地址是MAC地址列表中的MAC地址的移动终端才允许登录无线路由器。

黑客控制无线路由器后，往往配置错误的域名系统(Domain Name System，DNS)服务器地址，使得终端连接到无线路由器后将黑客配置的错误的DNS服务器地址作为本地

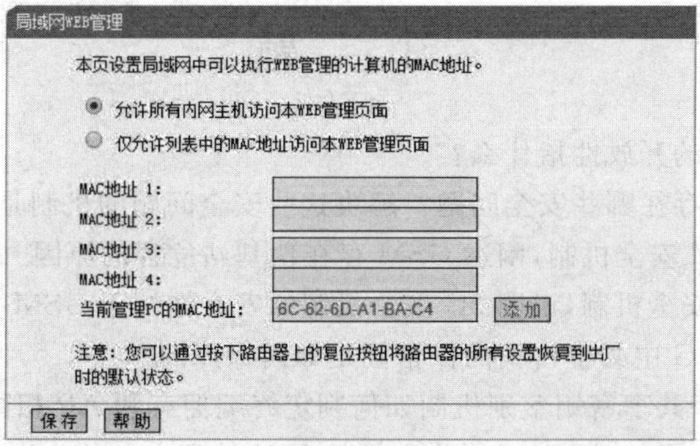

局域网WEB管理

本页设置局域网中可以执行WEB管理的计算机的MAC地址。

◉ 允许所有内网主机访问本WEB管理页面

○ 仅允许列表中的MAC地址访问本WEB管理页面

MAC地址 1:

MAC地址 2:

MAC地址 3:

MAC地址 4:

当前管理PC的MAC地址: 6C-62-6D-A1-BA-C4 添加

注意：您可以通过按下路由器上的复位按钮将路由器的所有设置恢复到出厂时的默认状态。

保存 帮助

图 4.33　配置允许访问 Web 管理页面的终端的 MAC 地址的界面

域名服务器地址，从而将域名解析请求发送给伪造的域名服务器，并因此得到错误的解析结果，这是黑客实施钓鱼网站攻击的关键一步。图 4.34 所示是无线路由器 DNS 服务器地址配置界面。一般情况下，不对无线路由器配置 DNS 服务器地址，无线路由器将从 ISP 得到的域名服务器地址作为分配给连接到无线路由器的终端的本地域名服务器地址。因此可以通过查看是否配置 DNS 服务器地址确定该无线路由器是否已被黑客控制。

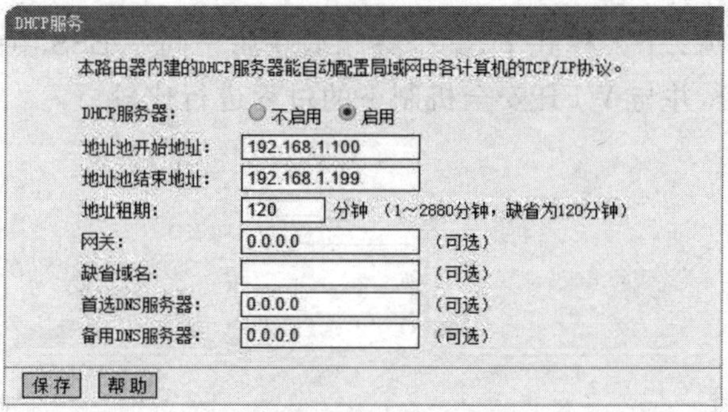

DHCP服务

本路由器内建的DHCP服务器能自动配置局域网中各计算机的TCP/IP协议。

DHCP服务器: ○不启用 ◉启用

地址池开始地址: 192.168.1.100

地址池结束地址: 192.168.1.199

地址租期: 120 分钟 （1～2880分钟，缺省为120分钟）

网关: 0.0.0.0 （可选）

缺省域名: （可选）

首选DNS服务器: 0.0.0.0 （可选）

备用DNS服务器: 0.0.0.0 （可选）

保存 帮助

图 4.34　无线路由器 DNS 服务器地址配置界面

本章小结

- 移动互联网的基础是无线通信。
- 无线通信的开放性使得无线通信存在安全问题。
- 解决无线通信安全问题的方法是接入控制、加密和完整性检测，身份鉴别是接入控制的基础。
- 移动通信网络和无线局域网是最常见的采用无线通信方式的网络。
- 3G 的安全性好于 GSM 的安全性。
- WPA2 的安全性好于 WEP 的安全性。
- 3G 的安全性好于采用 WPA2 个人模式安全机制的无线局域网。

习　题

4.1　无线通信的开放性指什么？

4.2　无线通信存在哪些安全问题？解决这些安全问题的机制是什么？

4.3　简述 GSM 安全机制，阐述 GSM 存在伪基站危害的原因。

4.4　简述 3G 安全机制，说明 3G 安全机制的安全性好于 GSM 安全机制的理由。

4.5　GSM 和 3G 中共享密钥的保密性是如何保障的？

4.6　WEP 基于共享密钥鉴别机制如何判定终端拥有和 AP 相同的密钥？

4.7　WEP 将数据的 CRC-32 作为数据的 ICV 的理由是什么？为什么说 WEP 的完整性检测机制是有缺陷的？

4.8　简述 TKIP 增强加密和完整性检测安全性的方法。

4.9　简述 TKIP 双向身份鉴别过程。

4.10　WEP 和 WPA2 个人模式中共享密钥的保密性是如何保障的？简述 3G 共享密钥保密性好于无线局域网的理由。

4.11　WEP 安全机制下，某个终端能否截获属于同一 BSS 中的其他终端与 AP 之间交换的数据？简述原因。

4.12　简述 WPA2 个人模式下，某个终端截获属于同一 BSS 中的其他终端与 AP 之间交换的数据的过程，并与 WEP 安全机制下的过程进行比较。

第 5 章 电子商务和移动支付安全技术

网上购物和移动支付已经成为人们的日常行为，网上银行和移动支付的安全性也成为人们关心的焦点。了解网上银行和移动支付的安全机制，一是可以避开这些安全机制的缺陷，保证电子商务的安全进行；二是可以避免不必要的恐慌，对网上银行和移动支付存在的安全问题有一个客观的认识。

5.1 电子商务概述

电子商务中的商品选购和支付过程可以通过互联网完成，这为用户提供了极大的方便性，但同时也隐藏着许多安全隐患。因此，电子商务健康发展的前提是必须在保证方便、快捷的同时提高安全性。

5.1.1 电子商务定义

电子商务(Electronic Commerce，EC)是指通过包括互联网在内的计算机网络实现商品、服务或信息的购买、销售与交换的过程。因此，电子商务的要素有两个：一是以互联网为技术手段；二是完成商品和服务的交易过程。图 5.1 所示的网上购物应用系统就是典型的电子商务实例。

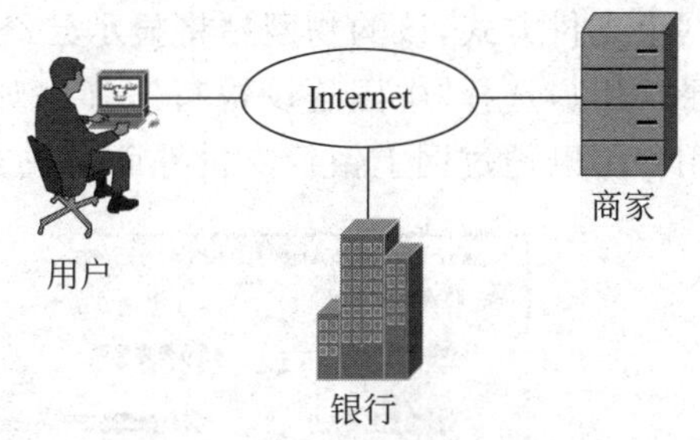

图 5.1 网上购物应用系统

完成网上购物过程，需要完成下单、支付和配送三个步骤，下单是指通过互联网完成商品选购的过程。支付是指通过互联网完成购买商品所需金额从用户账户转移到商家账户的过程。配送是指商家完成将货物通过物流送达用户的过程。

网上银行(简称网银)是用户通过互联网完成支付过程的重要手段，网上银行是银行在互联网上设置的虚拟柜台，用户可以基于互联网技术，通过该虚拟柜台完成转账过程。

5.1.2 电子商务应用场景

1. 下单

用户完成某个购物网站(如图 5.2 所示的淘宝网)的注册过程后，可以通过访问该购物网站进行商品选购。商品选购过程中，用户可以将选中的商品放入购物车。

图 5.2 淘宝网

2. 支付

完成网上支付过程需要两个前提：一是用户需要在某个银行建立账户，并为该账户开通网上银行（简称网银）功能；二是购物网站或商家需要与该银行建立联系。假定用户在中国建设银行建立账户，并为该账户开通网银功能。购物网站已经与中国建设银行建立联系。当用户完成商品选购过程进入结算阶段时，可以选择网上支付方式。一旦选择网上支付方式，该购物网站将显示已经与其建立联系的银行目录，如图 5.3 所示的银行目录。用户选择“中国建设银行”，弹出如图 5.4 所示的中国建设银行网上银行支付界面。用户可以通过网上银行支付界面完成支付过程。

图 5.3 在线支付界面

3. 配送

用户通过网上银行完成支付过程后，银行向购物网站或商家发送支付成功通知，商家接收到银行发送的支付成功通知后，通过物流向用户发送用户选购的商品。用户收到商品后，便完成一次网上购物过程。

图 5.4 中国建设银行网上银行支付界面

4. 互联网数据交换过程

一次网上购物涉及的数据交换过程如图 5.5 所示，分为三个阶段，一是与下单有关的阶段，在这个阶段，用户通过互联网完成商品选购过程，因此，这一阶段，用户与购物网站或商家之间主要完成和下单有关的数据交换过程。二是与支付有关的阶段，当用户选择网上支付方式，选中已经建立并开通网银功能的账号的银行后，由购物网站或商家向该银行发送支付请求。该银行向用户弹出网上银行支付界面，用户通过网上银行支付界面完成支付过程。这个阶段用户需要向网上银行发送账号、登录密码、支付密码等私密信息。三是与配送有关的阶段，银行完成购买商品所需金额从用户账户转移到商家账户的过程后，向购物网站或商家发送支付成功通知，购物网站或商家接收到支付成功通知后，通过物流向用户发送用户选购的商品。

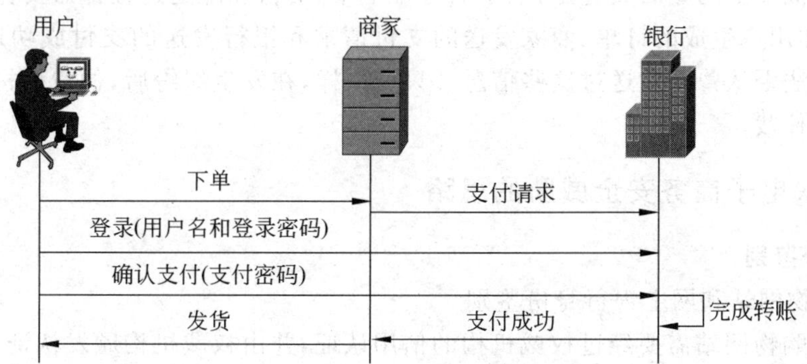

图 5.5 网上购物应用系统数据交换过程

5.1.3 电子商务面临的安全威胁

1. 钓鱼网站

黑客伪造一个购物网站，引诱用户注册并选购商品，当用户选择网上支付方式并指定银行时，弹出一个黑客伪造的该银行的网上银行支付界面，当用户按照要求输入账号、登录密码和支付密码后，黑客可以利用这些私密信息将用户账户中的余额转移到其他任意账户。

解决这种安全问题的关键有三点：一是用户有办法鉴别出黑客伪造的购物网站；二是网上银行支付界面有着用户可以识别的唯一标识符，使得黑客无法伪造出携带该标识符的网上银行支付界面；三是即使用户泄露了账号、登录密码和支付密码，银行也能通过其他安全机制保证黑客无法成功地完成将用户账户中的余额转移到其他账户的过程。

2. 泄露私密信息

用户与银行之间需要交换类似账号、登录密码和支付密码这样的私密信息，这些私密信息在经过互联网传输的过程中可能被黑客嗅探和截获，使得黑客得到这些私密信息。黑客得到这些私密信息后，可以利用这些私密信息将用户账户中的余额转移到其他任意账户。

解决这种安全问题的关键是不以明文的方式经过互联网传输私密信息。

3. 篡改信息

如图5.5所示，商家发送给银行的支付请求中需要给出商品清单、购买商品所需的金额和商家账号等，由于黑客可以截获经过互联网传输的支付请求，因而可以篡改支付请求中的信息，从而使得用户的支付过程出现错误。

解决这种安全问题的关键是银行能够判别接收到的支付请求经过互联网传输时是否发生改变。

4. 抵赖曾经发生的事务

电子商务中会发生一些纠纷，如用户抵赖曾经下单，要求拒绝接收商家发送的商品。商家抵赖曾经向银行发送过支付请求，声明银行的支付行为与自己无关。银行抵赖曾经向商家发送支付成功通知，表示商家发送商品的行为与自己无关等。

解决类似安全问题的关键是，电子商务中下单、支付和配送过程都需要保留有关该事务的证据，如用户生成的订单、商家发送的支付请求和银行发送的支付成功通知等，且使得发送者无法否认曾经发送过这些信息。只有这样，在发生纠纷后，仲裁机构可以凭借这些证据进行仲裁。

5.1.4 解决电子商务安全威胁的思路

1. 身份鉴别

(1) 购物网站和网上银行身份鉴别

正规的购物网站需要经过权威机构的信用认证，并由权威机构颁发认证证书，当用户访问该购物网站时，该购物网站需要出具认证证书且能证明自己就是该认证证书认证的购物网站。

为了防止用户登录钓鱼网站，用户必须具有鉴别网上银行真伪的能力，这种能力可以通过以下机制实现：一是当用户访问网上银行时，该网上银行能够出具认证证书且能证明自己就是该认证证书认证的网上银行；二是用户开通网上银行时预留欢迎信息，当用户登录该网上银行后，网上银行应该在醒目处出现该用户预留的欢迎信息。

(2) 用户身份鉴别

账号、登录密码和支付密码本身就是用于鉴别授权用户身份的身份标识信息，因为，一般情况下只有授权用户才能获悉这些私密信息。为了防止黑客通过钓鱼网站骗取这些私密信息后冒充授权用户，必须在这些用于标识用户身份的私密信息的基础上，增加用于鉴别用户身份的机制。

一是当用户访问网上银行时，需要向该网上银行出具认证证书且能证明自己就是该认证证书认证的授权用户。二是开通网上银行时，购买图5.6所示的动态口令牌，当用户登录网上银行进行支付时，除了需要输入账号和支付密码以外，还必须输入当时动态口令牌中显示的6位动态口令。三是用户开通网上银行时，需要预留手机号码并启用验证码验证功能。当用户登录网上银行进行支付时，不仅需要输入账号和支付密码，还需要输入通过手机接收到的验证码。

图5.6　动态口令牌

2. 加密

必须加密经过互联网传输的私密信息，如账号、登录密码和支付密码等。实现加密传输需要解决两个问题：一是发送端和接收端必须能够约定加密和解密算法；二是发送端和接收端必须能够安全分发用于加密和解密的密钥。为了保证加密传输过程安全进行，用户与网上银行之间使用的加密解密算法和密钥需要动态协商确定，不能事先静态配置。

3. 完整性检测

需要对经过互联网传输的数据进行完整性检测。实现完整性检测同样需要解决两个问题：一是发送端和接收端必须能够约定用于生成消息鉴别码(Message Authentication Code，MAC)的算法；二是发送端和接收端必须能够安全分发用于生成MAC的密钥。为了保证完整性检测过程安全进行，发送端与接收端之间使用的MAC算法和MAC密钥需要动态协商确定，不能事先静态配置。

4. 数字签名

防止发送端抵赖曾经发送过的消息的机制是数字签名，发送端必须对发送的消息进行数字签名，接收端验证发送端的数字签名后，再对消息进行处理。实现数字签名的前提是接收端具有证明发送端与其公钥之间绑定关系的证书，且确定该证书是有效证书。

5.2　移动支付概述

所有通过移动终端(通常是智能手机)对所消费的商品或服务进行账单支付的支付方式都称为移动支付，因此，以智能手机为终端，通过网上银行完成的支付过程也属于移动支付。但这里讨论的移动支付主要局限在类似微信支付这样的第三方支付。

5.2.1　移动支付定义

移动支付是通过移动终端(通常是智能手机)对所消费的商品或服务进行账单支付的一种支付方式。移动支付分为近场支付和远程支付，支持近场支付的智能手机通常需要具有近场通信(Near Field Communication，NFC)功能，这种智能手机可以像公交卡一样刷卡乘车。支持远程支付的智能手机通常作为移动互联网的终端,通过发送远程指令完成支付过程。目前人们普遍使用的微信支付和支付宝支付都属于远程支付方式。但从远程支付方式的定义看,以智能手机为终端,通过网上银行完成的支付过程也属于远程支付方式。因此,这里的移动支付主要局限在基于智能手机的类似微信支付和支付宝支付这样的第三方支付。

移动支付带来的好处是方便和快捷,由于智能手机可以随时随地上网,因此,可以在任意场合进行移动支付,在任何应用场景下进行实时支付。

5.2.2 移动支付应用场景

作为基于智能手机的第三方支付,微信支付和支付宝支付的功能和应用场景有着太多的重叠,因此,这里以微信支付为例讨论基于智能手机的第三方支付的应用场景。

1. 微信支付应用系统结构

微信支付应用系统如图 5.7 所示,微信客户端、微信支付系统和商家后台系统通过互联网连接在一起。商家门店通过商家专用网络与商家后台系统连接在一起。微信支付系统通过支付网络与各个微信支付系统支持的银行连接在一起。用户进行微信支付的前提是微信钱包中有足够的余额或者微信已经绑定信用卡或借记卡。

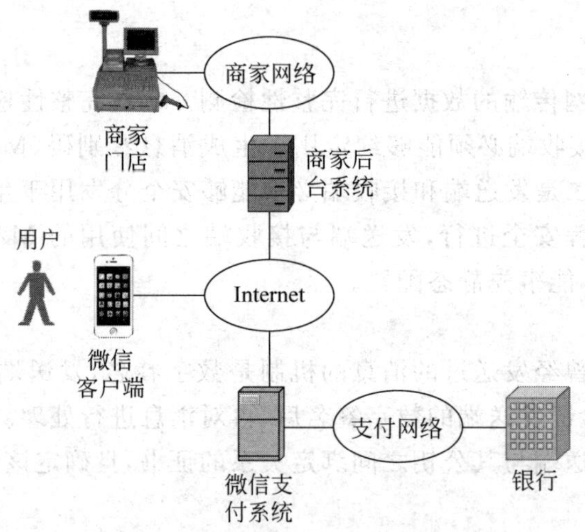

图 5.7 微信支付应用系统

2. 条形码和二维码

微信支付过程与扫码密切相关,因此,了解条形码和二维码表示信息的方式,有助于理解微信支付过程。

(1) 条形码

条形码(barcode)是将宽度不等的多个黑条和空白按照一定的编码规则排列,用以表达一组信息的图形标识符。常见的条形码是由反射率相差很大的黑条(简称条)和白条(简称空)排成的平行线图案。

计算机中,所有的数字、字符都是由二进制数表示的,用不同的二进制数组合表示不同的数字和字符的过程称为编码。如果用7位二进制数表示十个不同的数字，可以用7位二进制数组合0001011表示数字9，用7位二进制数组合0100111表示数字0。因此，用条形码表示数字和字符，首先需要解决一位二进制数的0和1的表示方式。目前存在多种表示二进制数0和1的方式，一种方式是用相同宽度的条表示二进制数1，用相同宽度的空表示二进制数0，如图5.8(a)所示。另一种方式是用一种宽度的条表示二进制数1，用另一种宽度的条表示二进制数0，表示二进制数1的条的宽度是表示二进制数0的条的宽度的整数倍，通常该整数为2或3，如图5.8(b)所示。

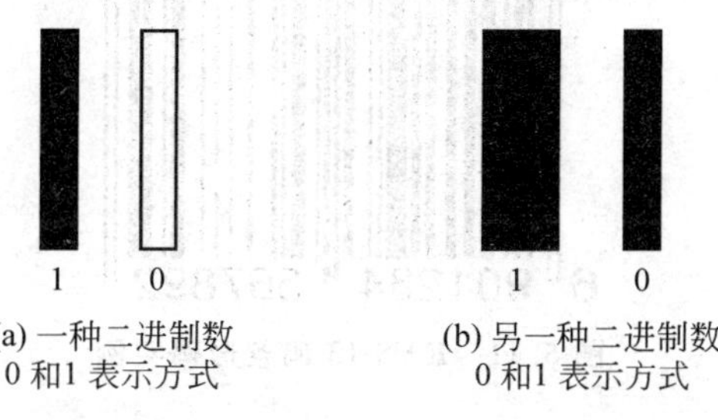

图5.8　两种二进制数0和1的表示方式

如果采用图5.8(a)所示的二进制数0和1表示方式，则每一个模块的宽度等于表示一位二进制数0或1的空或条的宽度。如果用7位二进制数表示数字0～9，数字9对应的7位二进制数组合为0001011，则数字9对应的条形码如图5.9所示。图5.9(a)所示的是数字9对应的7个模块，二进制数0对应的模块是空，二进制数1对应的模块是条。实际条形码中，图5.9(a)所示的每一个模块的边框是不存在的，因此，数字9对应的条形码如图5.9(b)所示。

图5.9　数字9对应的条形码

实际条形码表示的信息可以包含多个数字和字符，因此由多个模块组成，其中不仅有用于表示数字和字符的模块组合，还有用于表示条形码开始、结束和用于分隔两串数字的分隔符的模块组合。图5.10所示是EAN-13码条形码模块组合。从左到右，起始符是3位二进制数组合101对应的模块，左侧数据区是用于表示6位数字的42个模块(每一位数字对应7个模块)，中间分隔符是5位二进制数组合01010对应的5个模块，右侧数据区是用于表示5位数字的35个模块，校验字符等同于一个数字，对应7个模块。终止符与起始符相同，是3位二进制数组合101对应的模块。图5.11所示的是EAN-13码条形码实例，下面是该条形码表示的数字组合。数字6是前置码，数字901234是左侧数据的6位数字，数字56789是右侧数据的5位数字，数字2是校验字符。条形码从左到右，首先是3位二进制数101对应的模块，然后是表示数字9的7位二进制数0001011对应的模块，紧接着是表示数字0的7位二进制数0100111对应的模块，以此类推。

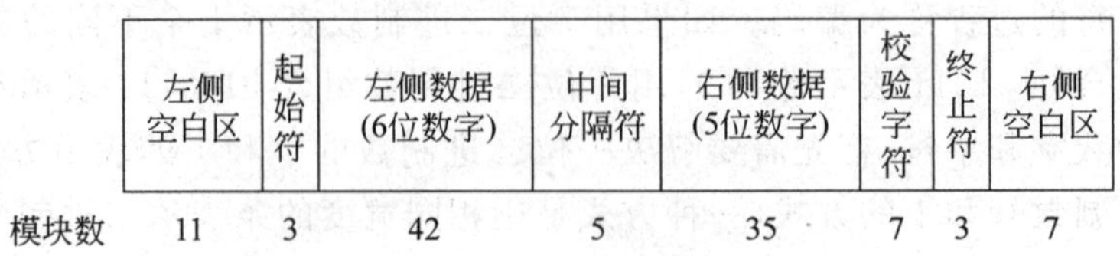

	左侧空白区	起始符	左侧数据(6位数字)	中间分隔符	右侧数据(5位数字)	校验字符	终止符	右侧空白区
模块数	11	3	42	5	35	7	3	7

图 5.10 EAN-13 码条形码模块组合

图 5.11 EAN-13 码条形码实例

(2) 二维码

条形码只有单个方向排列的模块,包含的模块有限,因此,表示的数字和字符数量也有限,如 EAN-13 码条形码实际表示的数字只有 11 位。二维码有着水平和垂直方向排列的模块,包含的模块数远远大于条形码。图 5.12 所示的是版本 6 的 QR 码二维码,是 41×41 模块构成的矩阵。目前最大的 QR 码二维码是版本 40 的 QR 码二维码,是 177×177 模块构成的矩阵。矩阵中的每一个模块可以表示一位二进制数,同样用条表示二进制数 1,用空表示二进制数 0。三个角上的位置探测图形用于确定 QR 码二维码的位置和方向。定位图形用于确定水平和垂直方向模块的基准位置,校准图形用于检测 QR 码二维码的中心坐标。

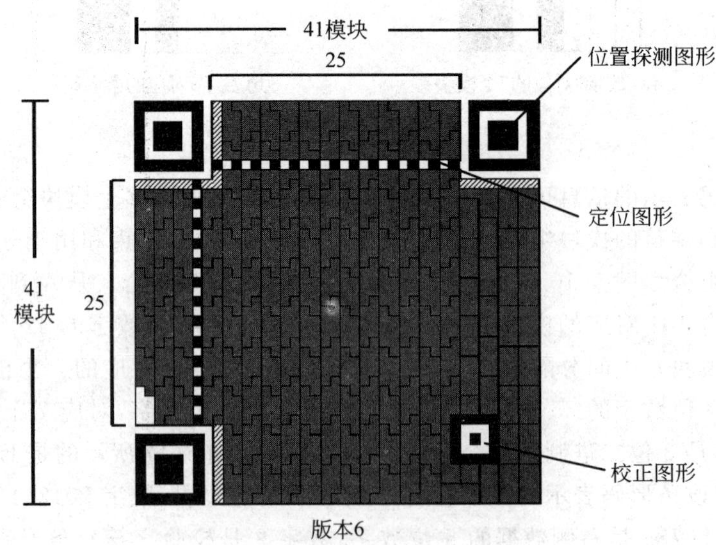

图 5.12 版本 6 的 QR 码二维码

版本6的QR码二维码的有效模块数是1383，可以表示1383位二进制数，因而可以表示用1383位二进制数编码后的数字、字符和汉字组合。版本40的QR码二维码的有效模块数是29648，可以表示29648位二进制数，因而可以表示用29648位二进制数编码后的数字、字符和汉字组合。

3. 微信刷卡支付过程

（1）刷卡支付步骤

刷卡支付步骤如下。

① 用户完成商品选购后，由商家门店生成支付订单，用户确认支付订单中的金额。

② 用户打开微信客户端，完成“我”→“钱包”→“刷卡”操作过程，微信展示条形码/二维码，如图5.13所示。

③ 商家扫描微信客户端展示的条形码/二维码。如果需要验密，则微信客户端随后弹出支付密码输入框，否则直接显示支付成功信息和扣除金额，如图5.14所示。

④ 商家接收到支付成功信息后，将商品交付给用户。

图5.13　条形码/二维码

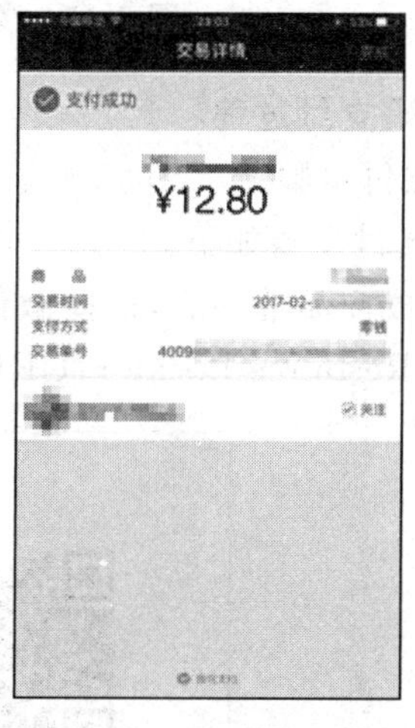

图5.14　支付成功信息

（2）数据交换过程

微信刷卡支付涉及的数据交换过程如图5.15所示。完成微信客户端“我”→“钱包”→“刷卡”操作过程后，微信客户端向微信支付系统发送微信授权码生成请求，微信支付系统接收到该微信授权码生成请求后，生成一个微信授权码，建立微信授权码与微信账号之间的绑定，然后将微信授权码发送给微信客户端，微信客户端显示微信授权码的条形码和二维码。商家门店扫描微信客户端的条形码或二维码，生成并向商家后台系统发送支付请求，支付请求将商家账号、订货信息与微信授权码绑定在一起。商家后台系统将支付请求发送给微信支付系统。微信支付系统接收到支付请求后，根据微信授权码确定用户账号，请求银行完成用户账号至商家账号的转账过程。银行完成转账过程后，向微信支付系统发送支付结果，支付结果中包括金额、用户账号、商家账号和订单号等信息。微信支付系统接收到银行发送的支付结果后，向商家后台系统和微信客户端发送支付成功消息，支付成功消息中包括金额和订单号等信息。微信客户端接收到支付成功消息后，显示订单号、扣除金额等信息。商家后台系统接收到支付成功消息后，向商家门店发送支付成功消息。商家门店接收到支付成功消息后，向用户提交商品。

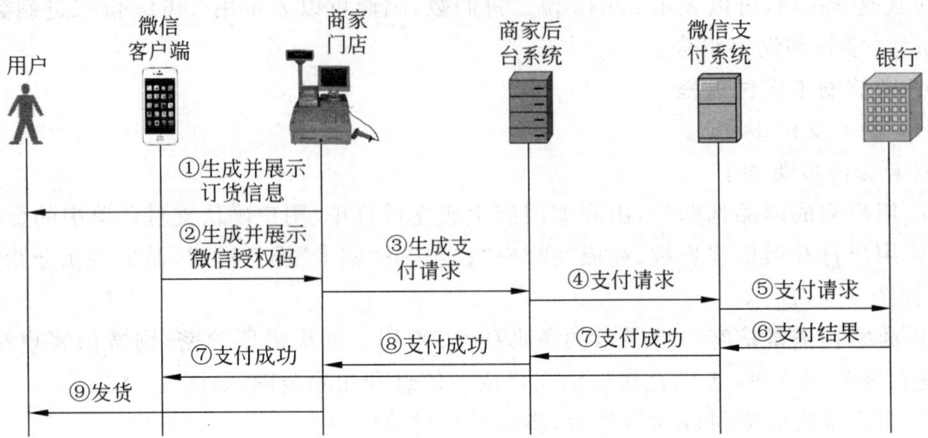

图 5.15　微信刷卡支付数据交换过程

4. 微信扫码支付过程

(1) 扫码支付步骤

微信扫码支付步骤如下。

① 用户完成商品选购后，选择微信扫码支付方式，由商家门店生成表示统一资源定位符(Uniform Resource Locator，URL)的二维码，如图 5.16 所示。

图 5.16　二维码和"扫一扫"界面

② 用户打开微信客户端，完成"发现"→"扫一扫"操作过程，扫描商家门店生成的表示 URL 的二维码，如图 5.16 所示。

③ 微信客户端显示"支付确认"界面，给出支付金额和订单号等信息，如图 5.17 所示。

④ 用户点击"立即支付"后，出现"输入支付密码"界面，如图 5.18 所示，用户输入支付密码，完成支付过程。

⑤ 微信客户端显示支付成功信息，如图 5.19 所示，支付成功信息中包含支付金额、

订单号等,商家门店接收到支付成功消息后,向用户交付商品。

图 5.17 "确认支付"界面

图 5.18 支付密码输入界面

图 5.19 支付成功界面

(2) 数据交换过程

微信扫码支付涉及的数据交换过程如图 5.20 所示,当用户在商家门店完成商品选购过程后,商家门店生成订货信息,其中包括订单号、商品目录、单价和商品总价等。商家门店将订货信息发送给商家后台系统,商家后台系统生成预支付请求,预支付请求中包含商家账号和订货信息等。商家后台系统将预支付请求发送给微信支付系统。微信支付系统根据预支付请求生成预支付交易链接,即 URL。然后将预支付交易链接发送给商家后台系统。商家后台系统生成预支付交易链接对应的二维码,将预支付交易链接对应的二维码发送给门店系统。门店系统展示预支付交易链接对应的二维码。用户用微信客户端"扫一扫"扫描商家门店展示的预支付交易链接对应的二维码,然后将二维码扫描结果发送给微信支付系统。微信支付系统向微信客户端发送支付验证,要求用户输入支付密码。

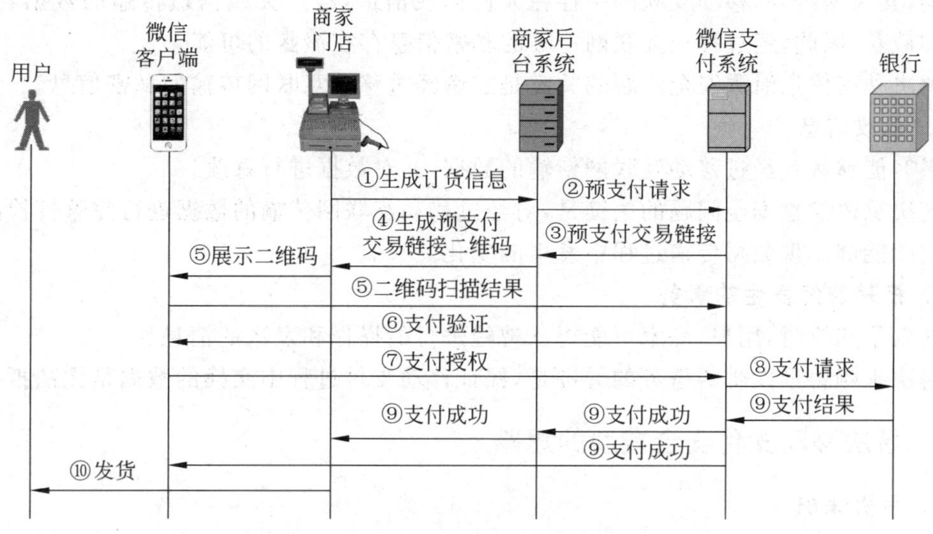

图 5.20 微信扫码支付数据交换过程

用户输入支付密码后，微信客户端向微信支付系统发送支付授权。微信支付系统确定微信客户端具有支付权限后，根据用户账号和商家账号绑定的银行卡，请求银行完成支付过程。银行完成支付过程后，向微信支付系统发送支付结果，支付结果中包括支付金额、用户账号、商家账号和订单号等信息。微信支付系统接收到银行发送的支付结果后，向商家后台系统和微信客户端发送支付成功消息，支付成功消息中包含支付金额和订单号等信息，商家后台系统接收到支付成功消息后，向商家门店发送支付成功消息。商家门店接收到支付成功消息后，向用户提交商品。

5.2.3 移动支付面临的安全威胁

移动支付的安全取决于手机、登录密码和支付密码的安全。面临的安全威胁包括手机丢失、登录密码泄露、支付密码泄露和重置等。

1. 手机丢失

由于大部分微信账号与手机绑定，因此，手机是保护移动支付安全的第一道屏障。一旦外人获得手机，只要其能够获得登录密码和支付密码，就能操作微信账户。

解决手机丢失安全问题的关键是能够阻止外人使用手机、启动具有支付功能的软件，如微信客户端。

2. 重置密码

如果用户忘记网上银行的登录密码和支付密码，需要携带身份证和银行卡到该银行的营业部重新设置密码，即重置密码。微信支付由于不存在营业部，因此，需要提供在线重置密码的功能。在线重置密码功能为外人重新设置密码提供了可能。

解决重置密码安全问题的关键是，重置过程中的保护机制必须保证只有用户本人才能完成密码重置过程。

3. 私密信息泄露

移动支付过程中，移动终端与支付后台之间需要经过移动互联网传输私密信息，如登录密码、支付密码等，移动互联网中存在大量无线信道，经过无线信道传输的数据容易被嗅探和截获，因此，经过移动互联网传输的私密信息存在泄露的可能。

解决私密信息泄露安全问题的关键是加密经过移动互联网传输的私密信息。

4. 篡改信息

黑客能够截获经过移动互联网传输的数据，并对数据进行篡改。

解决篡改信息安全问题的关键是，对经过移动互联网传输的数据进行完整性检测，使得接收端能够发现数据传输过程中发生的变化。

5. 抵赖曾经发生的事务

在发生纠纷时，用户、商家可能否认曾经进行的操作和发送的消息。

解决抵赖曾经发生的事务的关键是，保证移动支付过程中交换的数据是无法抵赖的。

5.2.4 解决移动支付安全威胁的思路

1. 手机保护

使用安全的锁屏机制，如密码锁屏、指纹锁屏等，使得外人无法使用手机。通过手机安全卫士对支付软件加锁，使得外人无法启动支付软件。

2. 重置密码安全机制

在重置密码过程中，尤其是在重置支付密码过程中，必须有相应的安全机制保证只有用户本人才能完成支付密码的重置过程。因此，除了需要提供用户身份证号、绑定的银行卡卡号外，还需要设置用户本人才能回答的问题，如母亲的名字等，或者设置接收验证码的其他手机号码，该手机号码保证只有用户本人才能接收到验证码。

3. 加密

移动终端与支付后台之间传输的数据需要进行加密，因此，每一次登录支付后台的过程都需要完成加密解密算法和加密解密密钥的协商过程。

4. 完整性检测

需要对移动终端与支付后台之间传输的数据进行完整性检测，因此，每一次登录支付后台的过程都需要完成 MAC 算法和 MAC 密钥的协商过程。

5. 数字签名

商家需要对发送给支付后台的支付请求和预支付请求进行数字签名，支付后台只有验证商家的数字签名后，才能对支付请求和预支付请求进行处理。实现数字签名的前提是，支付后台具有证明商家与其公钥之间绑定关系的证书，且确定该证书是有效证书，这一过程在商家接入某个支付后台时完成。

5.3 网上银行安全机制

网上银行是银行在互联网上设置的虚拟柜台，用户可以基于互联网技术，通过该虚拟柜台完成转账过程。因此，网上银行安全机制必须保证用户登录的是网上银行，对账户进行操作的是该账户的拥有者，从而保障用户与网上银行之间经过互联网传输的数据的保密性和完整性。

5.3.1 TLS/SSL

传输层安全（Transport Layer Security，TLS）/安全插口层（Secure Socket Layer，SSL）是一个复杂的协议，可以用于实现双向身份鉴别和安全参数协商过程，本节主要讨论其基本思路。

1. 网上银行身份鉴别

网上银行需要具备认证中心颁发的证书，证书用于证明网上银行与其公钥 PKB 之间的绑定关系。如果公钥 PKB 与网上银行之间的绑定关系已经得到权威机构——认证中心的证明，网上银行只要证明拥有公钥 PKB 对应的私钥 SKB 即可证明自己的身份。

如图 5.21 所示，用户访问网上银行的过程分为若干阶段。第一阶段是双方约定加密解密算法和 MAC 算法的过程，这里假定双方约定的加密算法为对称密钥加密算法 AES，MAC 算法为 HAMC-MD5-128。

第二阶段用于证明网上银行身份并分发对称密钥 K。网上银行向用户发送证书，用户证实证书后，生成对称密钥 K 和随机数 R，并向网上银行发送随机数 R 和 $E_{PKB}(K)$，其

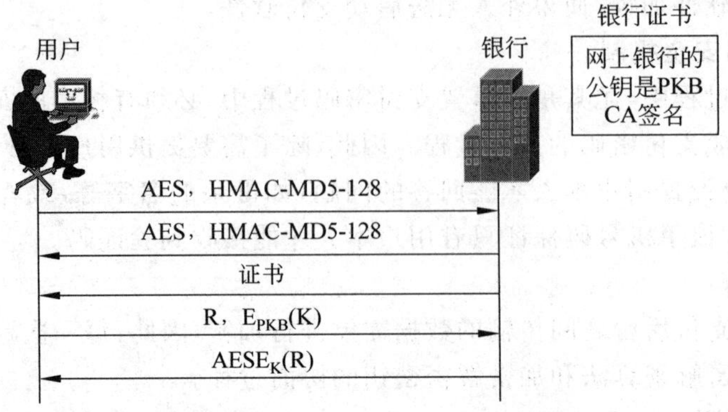

图 5.21 身份鉴别和安全参数协商过程

中 E 是 RSA 加密算法，PKB 是网上银行的公钥。网上银行接收到随机数 R 和 $E_{PKB}(K)$ 后，首先解密出密钥 K，即 $K=D_{SKB}(E_{PKB}(K))$，其中 D 是 RSA 解密算法，SKB 是网上银行的私钥，与公钥 PKB 一一对应。网上银行随后用对称密钥 K 和 AES 加密算法 AESE 对随机数 R 进行加密，生成密文 $AESE_K(R)$，并将密文 $AESE_K(R)$ 发送给用户。用户用 AES 解密算法 AESD 和对称密钥 K 对密文进行解密，还原出明文 $R'=AESD_K(AESE_K(R))$，如果 R′等于随机数 R，则表示网上银行已经解密出对称密钥 K，而网上银行解密出对称密钥 K 的前提是拥有 PKB 对应的私钥 SKB，因此，一旦 $R'=AESD_K(AESE_K(R))=R$，网上银行的身份便得到确认。

实际应用过程中，用户和网上银行通常以 K 为密钥种子，分别生成用于加密数据的加密密钥和用于生成 MAC 的 MAC 密钥，这里为简单起见，直接用 K 作为加密密钥和 MAC 密钥。

2. 数据加密和完整性检测

用户和网上银行约定加密算法 AES、MAC 算法 HAMC-MD5-128、加密密钥 K 和 MAC 密钥 K 后，可以对用户和网上银行之间传输的数据进行加密和完整性检测。

数据加密和完整性检测过程如图 5.22 所示。发送端根据数据生成 MAC（MAC＝$HMAC\text{-}MD5\text{-}128_K$（数据））。数据和 MAC 的串接结果作为明文（明文＝数据‖MAC），

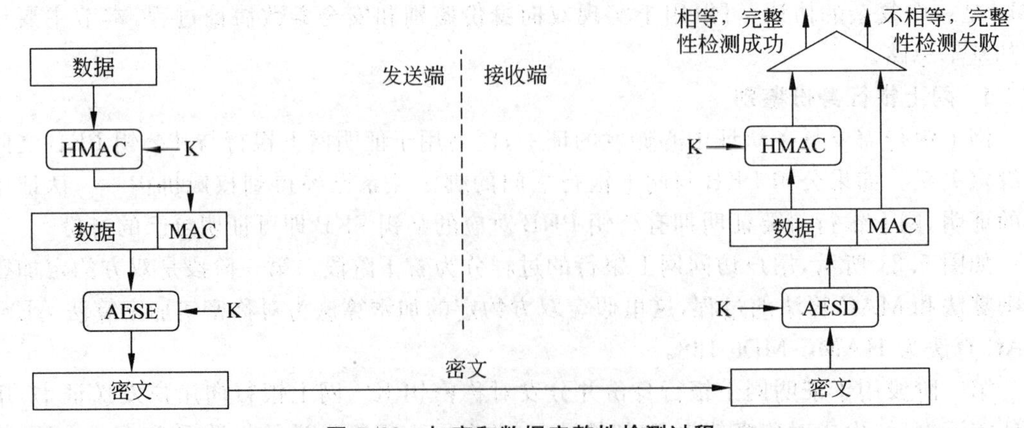

图 5.22 加密和数据完整性检测过程

对明文加密生成密文(密文＝$AESE_K$(数据‖MAC)),发送端向接收端发送密文。

接收端接收到密文后,还原出明文(明文＝$AESD_K$($AESE_K$(数据‖MAC))),从明文中分离出数据,根据数据生成 MAC′(MAC′＝HMAC-MD5-128_K(数据)),如果 MAC′等于从明文中分离出的 MAC,则表示数据在传输过程中没有被篡改,数据完整性检测成功,如果 MAC′不等于从明文中分离出的 MAC,则表示数据在传输过程中发生改变,数据完整性检测失败。

3. USB Key 与用户身份鉴别

用户登录网上银行完成支付过程需要提供账号、登录密码和支付密码,这些私密信息本身就是用户身份标识符,因为在正常情况下,只有用户本人才能提供这些私密信息。由于黑客可以通过钓鱼网站骗取这些私密信息,因此存在泄露这些私密信息的可能。一旦这些私密信息被泄露,黑客可以冒充用户完成支付过程和其他转账操作。

为了提高网上银行的安全性,用户在开通网上银行时,不仅需要设置登录密码和支付密码,银行还需提供 USB Key。USB Key 是一个智能卡,不仅有存储功能,还有运算功能。USB Key 中存放两部分信息,如图 5.23 所示,一是银行颁发的用于证明用户账号与公钥之间绑定关系的证书,二是公钥对应的私钥。这里假定与用户账户绑定的公钥是 PKU,对应的私钥是 SKU。

如图 5.23 所示,当用户登录网上银行完成支付过程时,网上银行需要鉴别用户身份,用户首先向网上银行发送存放在 USB Key 中的证书,由网上银行对证书进行验证。当用户向网上银行发送消息时,用户需要对消息进行数字签名,消息 P 的数字签名是 D_{SKU}(MD5(P)),其中 D 是 RSA 解密算法,SKU 是与用户账户绑定的公钥 PKU 对应的私钥,MD5 是报文摘要算法。网上银行确定该消息的发送者是拥有该账户的用户后,才对消息进行处理。网上银行通过验证数字签名确定该消息的发送者是否是拥有该账户的用户,如果 E_{PKU}(数字签名)＝MD5(P),则意味着数字签名是 D_{SKU}(MD5(P))(E_{PKU}(D_{SKU}(MD5(P)))＝MD5(P))。由于只有拥有 USB Key 的用户才能生成 D_{SKU}(MD5(P)),因此,确定能够生成数字签名 D_{SKU}(MD5(P))的用户就是账号拥有者。

图 5.23 用户身份鉴别过程

为了防止木马病毒窃取 USB Key 中的私钥,因此私钥是不可读的,需要由 USB Key 完成数字签名的生成过程。USB Key 生成数字签名的过程如图 5.24 所示。由于私钥是不可见的,因此,黑客无

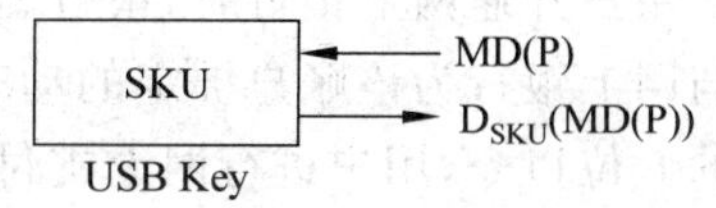

图 5.24 USB Key 生成数字签名过程

法通过木马病毒和间谍软件窃取私钥，私钥的安全性得到保证。

增加 USB Key 和用户身份鉴别过程后，即使黑客获得账号、登录密码和支付密码，在没有获得 USB Key 的情况下，黑客仍然无法完成支付过程。

4. 移动终端和数字证书

如果用户用移动终端登录网上银行，一般不使用 USB Key，而是下载和安装数字证书，安装数字证书的同时，存储数字证书中公钥对应的私钥。用户发送给网上银行的证书不再是 USB Key 中的证书，而是安装的数字证书。用户直接用存储的私钥完成为发送给网上银行的消息进行数字签名的过程。由于证书和私钥均存储在移动终端中，因此，黑客有可能通过木马病毒盗取证书和私钥。

5.3.2 其他鉴别网上银行身份的机制

黑客骗取用户网上银行账户、登录密码和支付密码的常用手段是设置钓鱼网站，伪造一个假的网上银行引诱用户进行支付过程。用户可以通过以下方法判别访问的网上银行是否是黑客设置的钓鱼网站。

1. 是否使用 HTTPS

用户用 HTTPS 访问网上银行时，才会运行 TLS/SSL 协议，此时用户才会对网上银行进行身份鉴别。在增加 USB Key 的情况下，网上银行也对用户进行身份鉴别。因此，是否用 HTTPS 访问网上银行也是鉴别网上银行真伪的方法之一。当使用 HTTPS 访问网上银行时，网上银行的 URL 是以 https://开头的。

2. 欢迎信息

用户开通网上银行时可以预留欢迎信息，当用户登录网上银行后，网上银行会在醒目处显示用户预留的欢迎信息。由于用户可以预留任意欢迎信息，因此，完成登录过程后，是否出现用户预留的欢迎信息也是鉴别网上银行真伪的方法之一。

5.3.3 其他鉴别用户身份的机制

在运行 TLS/SSL 协议、增加 USB Key 的情况下，即使泄露网上银行的账号、登录密码和支付密码，也能保证网上银行账号的安全。网上银行除了 USB Key 外，还存在以下用于鉴别用户身份的机制。这些安全机制同样可以在网上银行的账号、登录密码和支付密码已经泄露的情况下，保证网上银行账号的安全。

1. 验证码

用户开通网上银行时可以预留手机号码，并设置验证码功能，一旦设置验证码功能，在进行网上支付时，网上银行随机生成一个验证码，并将该验证码发送给预留号码的手机。用户只有在输入支付密码和验证码的情况下，才能完成支付操作。

2. 动态口令牌

用户开通网上银行时，银行为用户配发一个如图 5.6 所示的动态口令牌，该动态口令牌与网上银行为该账户绑定的动态口令牌一致，每隔一分钟，两个动态口令牌随机产生相同的 6 位口令，用户进行网上支付时，需要输入支付密码和当时动态口令牌显示的口令，只有在输入的支付密码和动态口令都有效的情况下，才能完成支付操作。

需要说明的是，移动终端同样可以通过上述安全机制在网上银行的账号、登录密码和支付密码已经泄露的情况下，保证网上银行账号的安全。

5.3.4 用户身份鉴别机制综述

用户为了证明自己的身份，需要向鉴别者提供鉴别者能够确认且只能由用户提供的信息。这些信息包括用户知道的信息、用户拥有的信息和用户自身的特征信息。用户知道的信息通常包括各种密码，如登录密码和支付密码等。用户拥有的信息通常包括通过手机接收到的验证码、动态口令牌中的口令、USB Key 中的私钥等。用户自身的特征信息通常包括指纹等。

良好的用户身份鉴别机制需要用户同时提供多种用于证明用户身份的信息，如需要同时提供用户知道的信息——登录密码和支付密码，以及用户拥有的信息——验证码的身份鉴别机制。其实，用户通过借记卡在 ATM 机上取钱时，ATM 机用于鉴别用户身份的身份鉴别机制也是一种需要用户同时提供多种用于证明用户身份的信息和实物的身份鉴别机制，它需要用户同时提供用户知道的信息——密码，以及用户拥有的实物——借记卡。

5.3.5 商家与网上银行之间的安全机制

商家与银行建立联系时获取银行的证书和银行为其颁发的证书。商家获取的证书如图 5.25 所示。银行证书中给出与银行绑定的公钥 PKB。银行为其颁发的证书用于证明商家名称与其公钥 PKS 之间的绑定关系。商家为了证明身份，必须拥有与公钥 PKS 对应的私钥 SKS。

1. 商家封装消息过程

假定商家与银行约定的加密算法是 AES，报文摘要算法是 MD5，商家发送给银行的消息的封装过程如图 5.26 所示。

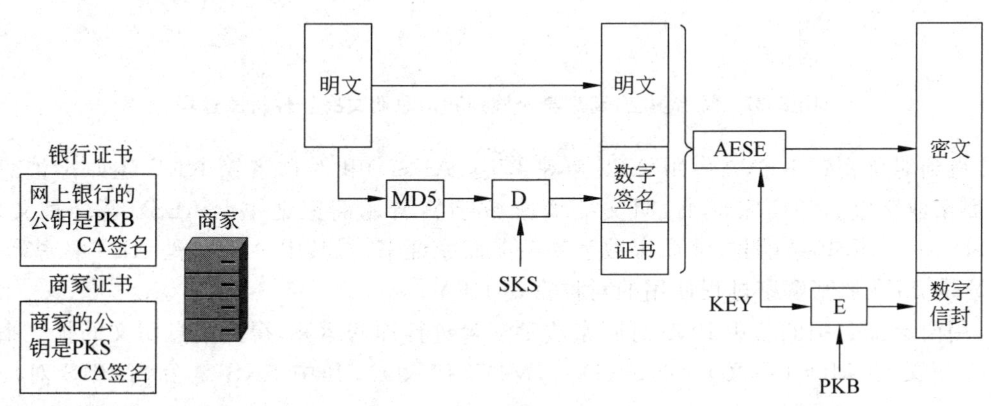

图 5.25 商家证书 **图 5.26 商家封装消息过程**

商家发送给银行的消息明文中包括商家名称、商家账号、用户完成商品选购后生成的订单等信息。商家首先用报文摘要算法 MD5 对消息明文进行运算，得到消息明文的报文摘要 MD5(明文)。然后，用商家的私钥 SKS 对报文摘要进行解密运算，得到商家的数

字签名 D_{SKS}(MD5(明文)),其中 SKS 是商家证书中公钥 PKS 对应的私钥,MD5 是报文摘要算法,D 是 RSA 解密算法。

商家将消息明文、商家数字签名和商家证书串接在一起,然后随机生成 128 位的对称密钥 KEY,用 AES 加密算法(AESE)和对称密钥 KEY 对串接后的结果进行加密运算。得到密文 $AESE_{KEY}$(明文‖商家数字签名‖商家证书),其中‖是串接操作符,AESE 是 AES 加密算法,KEY 是 AES 加密解密过程使用的对称密钥。

用银行证书中的公钥 PKB 对对称密钥 KEY 进行加密运算,得到数字信封 E_{PKB}(KEY),其中 E 是 RSA 加密算法,KEY 是 AES 加密解密过程使用的对称密钥,PKB 是银行的公钥。商家将数字信封和密文一起发送给银行。

2. 银行解密、商家身份鉴别和消息明文完整性检测过程

图 5.27 所示的是银行解密密文、鉴别商家身份和检测消息明文完整性的过程。银行为了读取消息明文,首先需要得到对称密钥 KEY。由于数字信封是用银行证书中的公钥 PKB 对对称密钥 KEY 进行加密运算后得到的结果,因此,用公钥 PKB 对应的私钥 SKB 对数字信封进行解密运算,就能得到对称密钥 KEY,KEY= D_{SKB}(数字信封)= D_{SKB}(E_{PKB}(KEY)),其中 D 是 RSA 解密算法,SKB 是公钥 PKB 对应的私钥。由于只有银行拥有私钥 SKB,因此保证只有银行能够得到对称密钥 KEY。

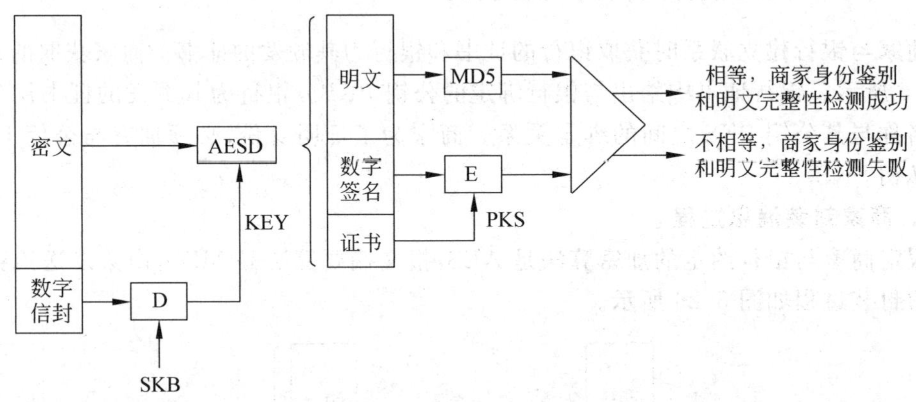

图 5.27 银行解密、商家身份鉴别和消息明文完整性检测过程

得到对称密钥 KEY 后,用 AES 解密算法(AESD)和对称密钥 KEY 还原出消息明文、商家数字签名和商家证书,明文‖商家数字签名‖商家证书= $AESD_{KEY}$(密文)= $AESD_{KEY}$($AESE_{KEY}$(明文‖商家数字签名‖商家证书)),其中 AESD 是 AES 解密算法,KEY 是 AES 加密解密过程使用的对称密钥 KEY。

用商家证书中的公钥 PKS 对商家数字签名进行加密运算,得到消息明文的报文摘要 MD5(明文)。MD5(明文)= E_{PKS}(D_{SKS}(MD5(明文)),其中 SKS 是公钥 PKS 对应的私钥。

银行也用报文摘要算法 MD5 对接收到的消息明文进行运算,得到结果 MD5(明文)′,将运算结果 MD5(明文)′和用商家证书中的公钥 PKS 对商家数字签名进行加密运算后得到的运算结果进行比较。如果相同,则证明商家数字签名是对消息明文的报文摘要用商家证书中公钥 PKS 对应的私钥 SKS 进行解密运算后的结果,商家拥有商家证书中公钥 PKS 对应的私钥 SKS，商家身份得到证实，同时也证明消息明文在传输过程中没有被损坏或篡改。

银行接收到商家发送的消息后，只有在成功完成解密、商家身份鉴别和消息明文完整性检测过程后才会打开网上银行登录页面，供用户登录网上银行。

5.4 移动支付安全机制

这里所说的移动支付局限在基于移动终端实现的类似微信支付这样的第三方支付方式，因此，以微信支付为例讨论移动支付的安全机制，这些安全机制同样适用于支付宝支付。移动支付安全机制主要用于保证客户端与服务器端之间传输的数据的保密性和完整性，以及丢失手机后密码重置的安全性。

5.4.1 微信登录过程

微信客户端登录微信服务器端的过程如图 5.28 所示。微信客户端完成注册过程后，下载微信服务器端证书，证书中给出微信服务器端的公钥 PK。因此，微信客户端发送的登录请求是用微信服务器端的公钥 PK 加密登录信息后生成的密文 E_{PK}(账号‖登录密码‖K‖NONCE)。其中，E 是 RSA 加密算法，PK 是微信服务器端公钥，账号是微信账号，K 是微信客户端随机生成的对称密钥，NONCE 是用于验证微信服务器端身份的随机数。微信服务器端用 PK 对应的私钥 SK 还原出明文，即 D_{SK}(RSAE_{PK}(账号‖登录密码‖K‖NONCE))＝账号‖登录密码‖K‖NONCE，其中 D 是 RSA 解密算法。如果确定账号和登录密码有效，则完成登录过程，同时向微信客户端回送一个用对称密钥 K 加密随机数 NONCE 后生成的密文 AESE_K(NONCE)，其中 AESE 是 AES 加密算法。如果微信客户端用 AES 解密算法 AESD 和对称密钥 K 解密密文后得到的明文是 NONCE，则表明微信服务器端成功获得了对称密钥 K 和随机数 NONCE，以此证明微信服务器端拥有 PK 对应的私钥 SK，微信服务器端的身份得到证实。

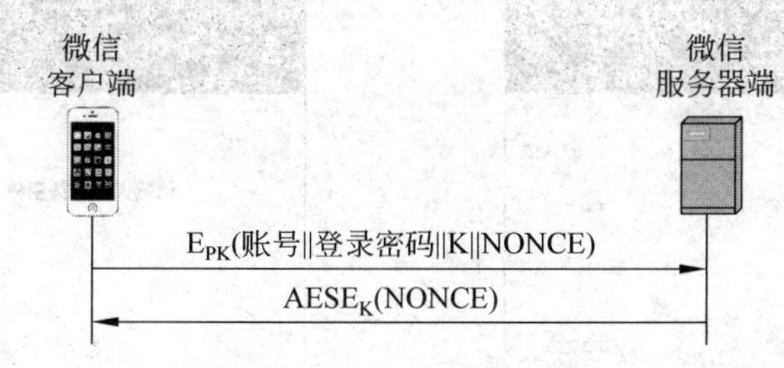

图 5.28 微信登录过程

需要说明的是，这里的微信服务器端等同于图 5.7 中的微信支付系统。

5.4.2 微信加密和完整性检测过程

微信加密和完整性检测过程如图 5.29 所示，微信客户端与微信服务器端之间在传输数据时，由发送端根据明文计算出报文摘要，然后对明文和报文摘要进行加密，生成密文。经过移动互联网传输的是密文。接收端接收到密文后，通过解密还原出明文和报文摘要，重新根据明文计算出报文摘要，比较重新根据明文计算出的报文摘要和解密后还原出的报文摘要，如果两者相等，则表示数据在传输过程中没有被篡改，完整性检测成功。否则，表示数据在传输过程中发生变化，完整性检测失败。

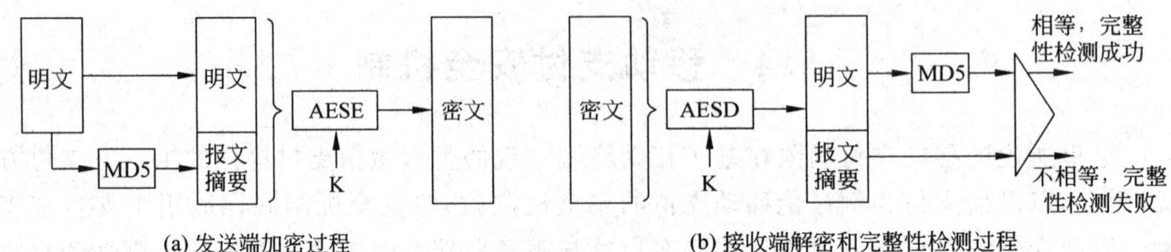

图 5.29 微信加密和完整性检测过程

商家与微信服务器端之间的安全机制和商家与银行之间的安全机制相似，包括双向身份鉴别、数字签名、加密和完整性检测等。

5.4.3 手机丢失保护机制

1. 锁屏机制

不同类型的智能手机有着不同的锁屏机制，应尽量启用安全性最高的锁屏机制，根据安全性的高低依次选择指纹锁屏和密码锁屏安全机制。

2. 手势密码

可以设置手势密码，尽可能地增加拾机者成功完成支付过程的困难度，为冻结账号赢得时间。设置手势密码的过程如下。启动微信客户端后，完成“我”→“钱包”→“右上角入口”→“支付管理”或“密码管理”操作过程，弹出如图 5.30 所示的支付管理或密码管理配置界面，启用手势密码，完成支付密码验证后。弹出如图 5.31 所示的手势密码设置界面，完成手势密码的设置过程。设置手势密码后，只有成功输入手势密码，才能进入“我的钱包”。

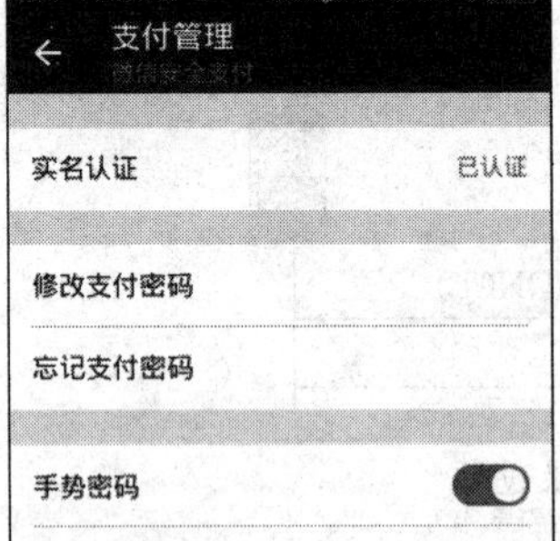

图 5.30 支付管理

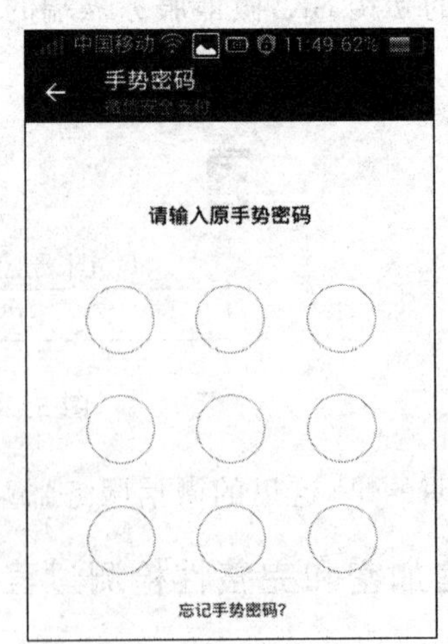

图 5.31 手势密码设置

3. 软件加锁

对软件加锁一般需要安装手机安全卫士软件。选择安装一个手机安全卫士软件，通过手机安全卫士软件对微信客户端的“我的钱包”功能进行加锁。一旦完成加锁，在进入“我的钱包”时，要求用户输入预设密码。

5.4.4　密码重置保护机制

成功完成微信支付过程需要三者合一，即手机、登录密码和支付密码。登录密码的安全功能不大，一是微信客户端具有自动登录功能，只要用户不是通过退出登录结束上一次微信运行过程，那么在启动微信客户端后，微信客户端会自动完成登录过程，无须输入登录密码。二是登录密码重置过程比较简单，如果微信账号绑定了手机号，则在输入绑定的手机号后，微信服务器端会发送一个验证码，通过该验证码即可完成登录密码的重置过程。因此，密码重置保护机制主要是指支付密码重置保护机制。

1. 重置支付密码过程

重置支付密码的过程需要输入以下信息。

- 微信绑定的实名。
- 用户身份证号(用户姓名为微信绑定的实名)。
- 银行卡号(持卡人姓名为微信绑定的实名)。
- 办理该银行卡时预留的电话号码。
- 发送到办理该银行卡时预留的电话号码上的验证码。

2. 保护私密信息

重置支付密码需要输入姓名、卡号和身份证号等私密信息，因此，最好不要在手机中记录自己的姓名、卡号和身份证号，以此避免让拾机者在获得手机的同时，得到姓名、卡号和身份证号等私密信息。

3. 保护验证码

如果手机、姓名、卡号和身份证号四者合一，就能重置支付密码，支付密码的安全性是无法保证的，因为相关的财务和付款合同中都会出现有关人员的姓名、卡号和身份证号。安全的方法是，在银行办理银行卡时，预留一个非用于移动支付且本人能够控制的手机的号码。由于重置支付密码时需要输入发送到该手机上的验证码，因此，在泄露其他私密信息的情况下，只要能够保证该验证码的安全性，外人就无法重置支付密码。

4. 增加安保问题

为了增加重置密码的安全性，建议在第一次设置支付密码时，增加安保问题和答案，这些安保问题的答案应该具有以下两个特点：一是这些答案外人一般是无法得到的；二是用户本人是无须记忆这些答案的，如父亲、母亲的名字和生日等。重置支付密码时，不仅需要输入姓名、卡号、身份证号和验证码，还需要回答安保问题，以此增加重置密码的安全性。

5.4.5　微信支付的其他安全机制

1. 大数据分析

微信支付系统能够通过交易记录分析每一个用户的支付习惯，一旦用户的支付行为与用户的支付习惯发生较大偏离，微信支付系统会冻结该微信账户，以此减轻黑客盗用微信账户造成的损失。

2. 多种安全机制集成

腾讯手机管家可以扫描网络环境和支付环境，清除恶意插件与病毒，对微信支付功能加锁等，以此为微信支付提供安全保障。

本章小结

- 网上购物和移动支付已经成为人们的日常行为，网上购物的关键仍然是支付过程。
- 网上银行是通过互联网完成支付过程的主要手段。
- 这里所讲的移动支付局限在类似微信支付这种基于移动终端实现的第三方支付方式。
- 网上银行是银行在互联网上设置的虚拟柜台，用户可以基于互联网技术，通过该虚拟柜台完成转账过程。
- 网上银行的安全机制必须保证：用户登录的是网上银行，对账户进行操作的是该账户的拥有者，经过互联网传输的数据完整、保密。
- 移动支付是通过移动终端（通常是智能手机）对所消费的商品或服务进行账单支付的一种支付方式。
- 移动支付安全机制必须保证客户端与服务器端之间传输的数据的保密性和完整性，以及丢失手机后重置密码过程的安全性。

习　题

5.1　电子商务中的支付过程与实体商店中的现金支付过程有什么不同？

5.2　电子商务带来的好处是什么？存在哪些安全隐患？

5.3　网上银行的本质含义是什么？为什么设立网上银行？

5.4　移动支付包括哪些要素？为什么说移动支付是一场支付革命？

5.5　网上银行存在哪些安全问题？举例说明一个网上银行发生的安全事故。

5.6　网上银行除了登录密码和支付密码以外，还增加了许多用于鉴别用户身份的机制，这些机制可以用于微信这样的基于移动终端实现的第三方支付吗？

5.7　如果手机在手，那么有没有可能发生黑客冒用微信账户进行支付的事情？请简述原因。

5.8　如果手机丢失，那么有什么安全措施可以保证拾机者无法使用与该手机绑定的微信账户进行支付？

5.9　身份证号和卡号的保密性强吗？请简述原因。

5.10　普通PC登录支付宝完成转账的过程与普通PC登录网上银行完成转账的过程有什么异同？

5.11　移动终端登录网上银行完成转账的过程与普通PC登录网上银行完成转账的过程有什么异同？

5.12　简述支付宝移动支付方式下的安全机制与微信支付安全机制的异同。

第6章 数据安全技术

数据安全技术是指用于保障存储在计算机和手机中数据的保密性、完整性和可用性的技术，目前常见的数据安全技术包括加密、完整性检测、访问控制和备份还原等技术。

6.1 数据安全概述

计算机和手机中存储着大量用户的私密信息，由于这些私密信息对用户十分重要，甚至关系着用户的财产安全，因此也成了黑客攻击的目标。黑客通过各种手段窃取、篡改和破坏这些用户私密信息。因此，有必要对存储在计算机和手机中的用户私密信息实施保护。

6.1.1 数据安全目标

数据安全目标是保障存储在计算机和智能手机中的数据的保密性、完整性和可用性。

1. 保密性

数据保密性的含义有两个：一是不会因为用户无意的错误操作而泄露存储在计算机和智能手机中的私密信息；二是保证黑客无法读取存储在计算机和智能手机中的私密信息。

2. 完整性

数据完整性的含义有两个：一是保证黑客无法篡改存储在计算机和智能手机中的数据；二是保证能够检测出黑客对存储在计算机和智能手机中的数据进行的精心篡改。

3. 可用性

数据可用性的含义有三个：一是保证黑客无法删除存储在计算机和智能手机中的数据；二是保证能够恢复出用户因为无意的错误操作而删除的存储在计算机和智能手机中的数据；三是保证能够恢复出因为黑客攻击或意外情况而删除的存储在计算机和智能手机中的数据。

6.1.2 数据安全问题

1. 泄露私密信息

(1) 木马病毒

计算机和智能手机如果感染木马病毒，木马病毒能够将存储在计算机和智能手机中的私密信息，如照片、通讯录、短信，甚至用户进行网上银行操作时输入的账号、登录密码和支付密码等发送给私密信息的窃取者。

(2) 黑客入侵

黑客能够利用操作系统和应用程序的漏洞入侵计算机和智能手机，以及其他数据存储系统，窃取用户的私密信息。如黑客入侵云存储系统，窃取用户存储在云端的私密信息，或黑客入侵视频服务器，窃取家庭监控设备录制的视频等。

(3) 用户操作失误

用户由于没有对存储在智能手机中的私密信息进行加密，或者没有对存储在智能手机中的私密信息设置访问权限，导致在和别人共享新手机的快乐时，泄露了存储在智能手机中的私密信息。由于用户没有正确设置访问权限，导致本该在一定范围内共享的私密信息被传播到广大范围。

2. 篡改重要数据

(1) 病毒

病毒可以篡改存储在计算机和智能手机中的重要数据，如学生成绩、银行账户余额等。

(2) 黑客入侵

黑客能够利用操作系统和应用程序的漏洞入侵计算机和智能手机，篡改数据库中的重要数据，以及存储在计算机和智能手机中的重要文档。

3. 丢失重要数据

(1) 病毒

病毒的破坏动作之一就是删除存储在计算机和智能手机中的文件，通过删除系统文件使系统崩溃；通过删除重要的文档使用户遭受损失；通过删除数据库中的重要数据使应用系统无法正常运行。

(2) 黑客入侵

黑客利用操作系统和应用程序的漏洞入侵计算机和智能手机后，同样可以通过删除系统文件使系统崩溃；通过删除重要的文档使用户遭受损失；通过删除数据库中的重要数据使应用系统无法正常运行。

(3) 自然灾害

因为丢失、损坏计算机和智能手机中的存储设备，如硬盘、闪存等，导致重要数据丢失；因为计算机和智能手机硬件损坏导致存储在计算机和智能手机中的重要数据丢失；因为发生地震、水灾、火灾等意外情况导致计算机和智能手机被毁，从而丢失存储在计算机和智能手机中的重要数据。

(4) 用户操作失误

用户误删除重要文件。

6.1.3 解决数据安全问题的思路

1. 加密

加密过程如图 6.1 所示，重要数据作为明文，明文经过加密算法加密后成为密文，在计算机和智能手机中存储密文。不同的加密算法有着不同的密钥长度，如 DES 的密钥长度为 64 位(真正作为密钥的只有 56 位,其他 8 位是校验位),AES 的密钥长度可以是 128 位、192 位或者 256 位。实际加密过程中,用户无须记住密钥,只需要记住作为密码的一串字符串,由扩展函数将密码转换为加密算法需要的密钥。

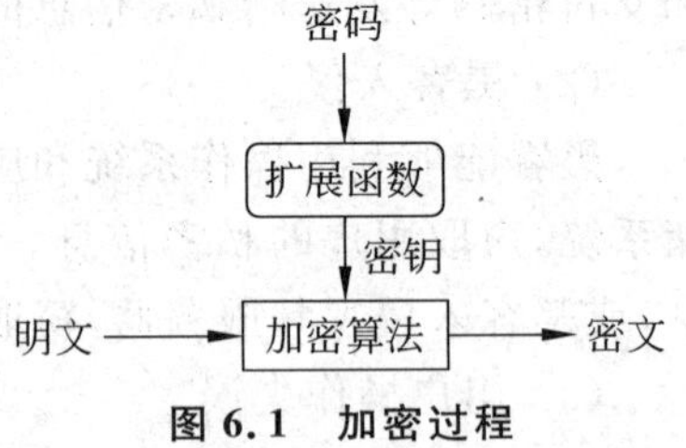

图 6.1 加密过程

2. 完整性检测

重要文件,尤其是可执行程序,通常需要给出它的报文摘要,图 6.2 所示就是可执行文件 PacketTracer71_32bit_setup_signed. exe 根据不同报文摘要算法得出的报文摘要。图 6.2 中分别给出了根据报文摘要算法 MD5 和 SHA-1 计算出的报文摘要,其中根据 MD5 计算出的报文摘要位数是 128 位,图 6.2 中用 32 个十六进制数表示。根据 SHA-1 计算出的报文摘要位数是 160 位,图 6.2 中用 40 个十六进制数表示。

File : PacketTracer71_32bit_setup_signed.exe (Windows 7, 8.1, 10)
File size : 123.8MB
MD5 : 4F694BC441C8ACD462B16AA111A10550
SHA-1 : 2C700E34B5F710CFFCB78F7391810BBAE0CF98DF

图 6.2 文件和文件的报文摘要

为了检测某个文件在存储过程中是否被篡改,需要对文件进行报文摘要运算,并将运算结果与该文件的原始报文摘要比较,如果相同,则表示该文件没有被篡改,完整性检测成功。否则,表示该文件已经被篡改,完整性检测失败。完整性检测过程如图 6.3 所示。一般在发布某个可执行文件的同时,发布该文件的报文摘要。

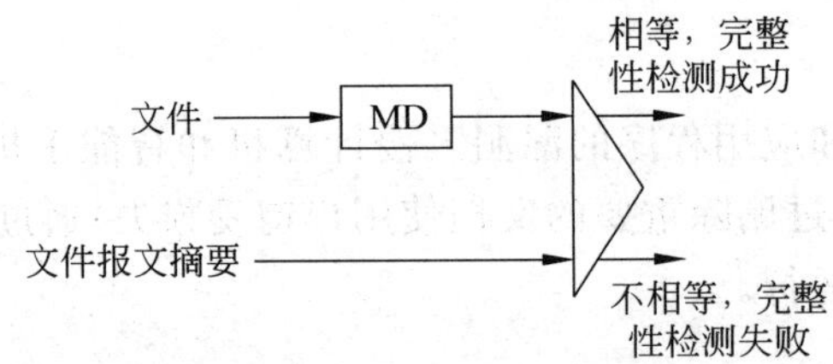

图 6.3 完整性检测过程

3. 访问控制

访问控制是指通过对数据设置访问权限,只允许授权访问数据的用户按照权限访问该数据的控制过程。访问权限中给出了每一个授权用户允许对数据进行的操作,这些操作包括读、写、运行和管理等。访问控制过程如图 6.4 所示。

实施访问控制,一是需要唯一标识每一个用户,二是需要对所有实施访问控制的数据配置访问权限。当某个用户需要访问某个数据时,首先需要对用户进行身份鉴别,确定用户身份后,检查为该数据配置的访问权限,确定该用户是否具有对该数据实施当前访问操作的权限,如果有,则完成用户对该数据的访问过程,否则拒绝用户对该数据的访问操作。例如用户 A 需要改写某个文件,系统首先通过身份鉴别确定是用户 A,然后通过检查该文件的访问权限确定是否允许用户 A 对该文件进行写操作,如果是,则允许用户 A 完成

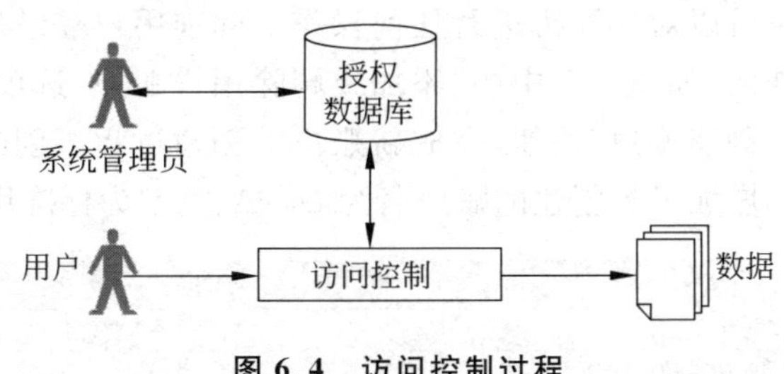

图 6.4 访问控制过程

改写过程，否则拒绝用户 A 对该文件的写操作。

4. 备份和还原

备份是指将同一数据同时存储多份的过程，如用 U 盘复制主机中文件的过程就是备份该文件的过程。还原是指恢复存储介质中已经删除的数据的过程。

5. 保密性保障机制

保障数据保密性的机制有加密和访问控制。加密使得黑客窃取的是加密数据后的密文，如果没有加密时输入的密码，则黑客无法通过解密密文获得数据明文。访问控制使得黑客无法对数据实施访问，从而无法读取数据。

6. 完整性保障机制

保障数据完整性的机制有访问控制、完整性检测、备份。访问控制使得黑客无法对数据实施访问，从而无法修改数据。完整性检测可以检测出已经被篡改的数据，从而弃用这些已经发生改变的数据。备份使得可以用备份数据覆盖已经被篡改的数据。

7. 可用性保障机制

保障数据可用性的机制有访问控制、备份和还原。访问控制使得黑客无法对数据实施访问，从而无法删除数据。备份和还原使得可以用备份数据取代被删除的数据。

6.2 Windows 7 用户管理机制

Windows 7 创建账户的过程就是创建用户的过程，可以为每一个用户设置不同的应用环境和不同的权限。计算机通过登录过程保证只有合法用户才能使用计算机，每一个用户登录计算机后，必须按照授权访问计算机中的资源。

6.2.1 创建用户

完成 Windows 7 的安装过程后，系统自动生成管理员账户（Administrator）和来宾账户（Guest）。用户用管理员账户登录后，可以创建其他账户，Windows 通过创建账户创建合法用户。

完成"开始"→"控制面板"操作过程，弹出如图 6.5 所示的查看方式为"类别"的"控制面板"界面。单击"用户账户和家庭安全"选项，弹出如图 6.6 所示的"用户账户和家庭安全"界面，单击"添加或删除用户账户"选项，弹出如图 6.7 所示的"管理账户"界面，单击"创建一个新账户"选项，弹出如图 6.8 所示的"创建新账户"界面。在"账户名"输入框中输入账户名，这里是 userA，账户类型可以选择"标准用户（S）"和"管理员（A）"，它们的区别在于默认权限，管理员登录后，几乎可以对计算机进行任何操作。标准用户登录后，所有旁边有盾牌标记的选项都是无法操作的，如图 6.5 中的“添加或删除用户账户”选项。完成账户名输入和账户类型选择后，单击“创建账户”按钮，完成新账户的创建过程。创建新账户后的“管理账户”界面如图 6.9 所示，增加了新创建的账户名为 userA、类型为标准用户的账户。

图 6.5 控制面板

图 6.6 用户账户和家庭安全

图 6.7 管理账户

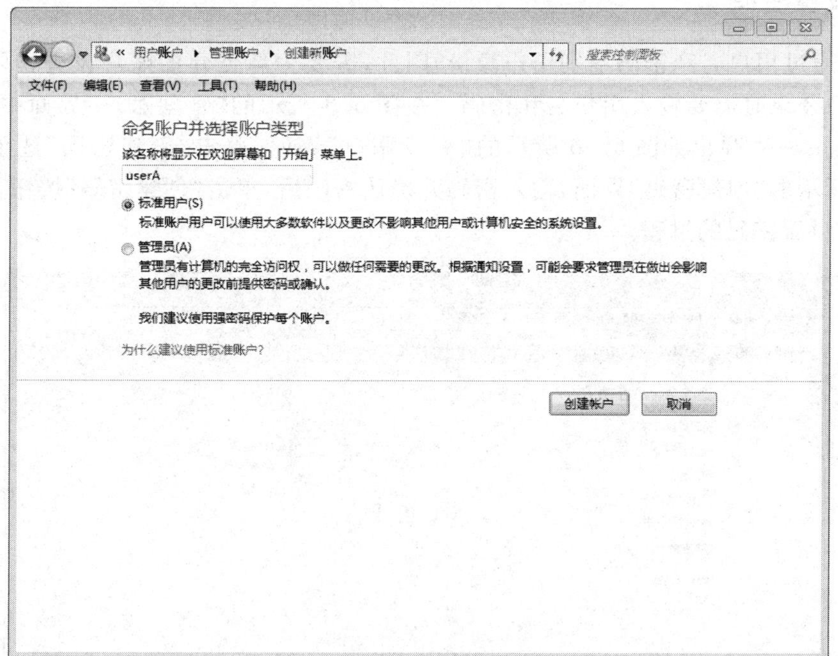

图 6.8 创建新账户

图 6.9 创建新账户后的管理账户

6.2.2 设置密码

通常通过用户名和密码鉴别用户身份，因此，需要为新创建的账户设置密码，设置密码后，用户登录时需要输入用户名和密码。在图 6.9 所示的“管理账户”界面中单击新创建的账户 userA，弹出如图 6.10 所示的“更改账户”界面，单击“创建密码”选项，弹出如图 6.11 所示的“创建密码”界面，输入密码并确认密码后，单击“创建密码”按钮，完成为账户 userA 设置密码的过程。

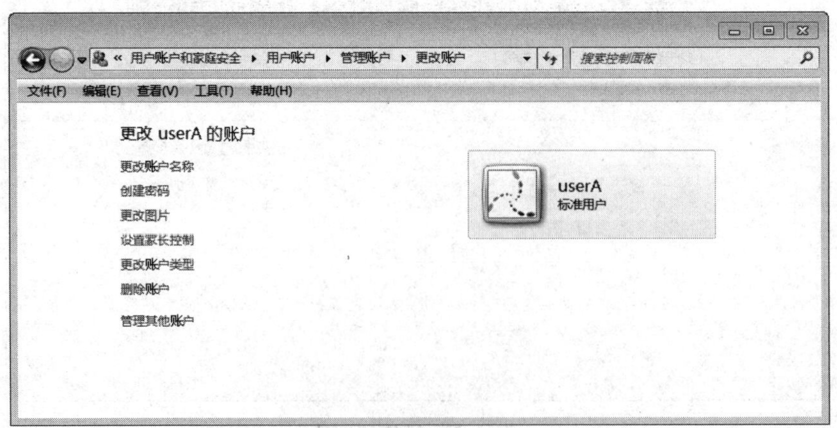

图 6.10 更改账户

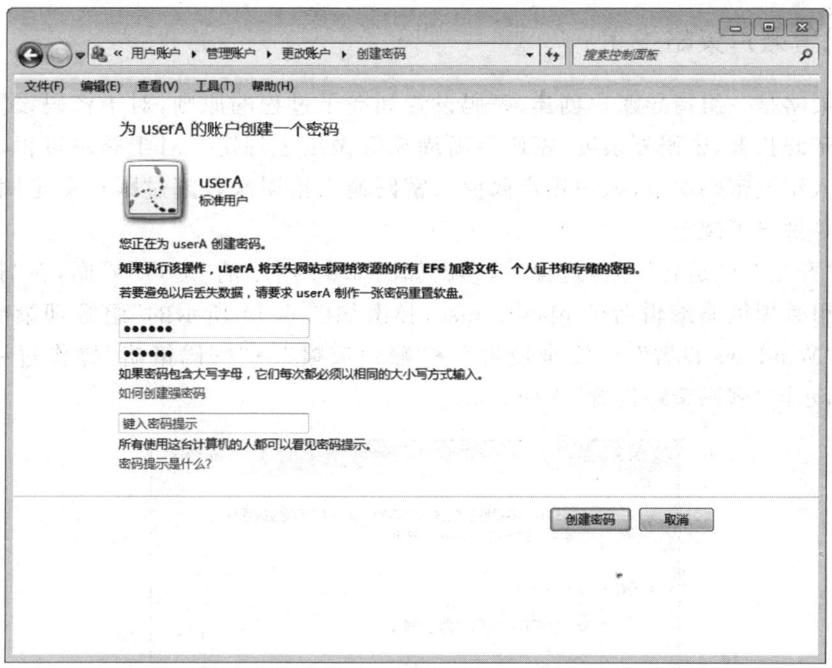

图 6.11 创建密码

当用户以用户名 userA 登录时，系统出现如图 6.12 所示的登录界面，系统通过用户名和密码完成用户的身份鉴别过程。只有当用户名和密码都正确时，才能完成该用户的登录过程。

图 6.12 userA 登录界面

6.2.3 配置账户策略

账户策略是一组指导账户创建、密码设置和登录过程的原则，对于密码设置过程，这些原则对密码长度、密码复杂度、密码更新周期等做出了规定。对于登录过程，这些原则对最大输入错误密码次数(账户锁定阈值)、密码输入错误次数超过账户锁定阈值时锁定账户时间等做出了规定。

完成“开始”→“运行”操作过程后，弹出如图 6.13 所示的“运行”界面，在“打开”输入框中输入组管理策略编辑命令 gpedit. msc，弹出如图 6.14 所示的“组管理策略编辑”界面。完成“Windows 设置”→“安全设置”→“账户策略”→“密码策略”操作过程，弹出如图 6.15 所示的“密码策略设置”界面。

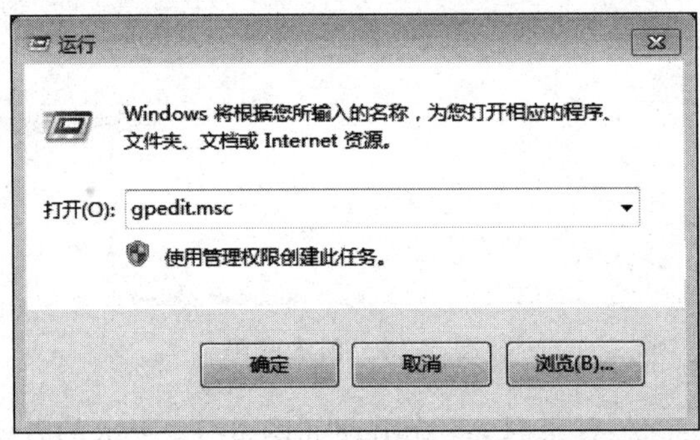

图 6.13 “运行”界面

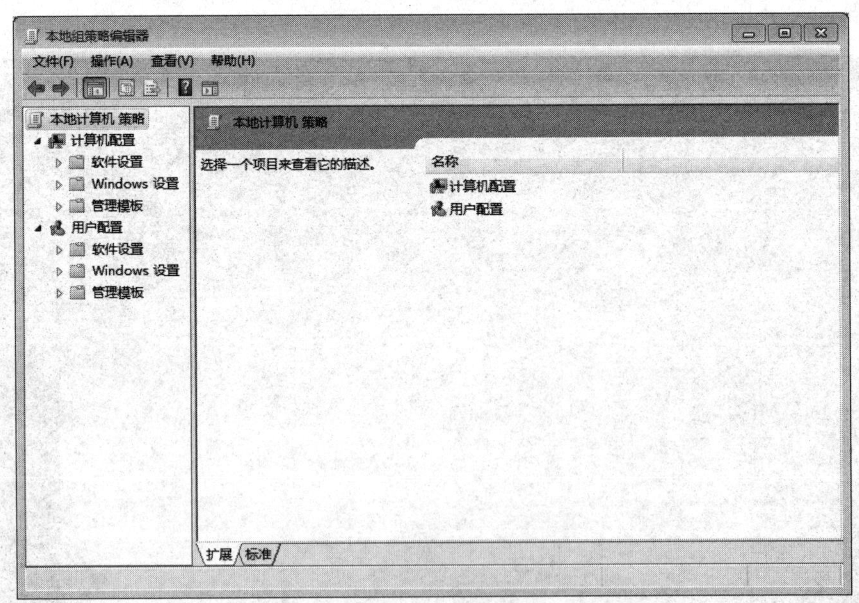

图 6.14 组管理策略编辑

如果启用“密码必须符合复杂性要求”策略，则在设置账户密码时，输入的密码至少包含 6 个字符，字符中需同时包含以下四种字符中的三种：数字、大写字母、小写字母和非

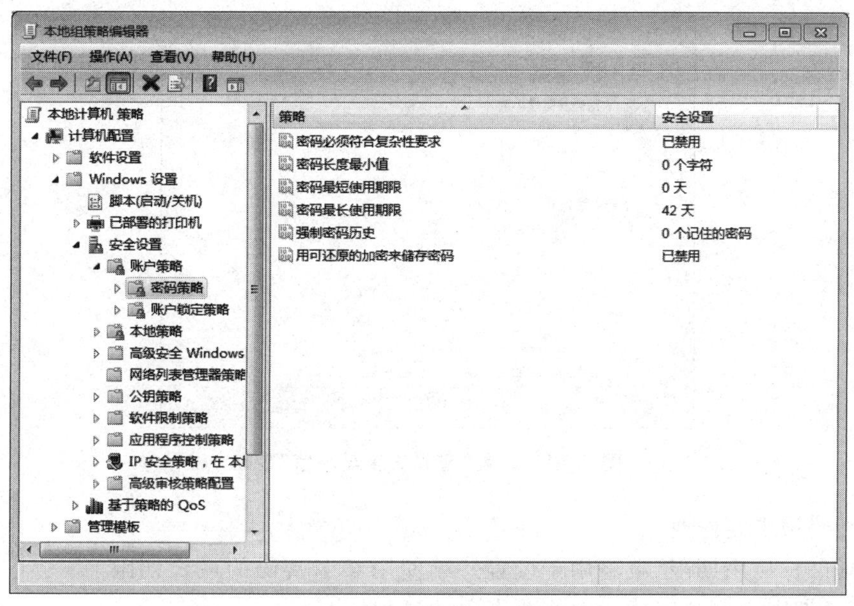

图 6.15 密码策略设置

字母字符。

双击“密码必须符合复杂性要求”策略，弹出如图 6.16 所示的启用“密码必须符合复杂性要求”策略界面，勾选“已启用”，单击“确定”按钮，完成启用过程。

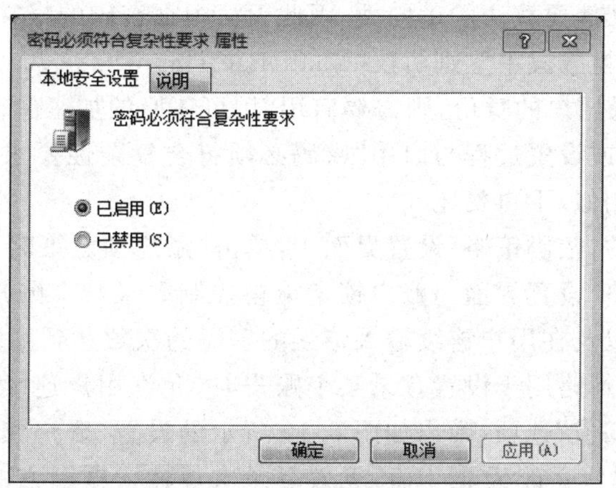

图 6.16 启用“密码必须符合复杂性要求”策略

“密码长度最小值”策略用于设置账户密码的最短长度，一旦设置了密码长度最小值，设置账户密码时，输入的密码位数必须大于等于密码长度最小值。双击“密码长度最小值”策略，弹出如图 6.17 所示的设置“密码长度最小值”策略界面，将字符个数输入框中的 0 改为非 0 数字，字符个数输入框上方提示由“不要求密码”改为“密码必须至少是”，单击“确定”按钮，完成“密码长度最小值”策略设置过程。

“密码最短使用期限”策略用于设置两次修改密码的最短间隔，通过设置这一最短间

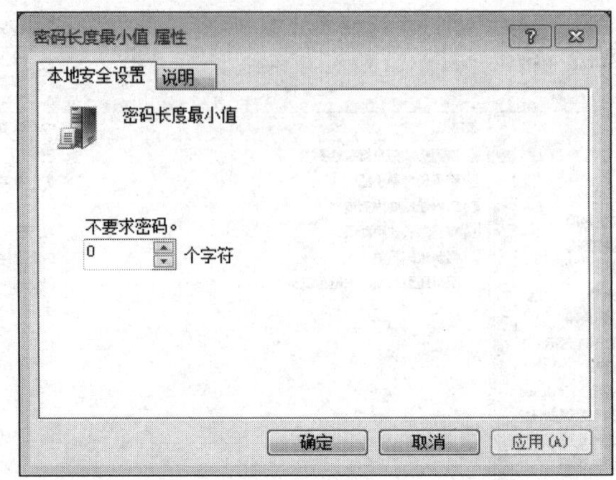

图 6.17 设置“密码长度最小值”策略

隔，避免密码被黑客修改。

“密码最长使用期限”策略用于设置持续使用某个密码的最长期限，每一个账户密码必须在最长期限内至少完成一次修改密码的过程。

“强制密码历史”策略用于设置密码不重复的历史，如果“强制密码历史”策略设置为非零数 n，则系统要求最近使用的 n 个密码不能重复。

如果启用“用可还原的加密储存密码”策略，则以密文方式存储密码，但可以将密码密文还原为密码明文。如果禁用“用可还原的加密储存密码”策略，则以密码的报文摘要方式存储密码，由于报文摘要算法的单向性，因此无法根据密码的报文摘要还原出密码。如果在远程登录时采用挑战握手鉴别协议(Challenge Handshake Authentication Protocol，CHAP)鉴别远程登录用户的身份，则需要启用“用可还原的加密储存密码”策略。

其他策略的启用或设置过程与启用“密码必须符合复杂性要求”策略或设置“密码长度最小值”策略过程相似，不再赘述。

在图 6.15 所示的“密码策略”设置界面中，单击“账户锁定策略”选项，弹出如图 6.18 所示的“账户锁定策略”设置界面。账户锁定策略控制登录某个账户时，允许用户连续输入错误密码的次数，以及在用户连续输入错误的密码的次数达到阈值后锁定账户的时间。

“账户锁定阈值”策略用于设置登录某个账户时，允许用户连续输入错误的密码的次数。双击“账户锁定阈值”选项，弹出如图 6.19 所示的设置“账户锁定阈值”策略界面，一旦将无效登录的次数从 0 改为非 0 值，无效登录次数输入框上方的提示将由“账户不锁定”改为“在发生以下情况后，锁定账户”，单击“确定”按钮，完成账户锁定阈值的配置过程。

“账户锁定时间”策略只有在设置“账户锁定阈值”策略后才起作用，用于设置在登录某个账户时，用户连续输入错误的密码的次数达到阈值后锁定该账户的时间。如果设置的账户锁定阈值为 3，账户锁定时间为 15 分钟，那么当用户登录某个账户时，连续 3 次因为输入错误的密码而登录失败后，该账户将连续 15 分钟不能进行登录操作。

“重置账户锁定计数器”策略只有在设置“账户锁定阈值”策略后才起作用，用于设置清零账户锁定计数器所需要的时间。登录某个账户时，用户每输入一次错误的密码，账户锁定计数器将增加1,当账户锁定计数器达到为“账户锁定阈值”设置的值时,该账户将在“账户锁定时间”设置的值内一直被锁定。如果设置了重置账户锁定计数器策略,则经过“重置账户锁定计数器”设置的时间后,该账户对应的账户锁定计数器将被清零。

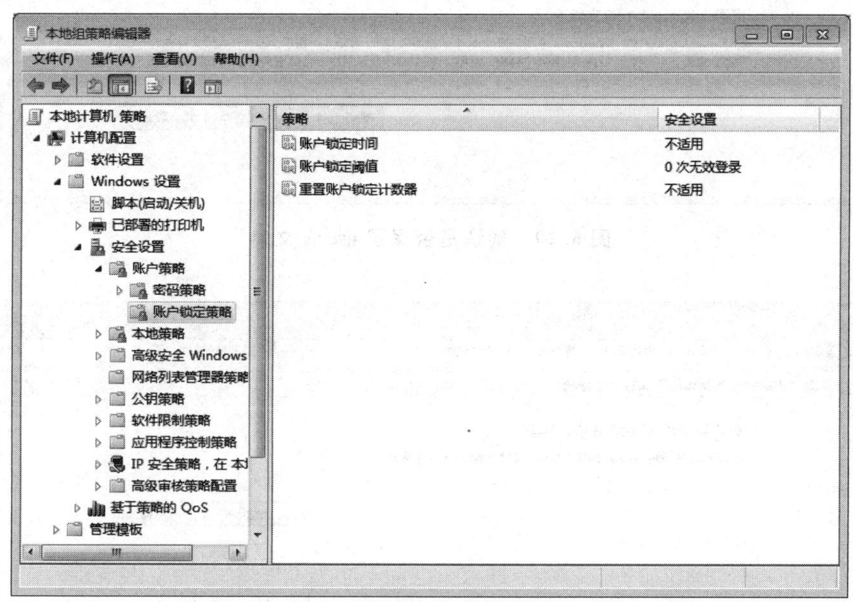

图 6.18 账户锁定策略设置

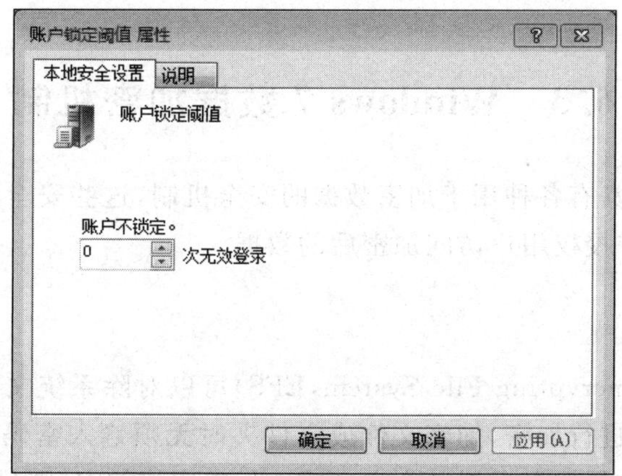

图 6.19 设置账户锁定阈值策略

6.2.4 删除用户

在如图6.9所示的“管理账户”界面中单击需要删除的账户,如userA,弹出如图6.10所示的更改userA账户界面,单击“删除账户”选项,弹出如图6.20所示的确认是否保留userA文件界面,如果选择保留文件,则Windows 7将保留userA的相关文件。单击“删除文件”或“保留文件”按钮,弹出如图6.21所示的“确认删除”界面,单击“删除账户”按钮,完成账户的删除过程。

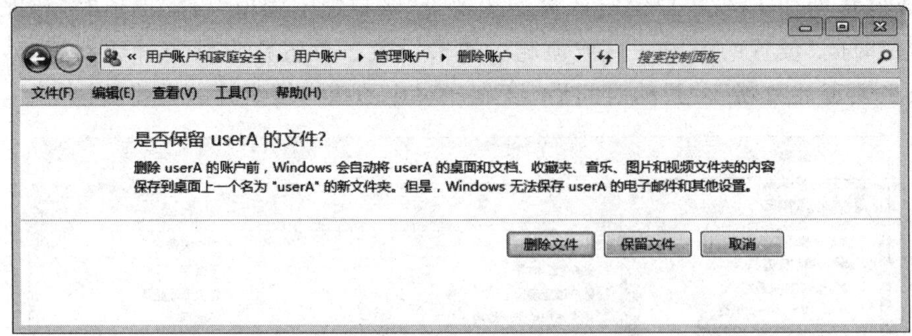

图 6.20　确认是否保留 userA 文件

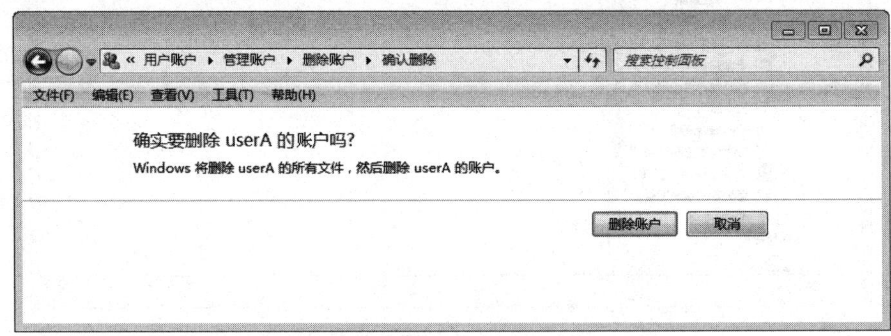

图 6.21　确认删除账户

6.3　Windows 7 数据加密机制

Windows 7 本身具有各种用于加密数据的安全机制，这些安全机制能够保障用户数据的保密性，即只允许授权用户访问加密后的数据。

6.3.1　EFS

加密文件系统(Encrypting File System，EFS)可以对除系统文件和系统文件夹以外的其他文件和文件夹进行加密，加密文件或文件夹时无须输入密码或密钥。但某个用特定账户登录的用户，如果登录后对某个文件或文件夹实施加密，则只有在用同样的账户登录后，才能访问该文件或文件夹。

1. 加密原理

(1) 生成 RSA 密钥对

第一次对文件或文件夹加密时，Windows 7 自动为当前用户生成 RSA 密钥对，这里假定 RSA 公钥是 PKU，RSA 私钥是 SKU，并以证书的方式证明当前用户与公钥 PKU 之间的绑定关系。

(2) 生成对称密钥

Windows 7 为每一个加密的文件或文件夹生成一个对称密钥 KEY，根据 Windows 7

设定的对称加密算法 E 和密钥 KEY 完成对文件或文件夹的加密过程，生成数据密文 $DC=E_{KEY}$(文件或文件夹)，如图 6.22 所示。

(3) 加密对称密钥

用公钥 PKU 对对称密钥 KEY 进行加密，生成密钥密文 $KC=RSAE_{PKU}(KEY)$，如图 6.22 所示，其中 RSAE 是 RSA 加密算法。

(4) 保存密文

将数据密文 DC 和密钥密文 KC 串接在一起，构成密文 $C=DC \| KC$，如图 6.22 所示，用密文取代加密的文件或文件夹。

2. 解密密文过程

EFS 解密过程如图 6.23 所示，首先需要用公钥 PKU 对应的私钥 SKU 解密出加密文件或文件夹的对称密钥 KEY，即 $KEY=RSAD_{SKU}(RSAE_{PKU}(KEY))$，其中 RSAD 是 RSA 解密算法，SKU 是公钥 PKU 对应的私钥。

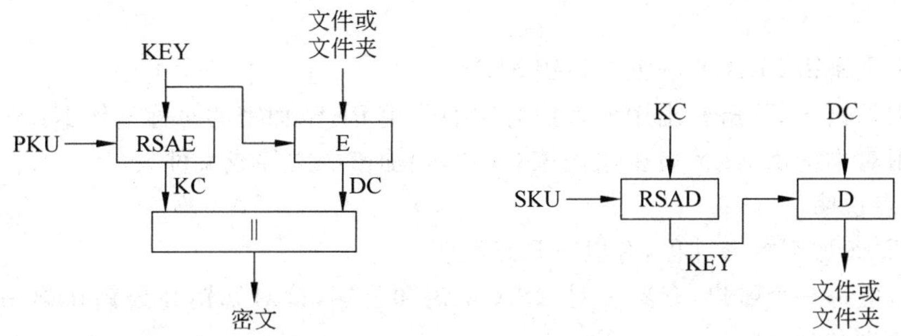

图 6.22 EFS 加密过程　　**图 6.23 EFS 解密过程**

获得对称密钥 KEY 后，通过解密数据密文获得文件或文件夹的明文。文件或文件夹$=D_{KEY}(E_{KEY}$(文件或文件夹))，其中 D 是对称加密算法对应的解密算法。

3. 加密私钥过程

创建每一个账户时，由 Windows 7 为每一个账户分配一个安全标识符(Security Identifiers，SID)和主密钥 MKEY，主密钥 MKEY 由账户对应的密码(口令)保护，如图 6.24 所示。Windows 7 中只存储账户密码的报文摘要，因此，账户密码只能由用户输入。

如图 6.23 所示，解密密文的关键是公钥 PKU 对应的私钥 SKU，因此，需要对私钥 SKU 进行保护，私钥 SKU 由主密钥进行加密，如图 6.25 所示。

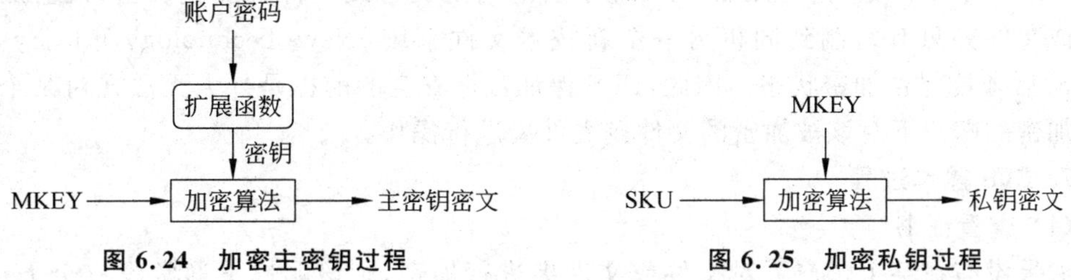

图 6.24 加密主密钥过程　　**图 6.25 加密私钥过程**

4. 完整的解密密文过程

完整的解密过程如图 6.26 所示。

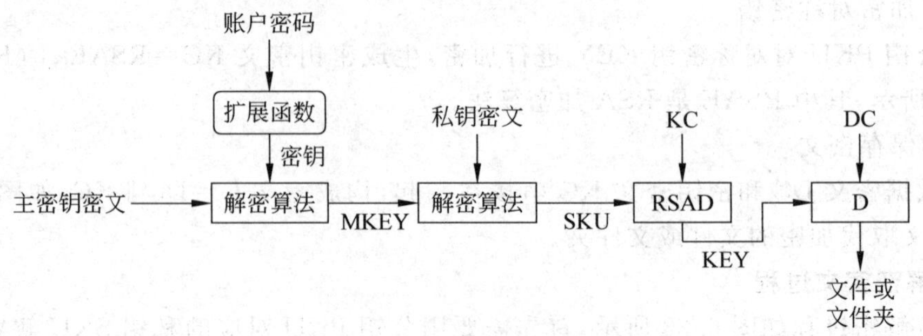

图 6.26 完整解密过程

(1) 当用户成功登录某个账户后,通过登录账户时输入的密码,解密出该账户的主密钥 MKEY。

(2) 用主密钥 MKEY 解密出私钥 SKU。

(3) 用私钥 SKU 解密出用该私钥对应的公钥 PKU 加密的对称密钥 KEY。

(4) 用对称密钥 KEY 解密出用该对称密钥加密的文件或文件夹。

5. 几点说明

关于 EFS 加密解密过程,有以下几点说明。

(1) 对应每一个账户,有着一对 RSA 私钥和公钥,该对私钥和公钥在第一次加密文件或文件夹时生成。

(2) 每一次加密操作生成的对称密钥 KEY 是不同的,该对称密钥用公钥 PKU 加密后与加密文件或文件夹后生成的数据密文存储在一起。

(3) 某个用特定账户登录的用户,登录后加密的文件只有在用原账户登录后才能完成解密过程。

(4) 必须保护好该账户加密操作时生成的 RSA 公钥和私钥对,否则将无法解密出密文。

6. 同机不同账户之间的解密过程

如果某个用 x 账户登录的用户在登录后对指定文件或文件夹实施加密。一旦同机用账户 y 登录的用户需要访问该被加密的文件或文件夹,必须在用账户 x 登录的情况下导出证书和私钥,然后再用账户 y 登录的情况下导入证书和私钥。

如果某个用特定账户登录的用户登录后对指定文件或文件夹实施加密,该被加密的文件或文件夹只有复制到同机另一个新技术文件系统(New Technology File System, NTFS)后才能保留加密状态。因此,EFS 保证数据安全的前提是外人无法在对某个文件实施加密的账户下对该被加密的文件或文件夹进行操作。

7. EFS 操作过程

(1) 查看证书

如果没有在某个账户下对文件或文件夹进行加密,则该账户下通常没有个人证书。完成“开始”→“运行...”操作过程,弹出如图 6.27 所示的“运行”界面,在“打开”输入框中输入命令 certmgr. msc。单击“确定”按钮，弹出如图 6.28 所示的“证书管理器”界面，可以看到个人目录下没有证书。

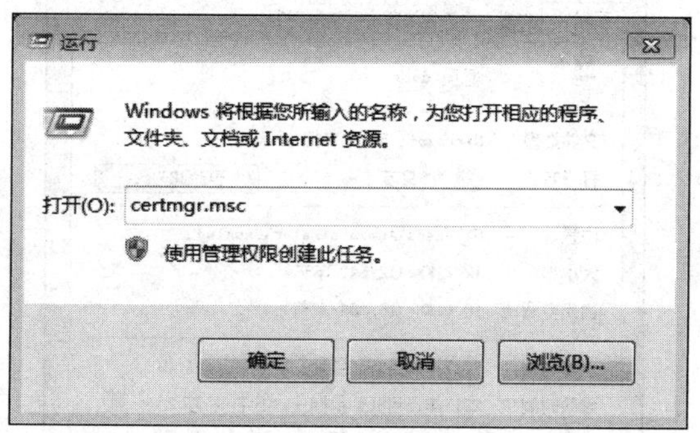

图 6.27　“运行”界面

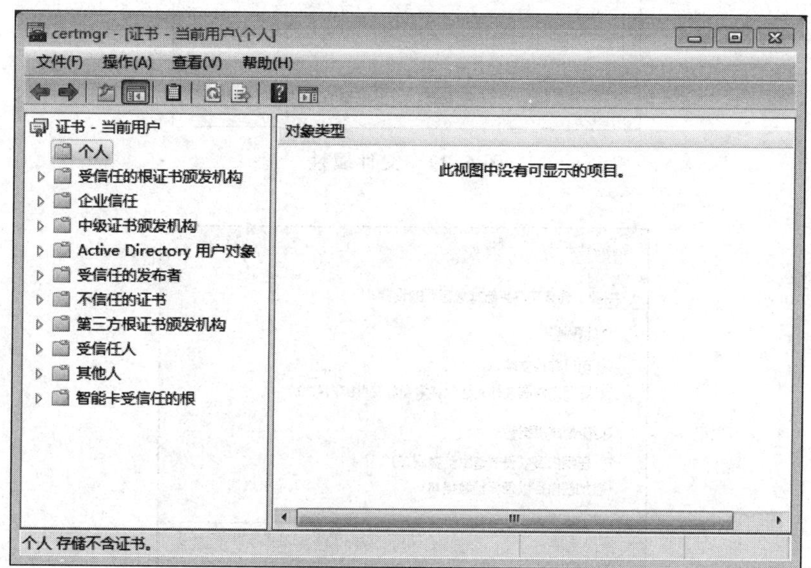

图 6.28　查看个人证书

(2) 加密文件

选中需要加密的文件后右击，在弹出的菜单中选择“属性”，弹出如图 6.29 所示的“文件属性”界面，单击“高级”按钮，弹出如图 6.30 所示的“高级属性”界面，勾选“加密内容以便保护数据(E)”后，单击“确定”按钮，弹出如图 6.31 所示的“加密警告”界面，勾选“只加密文件(E)”后，单击“确定”按钮，完成该文件的加密过程。

(3) 导出证书

再次进入“个人证书”界面，已经生成与账户名同名的证书，如图 6.32 所示。选中该证书，完成“操作”→“所有任务”→“导出”操作过程，弹出如图 6.33 所示的“证书导出向导”界面。单击“下一步”按钮，弹出如图 6.34 所示的“导出私钥”界面，勾选“是，导出私钥”后，单击“下一步”按钮，弹出如图 6.35 所示的“导出文件格式”界面，选择默

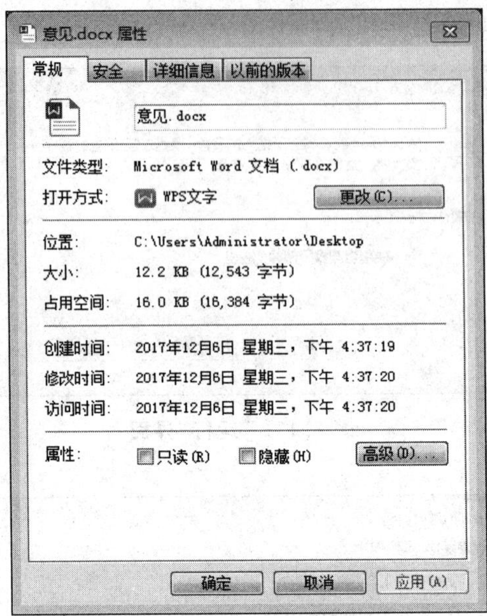

图 6.29 文件属性

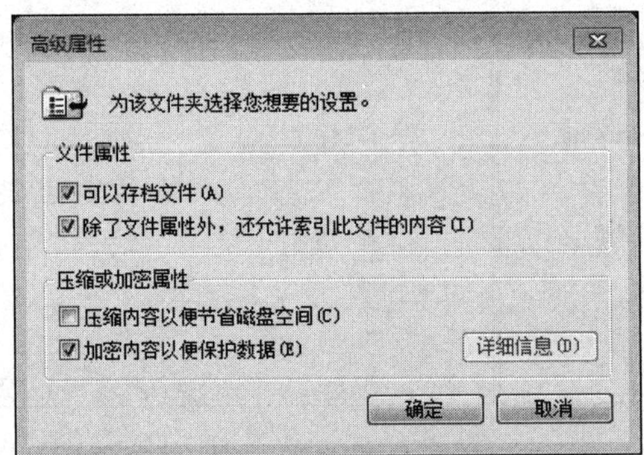

图 6.30 勾选加密内容

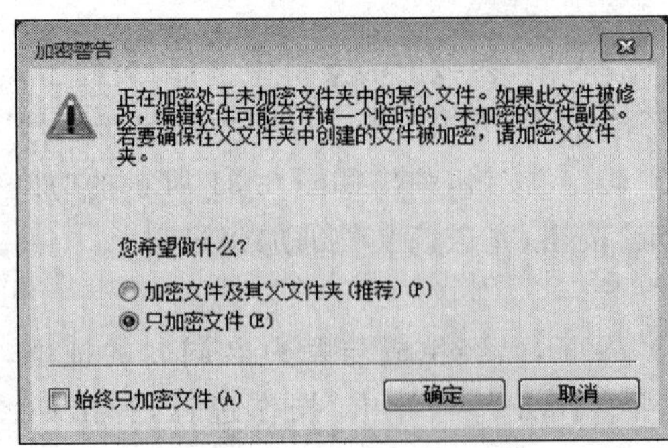

图 6.31 勾选只加密文件

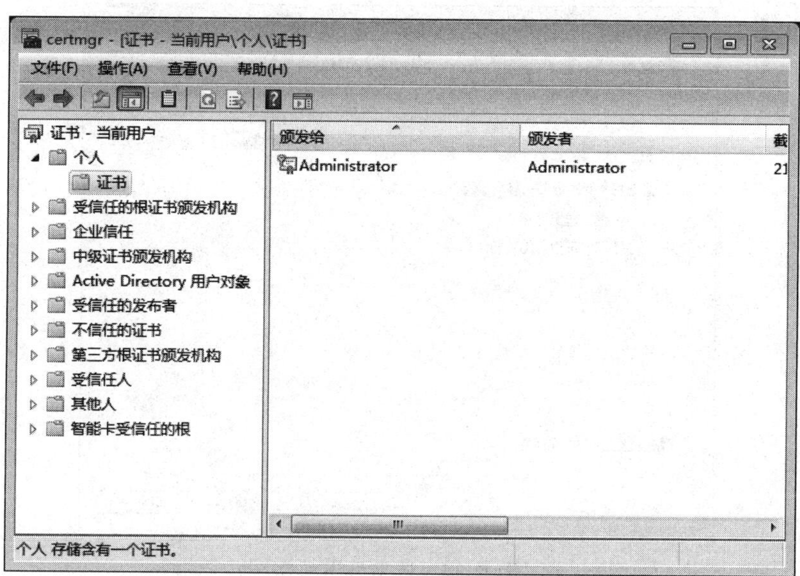

图 6.32 查看生成的 RSA 公钥、私钥对和证书

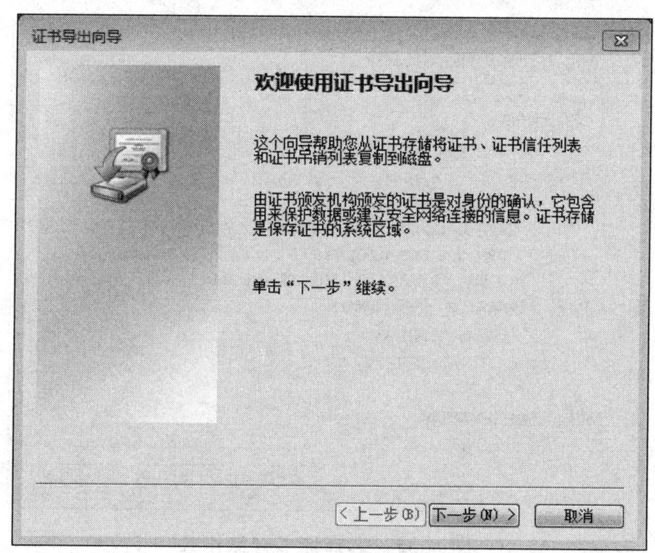

图 6.33 开始导出证书

认存储格式，单击“下一步”按钮，弹出如图 6.36 所示的输入私钥保护密码的界面，输入私钥保护密码，单击“下一步”按钮，弹出如图 6.37 所示的指定导出证书存储路径的界面，输入证书存储路径。需要说明的是，备份证书时，通常将证书备份在其他移动介质中，如 U 盘。单击“下一步”按钮，弹出如图 6.38 所示的“正在完成证书导出向导”界面，单击“完成”按钮，弹出如图 6.39 所示的“导出成功”界面，单击“确定”按钮，完成证书的导出过程。

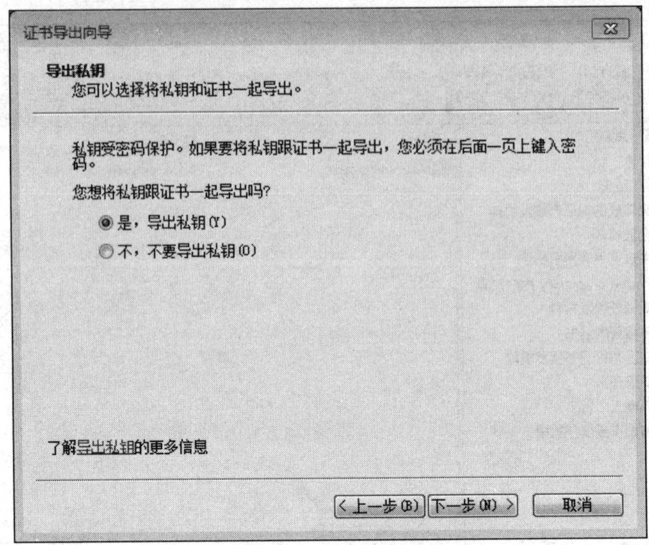

图 6.34 选择导出私钥

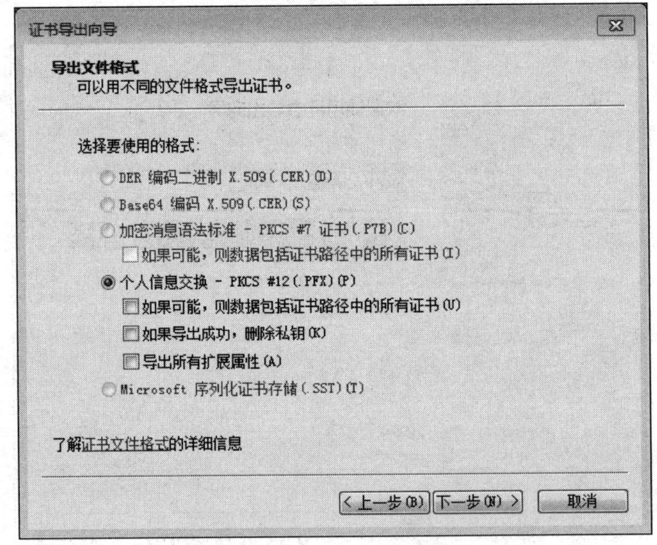

图 6.35 选择证书存储格式

(4) 证书导入过程

进入“证书管理器”界面，选中个人目录，完成“操作”→“所有任务”→“导入”操作过程，弹出如图 6.40 所示的“证书导入向导”界面。单击“下一步”按钮，弹出如图 6.41 所示的选择证书存储路径的界面，输入证书存储路径后，单击“下一步”按钮。弹出如图 6.42 所示的输入私钥保护密码的界面，输入正确的私钥保护密码后，单击“下一步”按钮，弹出如图 6.43 所示的“证书存储”界面，输入证书导入路径后，单击“下一步”按钮，弹出如图 6.44 所示的“正在完成证书导入向导”界面，单击“完成”按钮，弹出如图 6.45 所示的“导入成功”界面，单击“确定”按钮，完成证书的导入过程。

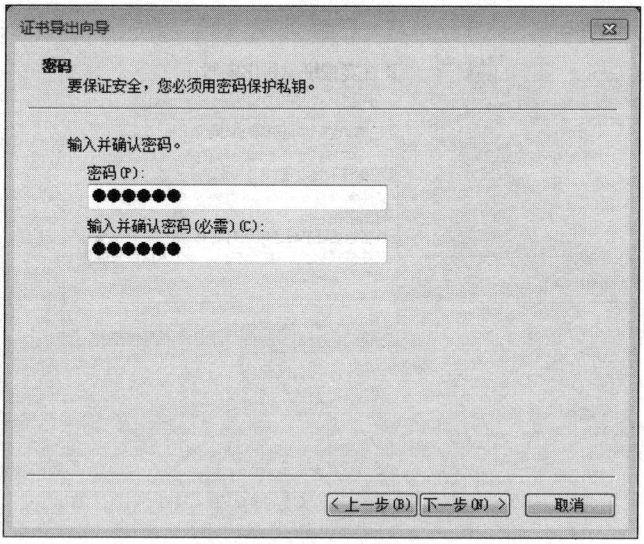

图 6.36　输入私钥保护密码

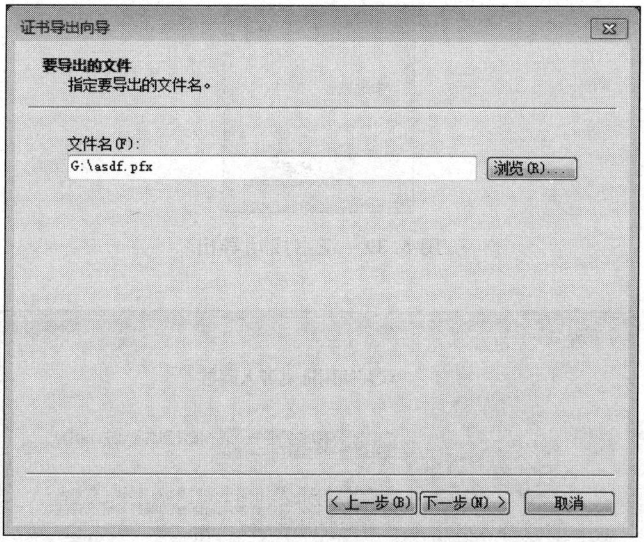

图 6.37　输入证书存储路径

6.3.2　BitLocker

BitLocker 可以对硬盘分区进行加密，对某个硬盘分区加密后，所有在该硬盘分区下创建的文件和文件夹自动完成加密过程。第一次访问加密的硬盘分区时需要输入密码。

1. 加密解密原理

BitLocker 加密过程如图 6.46(a)所示，用户输入的密码被扩展函数扩展为加密算法要求的密钥，密钥和分区数据作为 Windows 7 指定的加密算法的输入，输出是加密后的

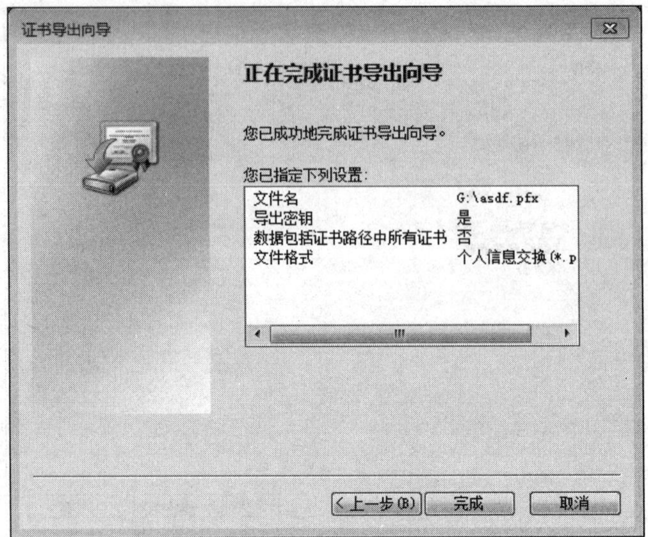

图 6.38 完成证书导出

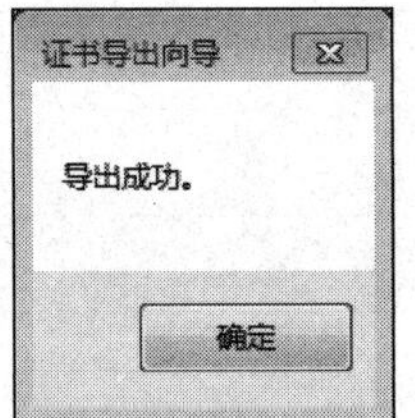

图 6.39 证书成功导出

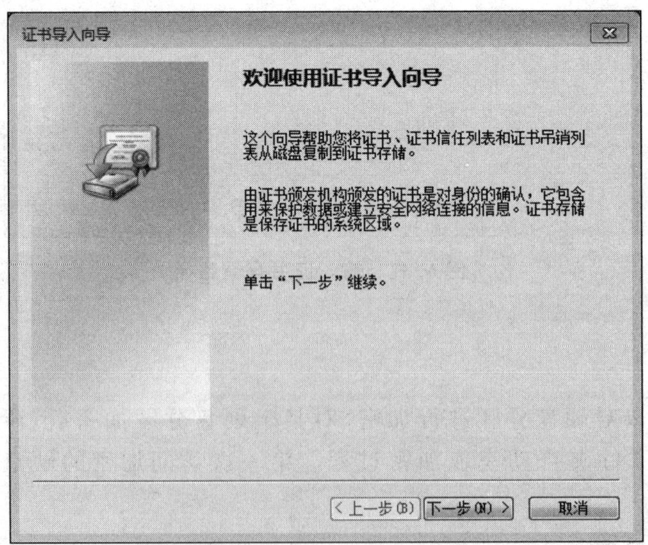

图 6.40 开始导入证书

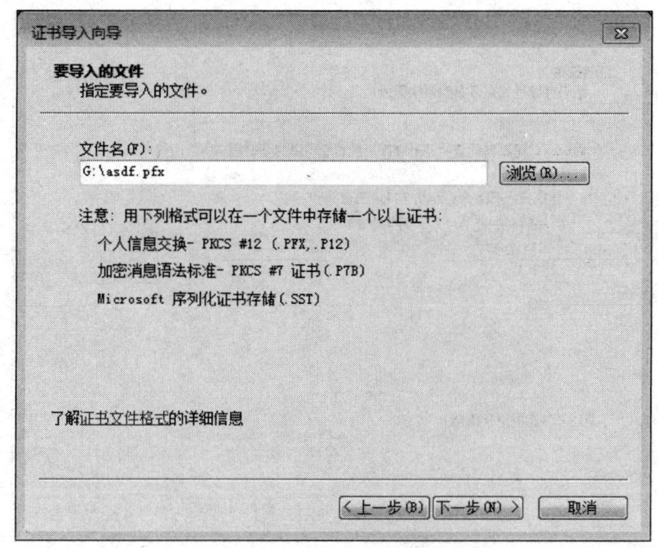

图 6.41　输入证书存储路径

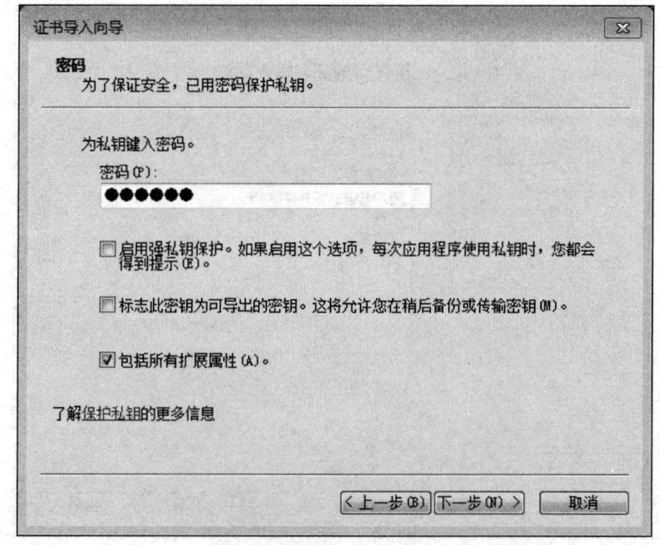

图 6.42　输入证书保护密码

分区数据密文。BitLocker 解密过程如图 6.46(b)所示，用户输入的密码被扩展函数扩展为加密算法要求的密钥，密钥和加密后的分区数据密文作为 Windows 7 指定的解密算法的输入，输出是分区数据明文。

根据用户输入的密码生成的密钥可以存储在用户指定的文件中，这种情况下，如果用户解密分区时忘记密码，可以直接从存储密钥的文件中提取密钥。

2. BitLocker 操作过程

(1) 加密分区

完成"开始"→"控制面板"操作过程，查看方式选择"小图标"，弹出如图 6.47 所示的

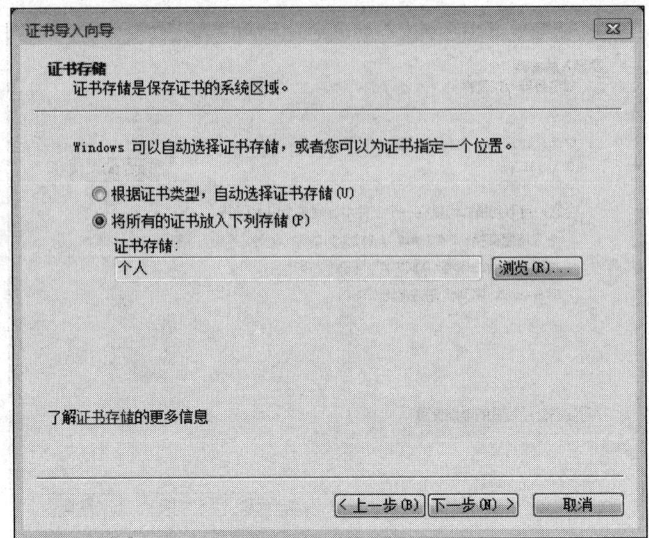

图 6.43 输入证书导入路径

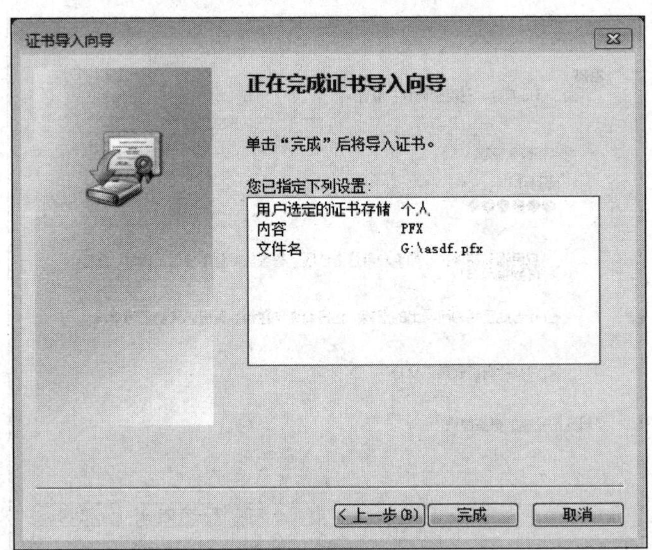

图 6.44 完成证书导入

图 6.45 证书导入成功

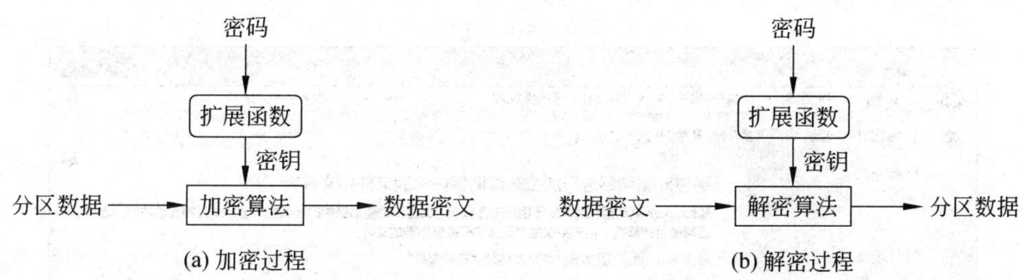

图 6.46 BitLocker 加密解密过程

图 6.47 显示 BitLocker 功能项

"所有控制面板项"界面，单击"BitLocker 驱动器加密"选项，弹出如图 6.48 所示的"BitLocker 驱动器加密"界面，选择需要加密的分区，如 E 分区，单击旁边的"应用 BitLocker"按钮，弹出如图 6.49 所示的设置解锁密码界面，勾选"使用密码解锁驱动器"，输入解锁密码。单击"下一步"按钮，弹出如图 6.50 所示的选择密钥存储方式界面，选择"将恢复密钥保存到文件(F)"，单击"下一步"按钮，弹出如图 6.51 所示的指定恢复密钥存储文件路径界面，指定文件路径后，单击"保存"按钮，弹出如图 6.52 所示的密钥存储文件路径警告界面，如果确定将密钥文件存储在本地计算机中，则单击"是"按钮，弹出如图 6.53 所示的加密分区过程界面，完成加密过程后，E 分区旁自动增加加密标志，如图 6.54 所示。

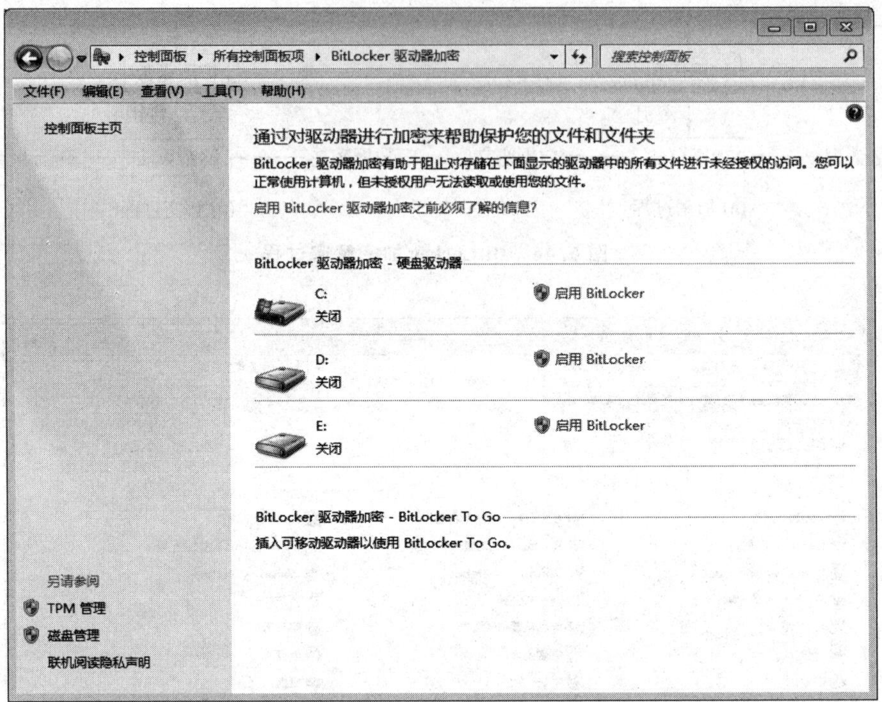

图 6.48　显示加密分区

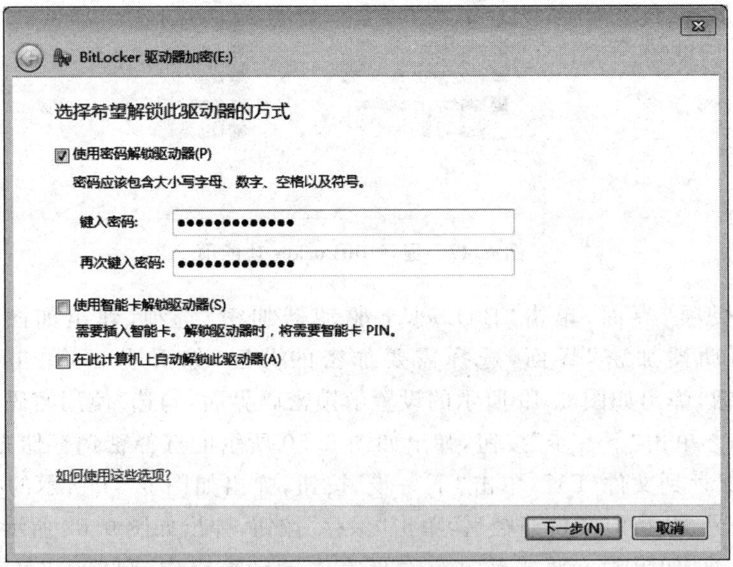

BitLocker 驱动器加密(E:)

选择希望解锁此驱动器的方式

☑ 使用密码解锁驱动器(P)

密码应该包含大小写字母、数字、空格以及符号。

键入密码: ••••••••••••••

再次键入密码: ••••••••••••••

☐ 使用智能卡解锁驱动器(S)

需要插入智能卡。解锁驱动器时，将需要智能卡 PIN。

☐ 在此计算机上自动解锁此驱动器(A)

如何使用这些选项?

下一步(N)　取消

图 6.49　设置密码

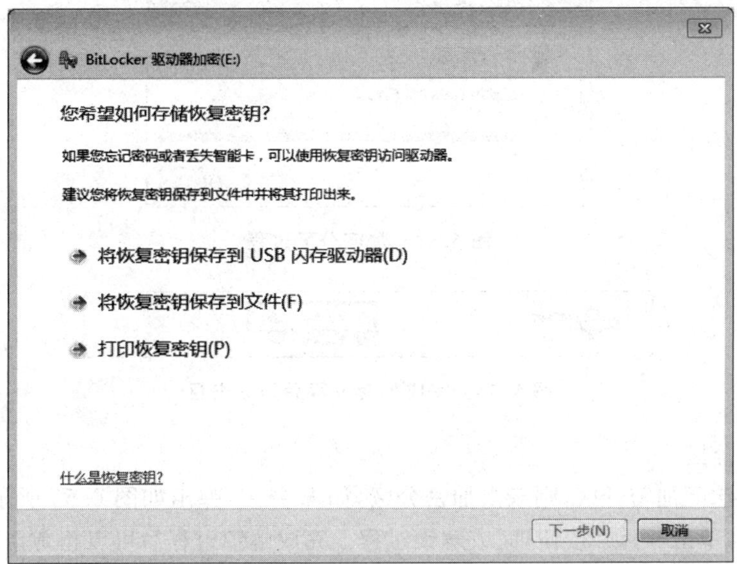

图 6.50　选择密钥存储方式

图 6.51　密钥存储文件路径

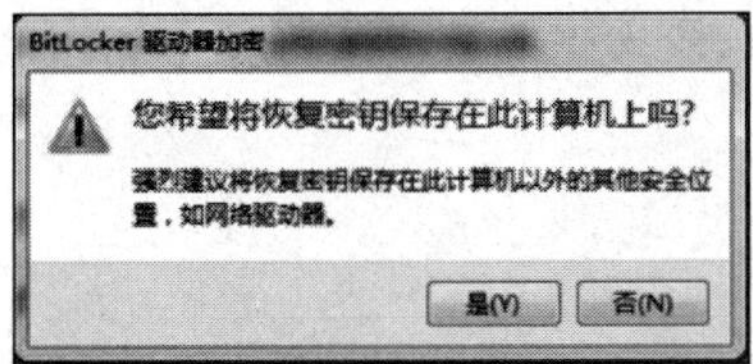

图 6.52　密钥存储文件路径警告

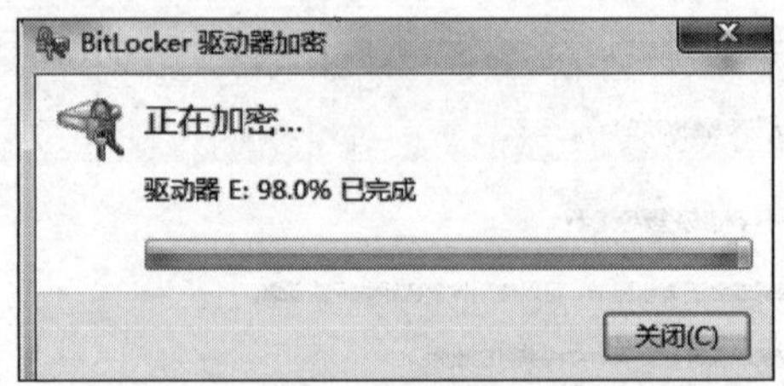

图 6.53　加密分区过程

图 6.54　完成加密过程后的 E 分区

(2) 访问分区

如果需要访问加密分区，则双击加密分区，如 E 分区，弹出如图 6.55 所示的解锁界面，输入解锁密码，单击"解锁"按钮，完成解锁过程。完成解锁过程后可以正常访问加密分区。

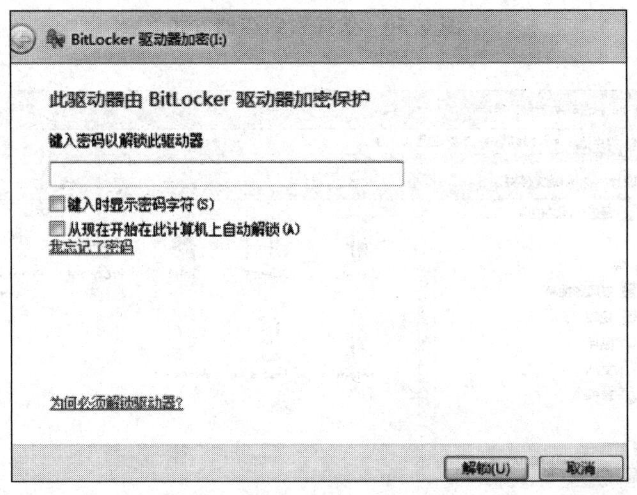

图 6.55　解锁分区

如果忘记解锁密码，则单击"我忘记了密码"链接，将引导用户从密钥存储文件中获得解密密钥。需要说明的是，解密加密后的分区，解锁密码和解密密钥必须知道其一，否则将无法解密加密后的分区。

(3) 还原分区

如果需要还原加密后的分区，单击图 6.54 中加密后的分区旁边的"关闭 BitLocker"选项，然后弹出输入密码界面，输入正确密码后开始解密过程，完成解密过程后，分区将恢复到加密前的状态。

6.3.3　其他数据保护机制

1. 保护 Word 文档

Word 文档可以设置打开密码和修改密码，如果设置了打开密码，则只有输入正确的打开密码才能打开该 Word 文档。如果设置了修改密码，则只有输入正确的修改密码才能修改该 Word 文档，否则只能以只读方式打开该 Word 文档。

(1) 设置密码

如果需要为某个 Word 文档设置密码，则需要打开该 Word 文档，完成"Office 按钮"→"另存为(A)" →"Word 文档"操作过程，弹出如图 6.56 所示的"另存为"界面，完成"工具(L)" →"常规选项(G)"操作过程，弹出如图 6.57 所示的设置密码界面。如果需要设置打开密码，则在"打开文件时的密码(O)"输入框中输入打开密码。如果需要设置修改密码，则在"修改文件时的密码(M)"输入框中输入修改密码。如果设置了打开密钥，则在单击"确定"按钮后弹出如图 6.58 所示的打开密钥确认界面，再次输入设置的打开密钥。如果设置了修改密钥，则在单击"确定"按钮后弹出如图 6.59 所示的修改密钥确认界面，再次输入设置的修改密钥。单击"确定"按钮，完成密码的设置过程。

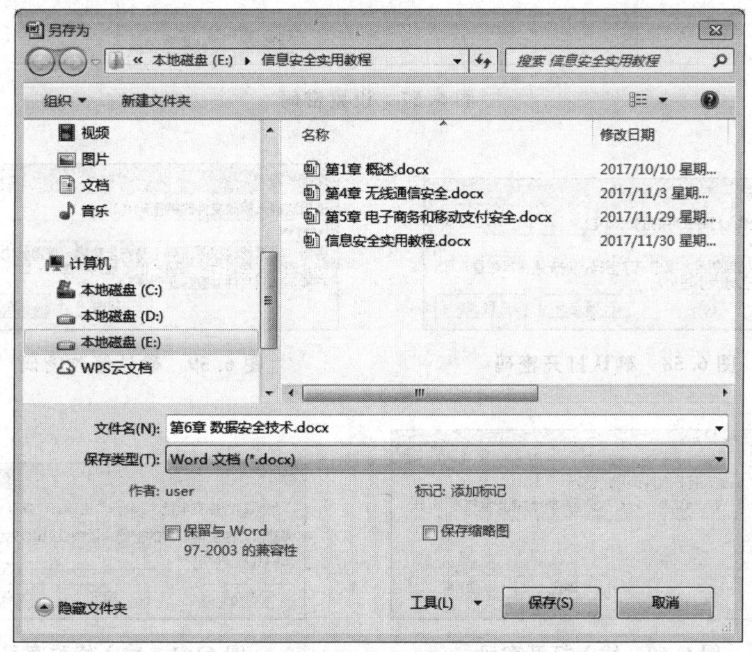

图 6.56 "另存为"界面

(2) 打开 Word 文档

如果某个 Word 文档是设置了打开密码的 Word 文档，则会在打开该 Word 文档时弹出如图 6.60 所示的输入打开密码界面，在输入正确的打开密码后单击"确定"按钮，完成该 Word 文档的打开过程。如果该 Word 文档同时设置了修改密码，则在单击"确定"按钮后弹出如图 6.61 所示的输入修改密码界面，在输入正确的修改密码后单击"确定"按钮或者"只读(R)"按钮，完成该 Word 文档的打开过程。一旦选择以只读方式打开 Word 文档，则不能对 Word 文档进行修改。

如果某个 Word 文档只设置了修改密码，则在打开该 Word 文档时直接弹出如图 6.61 所示的输入修改密码界面。

常规选项
常规选项
此文档的文件加密选项
打开文件时的密码(O): ******
此文档的文件共享选项
修改文件时的密码(M): ******
建议以只读方式打开文档(E)
保护文档(P)...
宏安全性
调整安全级别以打开可能包含宏病毒的文件，并指定可信任的宏创建者姓名。
宏安全性(S)...
确定 取消

图 6.57 设置密码

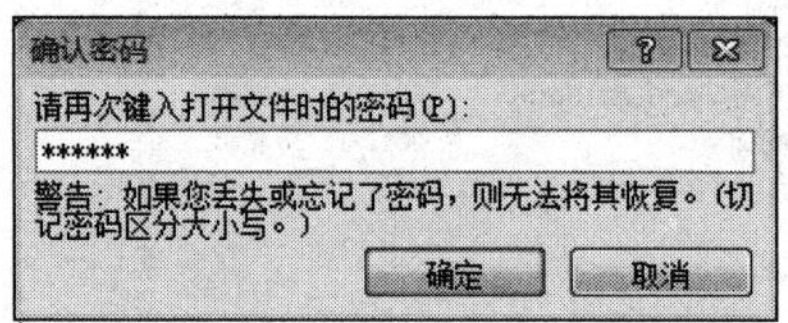

图 6.58 确认打开密码

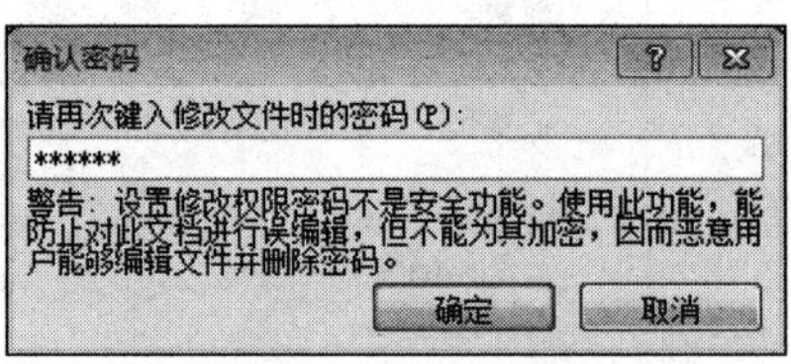

图 6.59 确认修改密码

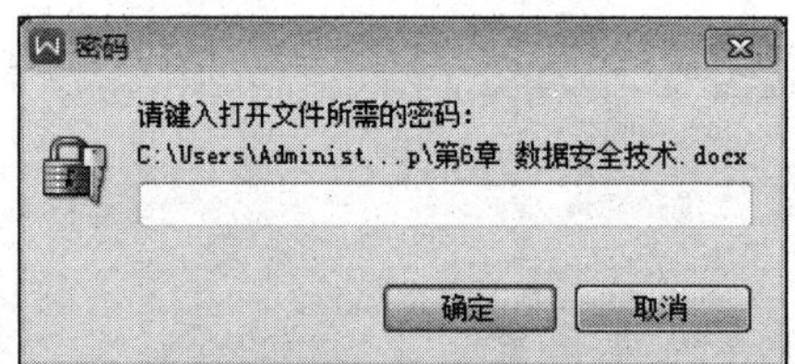

图 6.60 输入打开密码

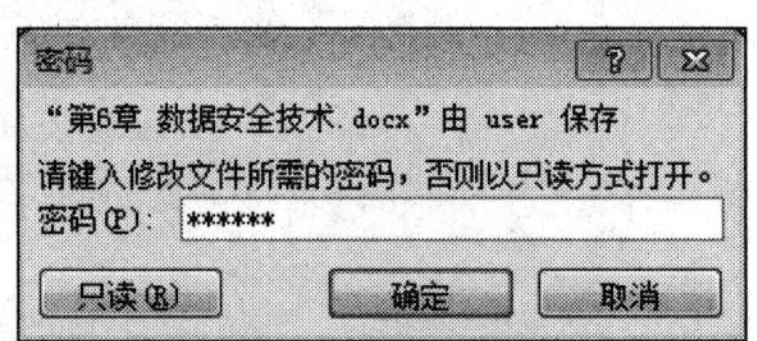

图 6.61 输入修改密码

(3) 删除密码

如果需要删除在某个 Word 文档上设置的密码，则需要在成功打开该 Word 文档后完成“Office 按钮”→“另存为(A)”→“Word 文档”操作过程，弹出如图 6.56 所示的“另存为”界面，完成“工具(L)”→“常规选项(G)”操作过程，弹出如图 6.57 所示的设置密码界面，分别清空“打开文件时的密码(O)”和“修改文件时的密码(M)”输入框中的密码，如图 6.62 所示，单击“确定”按钮，完成删除密码的过程。

2. 设置压缩密码

压缩文件时可以设置压缩密码，设置压缩密码后，在解压该压缩文件时只有输入正确的压缩密码才能解压该压缩文件。

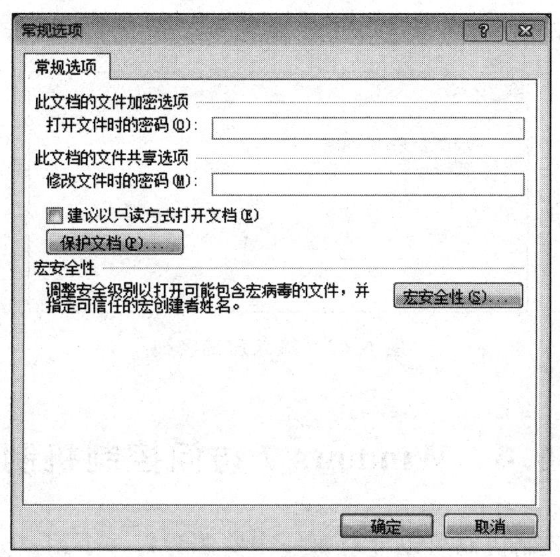

图 6.62　删除密码

(1) 设置压缩密码

选中需要压缩的文件并右击，在弹出的菜单中选择“添加到压缩文件(A)”，弹出如图 6.63 所示的压缩文件界面，选择“添加密码”，弹出如图 6.64 所示的设置压缩密码界面，完成密码设置过程后，单击“确认”按钮，完成该文件的压缩过程和压缩密码的设置过程。

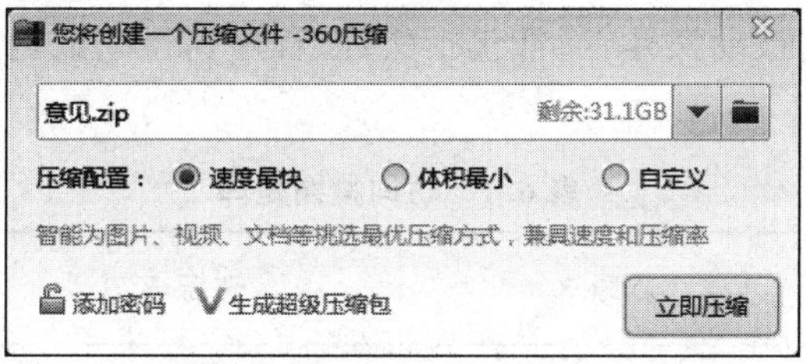

图 6.63　压缩文件

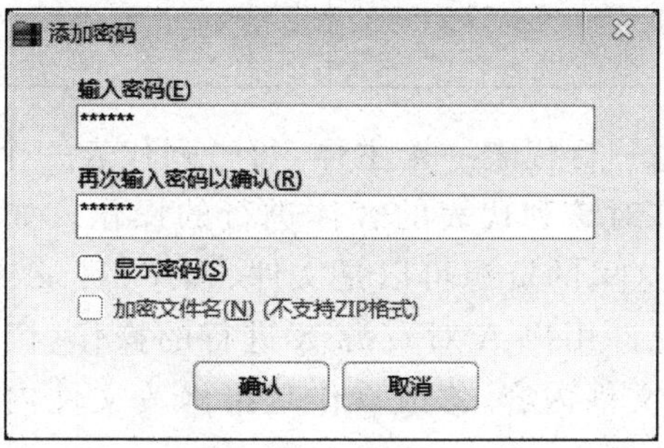

图 6.64　设置压缩密码

(2) 解压文件

解压设置了压缩密码的压缩文件时，会弹出如图 6.65 所示的输入压缩密码界面，在输入正确的压缩密码后单击“确定”按钮，才能成功完成该压缩文件的解压过程。

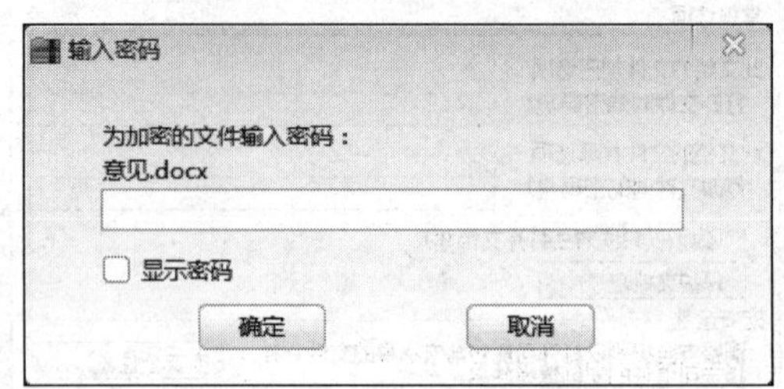

图 6.65 输入压缩密码

6.4 Windows 7 访问控制机制

Windows 7 访问控制机制可以针对每一个资源为每一个用户分配权限。用户访问某个资源的前提是已经针对该资源为该用户分配了访问权限。访问控制实施过程分为两部分：一是鉴别用户身份；二是判别该用户是否具有针对该资源的访问权限。

6.4.1 访问控制矩阵与访问控制表

1. 访问控制矩阵

可以通过表 6.1 所示的访问控制矩阵表示每一个用户对不同资源的访问权限。表 6.1 中的主体(Subject)是指主动的实体，通常包括用户、进程和服务等。客体(Object)是指包含或接收信息的被动实体，通常包括文件、程序、目录、数据库等。操作是指主体对客体实施的访问操作。

表 6.1 访问控制矩阵

操作 客体 主体	资源 X	资源 Y	资源 Z
用户 A	读、修改、管理		读、修改、管理
用户 B		读、修改、管理	
用户 C	读	读、修改	

访问控制矩阵中的每一行代表一个主体，每一列代表一个客体，行列交叉的单元格给出该行代表的主体允许对该列代表的客体进行的操作。如第 1 行表示主体用户 A，第 1 列表示客体资源 X，这里的资源可以是文件、程序、目录、数据库等。第 1 行与第 1 列交叉的单元格中给出允许用户 A 对资源 X 进行的操作(读、修改、管理)。假定资源是文件，读操作是指读取文件内容，修改操作是指修改文件内容，管理操作是指改变文件属性。

如果存在 M 个主体和 N 个客体，如表 6.1 中所示的访问控制矩阵有着 $M\times N$ 个单元格。由于每一个主体只能授权访问有限个客体，因此，每一行对应的 N 个单元格中的大量单元格是空白的。如表 6.1 中的用户 B 只授权访问资源 Y，因此，用户 B 对应的一行中，资源 X 和资源 Z 对应的单元格都是空白的。存在大量空白单元格的访问控制矩阵有着以下两个问题：一是大量存储单元被浪费；二是增加了检索主体 X 对客体 Y 的访问权限的时间。

2. 访问控制表

访问控制表(Access Control Lists，ACL)以客体为中心，为每一个客体分配访问权限。如图 6.66(a)所示，客体资源 X 允许主体用户 A 进行读、修改和管理等访问操作，允许主体用户 C 进行读访问操作。每一个客体通过访问控制表可以很方便地确定该客体允许哪些主体进行哪些访问操作。

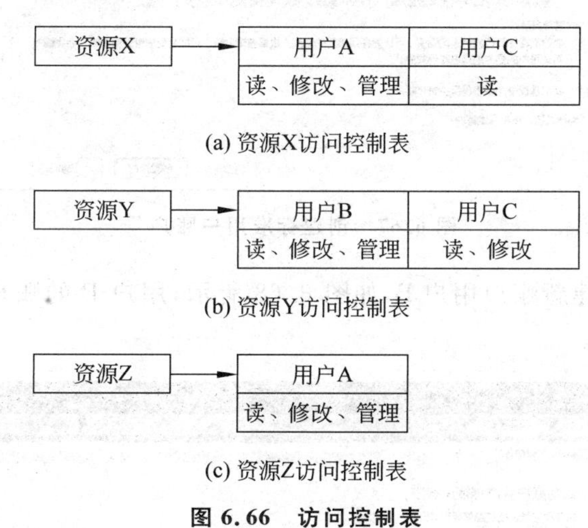

图 6.66　访问控制表

如果某个主体不具备对某个客体的访问权限，则该主体不会出现在该客体对应的访问控制表中，如果所有主体都不具备对某个客体的访问权限，则该客体对应的访问控制表为空。

访问控制表是操作系统最常用的访问控制模型，通过将用户分为有限类，相同类型用户分为一组，客体基于用户组分配访问权限。使得图 6.66 所示的每一个客体对应的访问控制表的表项数量不会超过用户组的数量。

3. Windows 7 实现机制

Windows 7 采用访问控制表方式，每一个文件或文件夹作为一个客体，可以为每一个客体添加允许访问的用户，以及允许该用户对客体进行的操作。创建的每一个账户对应一个用户，账户名就是用户名。

可以对用户分组，将用户按照类别分为若干组。允许将用户组作为单个主体分配访问某个文件或文件夹的权限。

6.4.2　访问控制实施过程

Windows 7 的访问控制实施过程分为两步：一是通过创建账户创建用户；二是基于资源为每一个用户分配权限。

1. 创建用户

创建新账户用户 A,如图 6.67 所示,用户 A 的账户类型是标准用户。为账户用户 A 设置密码。

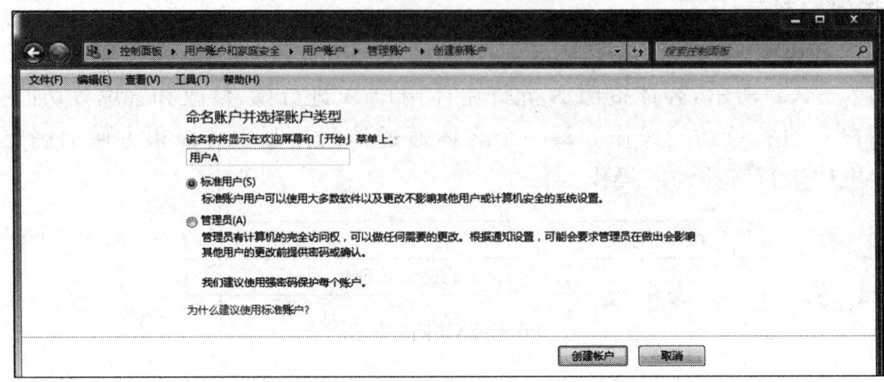

图 6.67 创建标准用户账户

以同样的方法创建新账户用户 B,如图 6.68 所示,用户 B 的账户类型是管理员。为账户用户 B 设置密码。

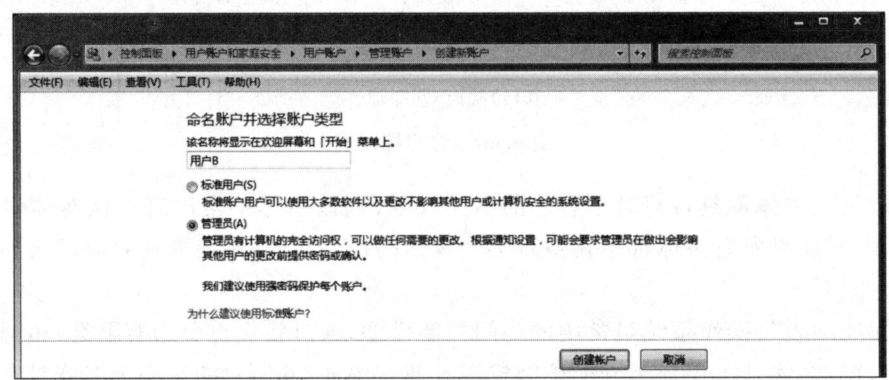

图 6.68 创建管理员账户

创建账户的过程就是创建用户的过程。完成用户名为用户 A 和用户 B 的两个用户的创建过程后,针对每一个资源,可以分别为用户 A 和用户 B 分配权限。

2. 分配权限

下面通过对名为 doc 的文件夹分配权限的过程,讨论 Windows 7 分配权限的操作步骤。

选中资源文件夹 doc,右击文件夹 doc,在弹出的菜单中选中“属性”。在弹出的属性界面中选择“安全”选项卡,弹出如图 6.69 所示的文件夹 doc 的权限配置界面。单击“高级”按钮,弹出如图 6.70 所示的高级安全设置界面。单击“更改权限”按钮,弹出如图 6.71 所示的更改权限界面。单击“添加”按钮,弹出如图 6.72 所示的选择用户或用户组界面。单击“高级”按钮,弹出如图 6.73 所示的搜索用户或用户组界面。单击“立即查找”按钮,下方搜索结果中列出所有的用户和用户组,选中用户 A,单击“确定”按钮,弹出如图 6.74 所示的选择用户或用户组界面。单击“确定”按钮,弹出如图 6.75 所示的为用户 A 配置权限的界面。在“允许”一列中勾选用户 A 的权限，图 6.75 所示为用户 A 配置的权限是允许列出文件夹中文件，允许读取文件夹中文件，但不能删除文件夹中的文件。用同样的方法，针对文件夹 doc，为用户 B 配置权限，为用户 B 配置的权限如图 6.76 所示，用户 B 拥有对文件夹 doc 的所有权限。

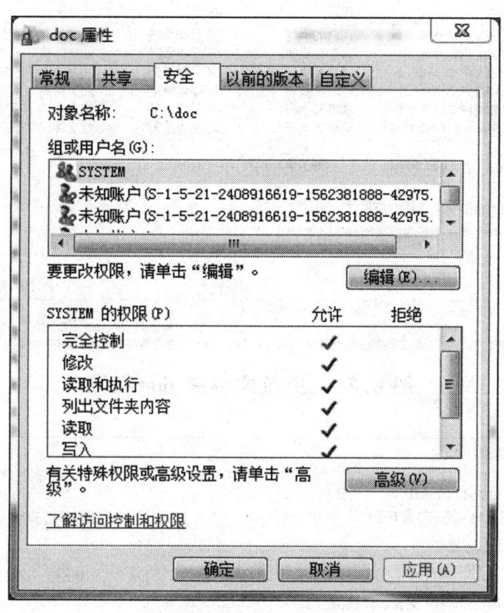

图 6.69　文件夹 doc 的权限配置

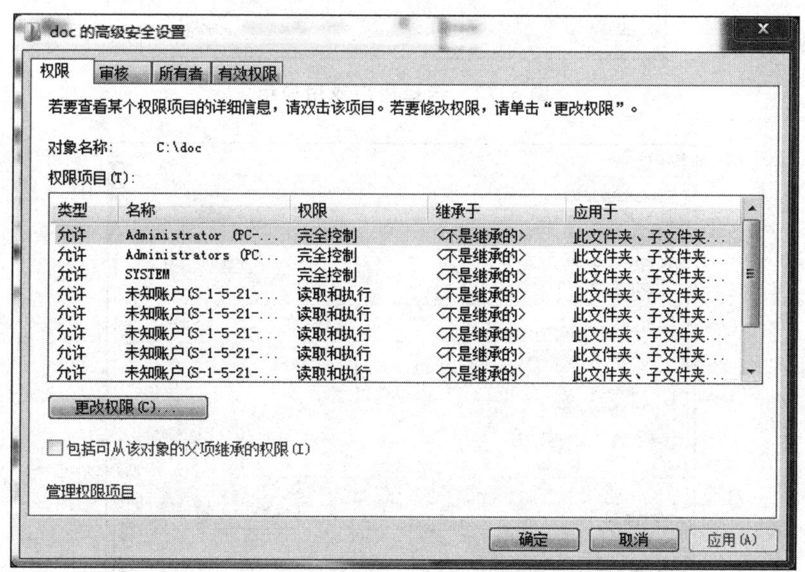

图 6.70　文件夹 doc 的高级安全设置

完成权限配置后，如果用户以账户用户 A 登录计算机系统，则该用户可以列出文件夹 doc 中的文件，可以复制文件夹 doc 中的文件，但不能删除文件夹 doc 中的文件。如果用户以账户用户 B 登录计算机系统，则该用户可以对文件夹 doc 进行任何操作。

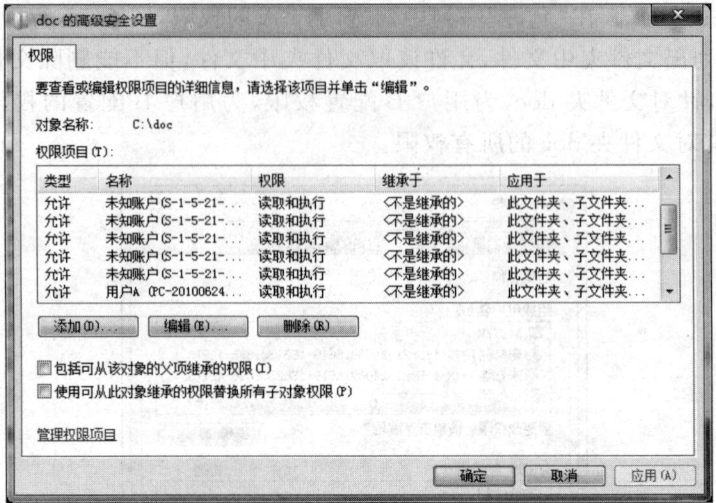

图 6.71 更改文件夹 doc 权限

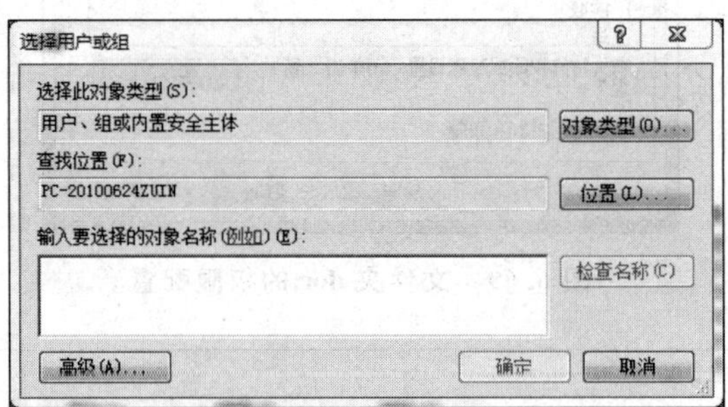

图 6.72 选择用户或用户组

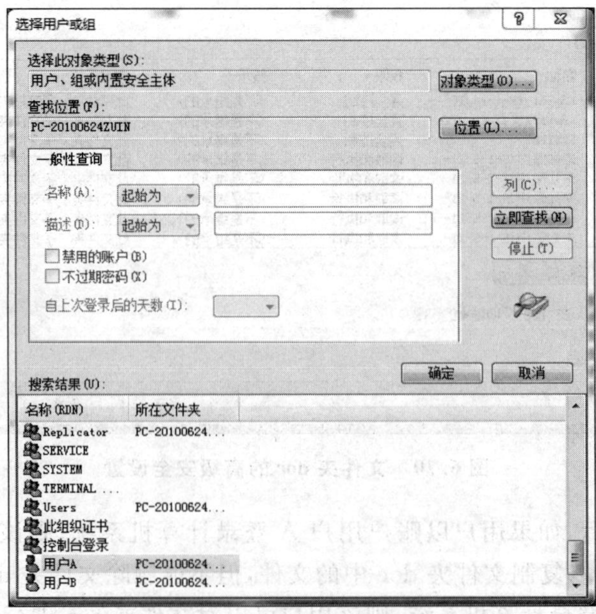

图 6.73 搜索用户和用户组

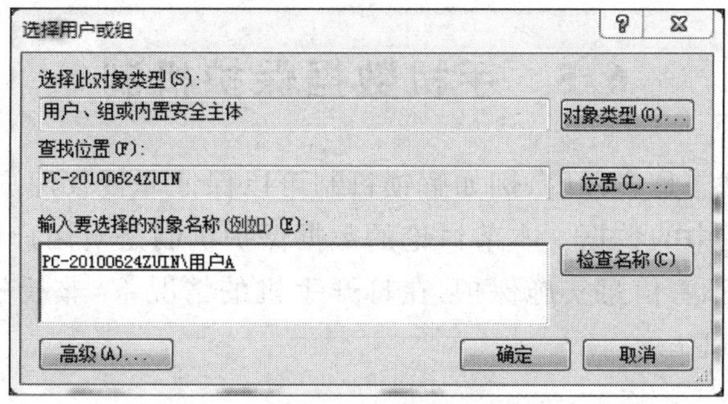

图 6.74 选择用户和用户组

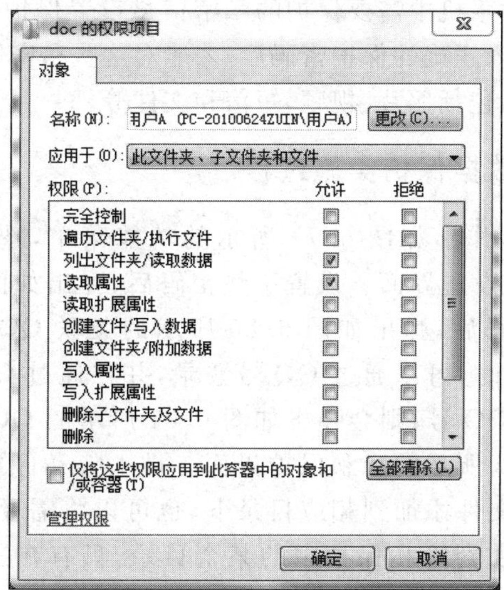

图 6.75 配置用户 A 权限

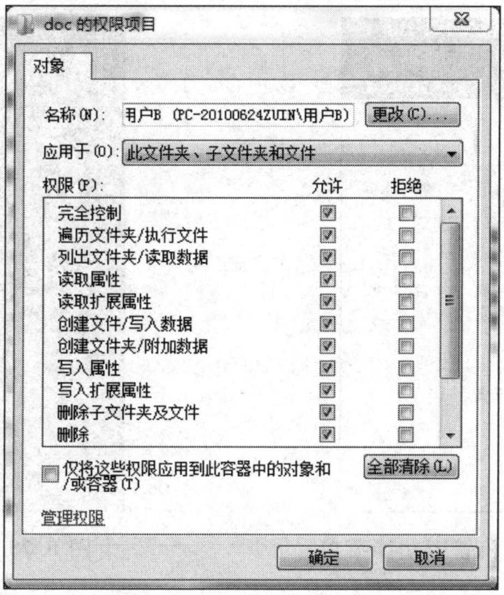

图 6.76 配置用户 B 权限

6.5 手机数据保护机制

手机数据保护机制是多样的，例如解锁机制可以保证非授权用户无法打开手机，从而无法访问存储在手机中的数据。本节讨论的数据保护机制是对用户认定的私密信息实施保护的机制，一旦对私密信息实施保护，在打开手机的情况下，非授权用户也无法访问已经实施保护的私密信息。

6.5.1 腾讯手机管家数据保护机制

腾讯手机管家可以对手机中需要保护的私密信息设置保护密码，对于设置了保护密码的私密信息，只有在输入正确的保护密码后，才能对这些私密信息实施访问。腾讯手机管家能够保护的私密信息包括照片、视频、短信和文件等。

6.5.2 腾讯手机管家数据保护实施过程

启动腾讯手机管家，弹出如图 6.77 所示的功能菜单，选择“隐私保护”，弹出如图 6.78 所示的手势密码设置界面。设置手势密码后，弹出如图 6.79 所示的手势密码确认界面。确认手势密码后，弹出如图 6.80 所示的关联 QQ 号界面。如果关联 QQ 号，那么在忘记手势密码时，可以通过 QQ 号登录，并在通过 QQ 号登录后重新设置手势密码。如果选择关联 QQ 号，则会弹出如图 6.81 所示的 QQ 号登录界面。完成 QQ 号登录后，进入如图 6.82 所示的隐私保护界面。进入隐私保护界面后，可以将需要保护的照片、视频、短信和文件添加到相应目录下，也可以将需要加密的软件添加到软件锁目录下。资源一旦添加到隐私保护中的某个目录，只有在进入隐私保护界面后，才能对这些资源实施访问。进入隐私保护界面需要输入正确的手势密码或者完成 QQ 号登录过程。

图 6.77 腾讯手机管家功能菜单

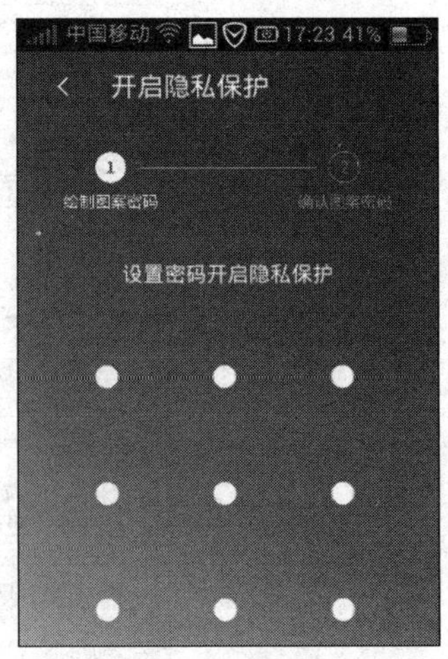

图 6.78 设置手势密码

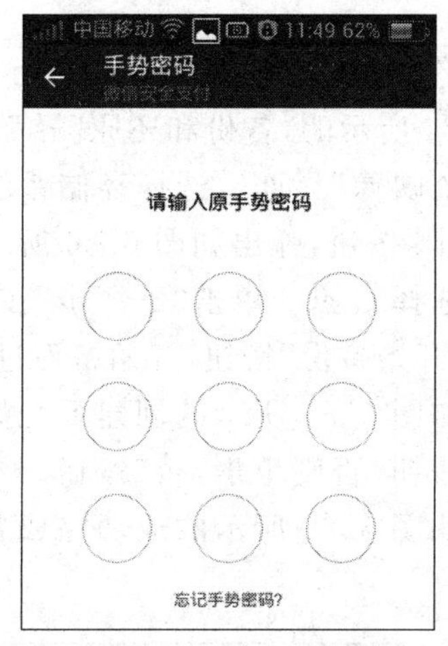

图 6.79 确认手势密码

图 6.80 关联 QQ 号

图 6.81 输入 QQ 号

图 6.82 隐私保护的资源类型

6.6 数据备份还原机制

病毒、黑客和意外事故都有可能破坏存储在计算机中的数据，保障数据可用性的重要手段是对数据进行备份，并在数据遭受破坏的情况下还原被破坏的数据。Windows 7 自带备份还原工具，Ghost 也是一种被广泛使用的用于备份还原数据的软件。

6.6.1 Windows 7 备份还原工具

Windows 7 自带备份还原工具，可以对硬盘中的某个分区进行备份还原。备份时，可以将某个分区中的内容存储到系统映像中。还原时，可以从系统映像中选择文件或文件夹进行还原。

1. 备份

完成"开始"→"控制面板"→"系统和安全"操作过程,弹出如图 6.83 所示的"系统和安全"界面。单击"备份和还原"选项,弹出如图 6.84 所示的"备份和还原"界面。单击"创建系统映像"选项,弹出如图 6.85 所示的"创建系统映像"界面。选择存储系统映像的存储介质,这里选择本地硬盘中的 E 盘。单击"下一步"按钮,弹出如图 6.86 所示的选择需要备份的分区的界面,勾选需要备份的分区,这里选择 C 盘。单击"下一步"按钮,弹出如图 6.87 所示的确认需要备份的分区的界面,单击"开始备份"按钮,开始备份过程,弹出如图 6.88 所示的备份进度条。当备份完成时,弹出如图 6.89 所示的创建系统修复光盘问询界面,如果需要创建系统修复光盘,则单击"是"按钮,否则单击"否"按钮。本例由于不需要创建系统修复光盘,因此单击"否"按钮,弹出如图 6.90 所示的成功完成备份过程的界面,单击"关闭"按钮,结束备份过程。

图 6.83 "系统和安全"界面

2. 还原

完成备份过程后,如果单击图 6.83 中"系统和安全"界面中的"备份和还原"选项,则会弹出如图 6.91 所示的"备份和还原"界面,单击"还原我的文件"按钮,弹出如图 6.92 所示的"还原文件"界面。单击"浏览文件夹"按钮,弹出如图 6.93 所示的系统映像中的文件夹列表,选中需要还原的文件夹,单击"添加文件夹"按钮,将选中的文件夹添加到需要还原的文件夹列表中,如图 6.94 所示,单击"下一步"按钮,弹出如图 6.95 所示的查询还原文件位置的界面,可以选择还原到原始位置或者指定路径。确定后单击"还原"按钮,完成文件或文件夹的还原过程。

控制面板 ▸ 系统和安全 ▸ 备份和还原
搜索控制面板
控制面板主页
创建系统映像
创建系统修复光盘
备份或还原文件
备份
尚未设置 Windows 备份。
设置备份(S)
还原
Windows 找不到针对此计算机的备份。
选择要从中还原文件的其他备份(N)
恢复系统设置或计算机(Y)
另请参阅
操作中心
Windows 轻松传送

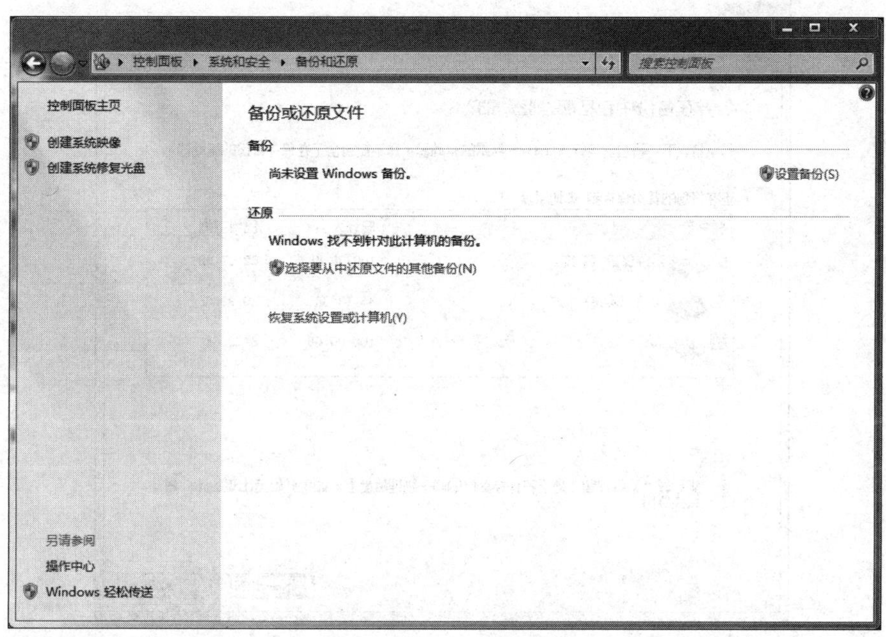

图 6.84 “备份和还原”界面

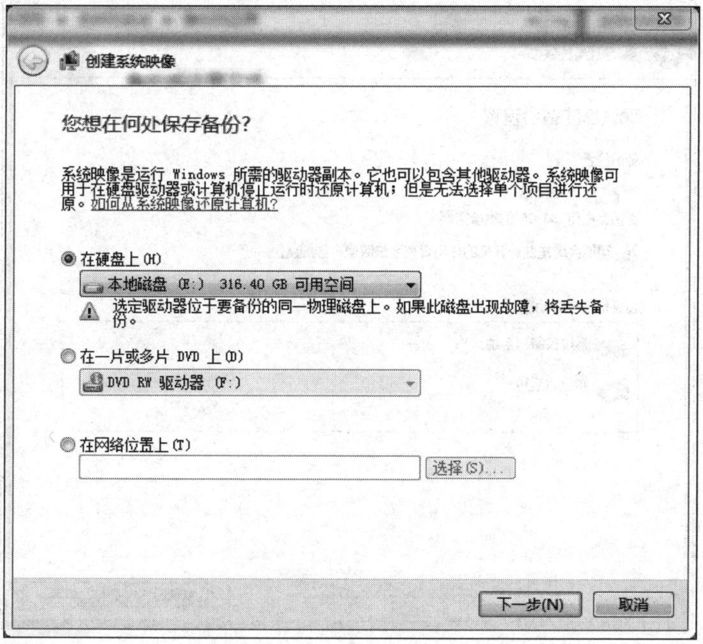

创建系统映像
您想在何处保存备份?
系统映像是运行 Windows 所需的驱动器副本。它也可以包含其他驱动器。系统映像可用于在硬盘驱动器或计算机停止运行时还原计算机；但是无法选择单个项目进行还原。如何从系统映像还原计算机?
在硬盘上(H)
本地磁盘 (E:) 316.40 GB 可用空间
选定驱动器位于要备份的同一物理磁盘上。如果此磁盘出现故障，将丢失备份。
在一片或多片 DVD 上(D)
DVD RW 驱动器 (F:)
在网络位置上(T)
选择(S)...
下一步(N)
取消

图 6.85 “创建系统映像”界面

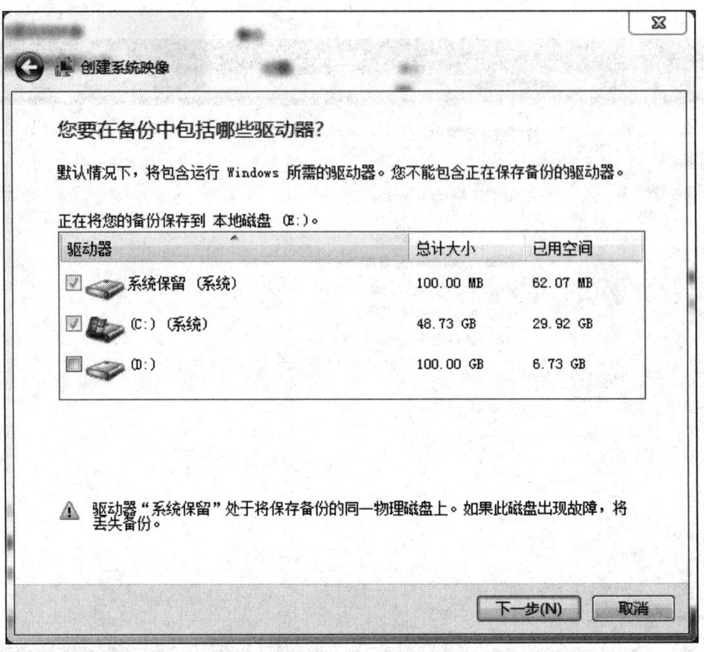

图 6.86 选择备份分区

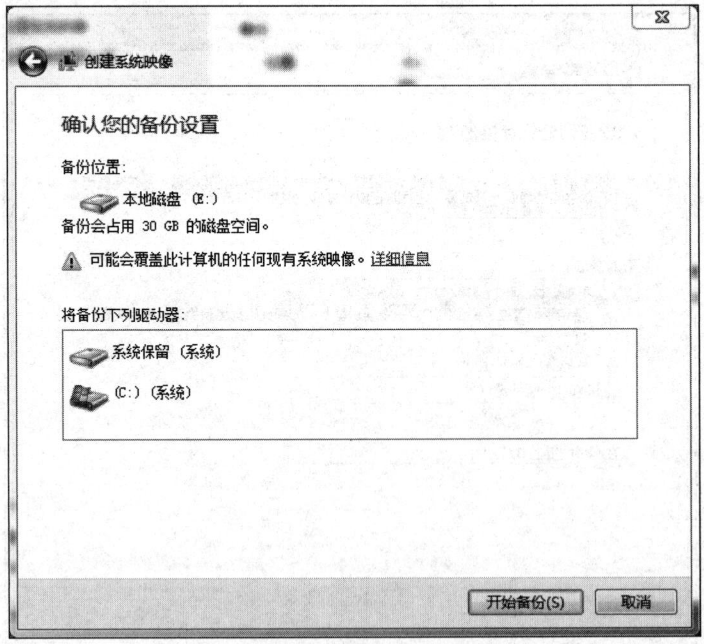

图 6.87 确认备份分区

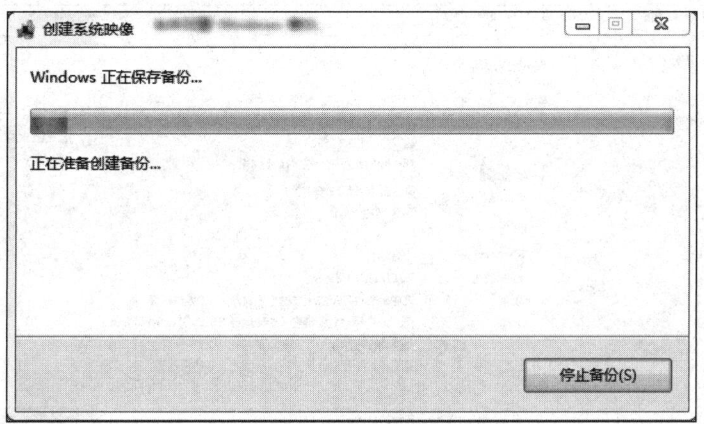

图 6.88 备份进度条

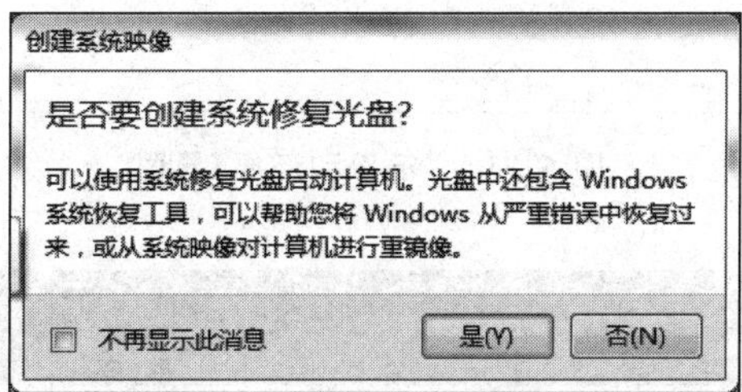

图 6.89 创建系统修复光盘问询

图 6.90 成功完成备份

图 6.91 “备份和还原”界面

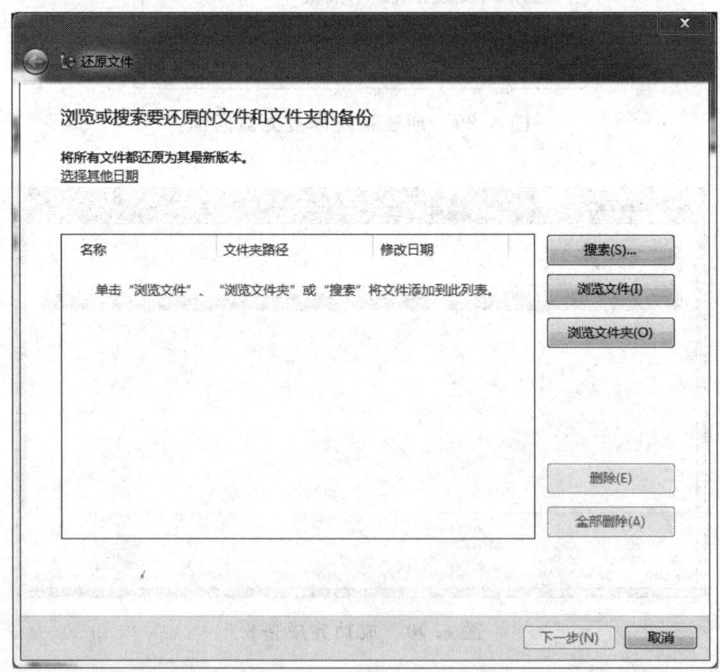

图 6.92 “还原文件”界面

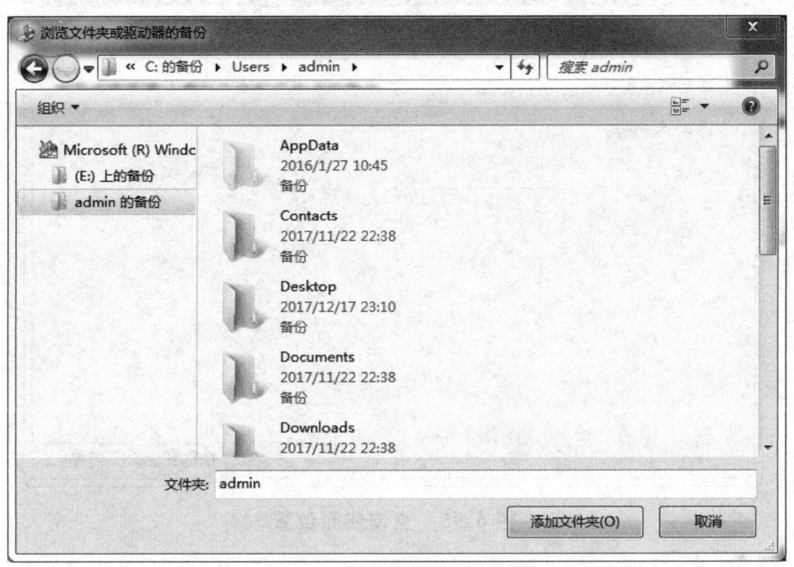

图 6.93　文件夹列表

图 6.94　需要还原的文件夹列表

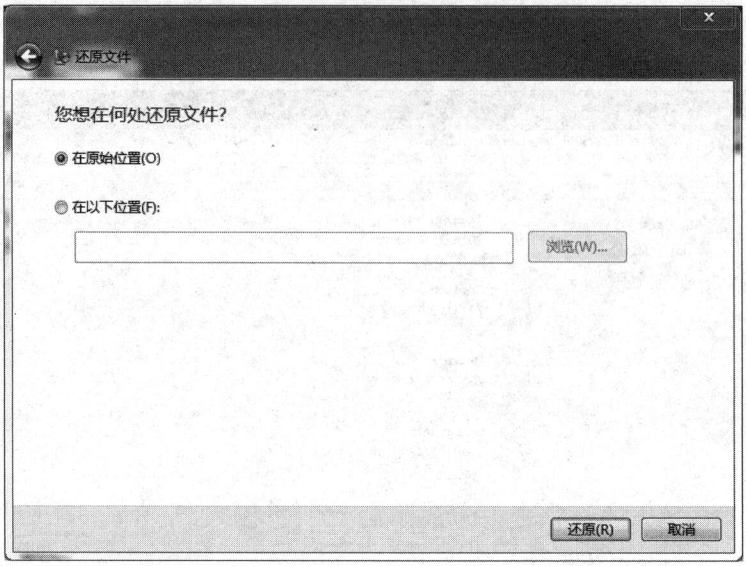

图 6.95　查询还原位置

6.6.2　Ghost

1. Ghost 简介

Ghost 软件是美国赛门铁克公司推出的一款硬盘备份还原工具，它可以实现硬盘与硬盘之间、分区与分区之间逐个扇区的复制，也可以将硬盘或分区的内容存储在一个镜像文件中，或者从镜像文件中还原出硬盘或分区的内容。

(1) 名词解释

Disk：物理硬盘。

Partition：分区，划分物理硬盘后产生的逻辑分区，如划分同一个物理硬盘后产生的用盘符 C、D 和 E 等表示的逻辑分区。

Image：镜像文件，以文件形式存储的硬盘或分区内容。

(2) 备份和还原

Disk↔Disk：以扇区为单位，逐个扇区地将数据从源硬盘复制到目的硬盘。

Partition↔Partition：以扇区为单位，逐个扇区地将数据从源分区复制到目的分区。

Disk↔Image：将硬盘数据存储到某个镜像文件中，或从镜像文件中还原出硬盘数据。

Partition↔Image：将分区数据存储到某个镜像文件中，或从镜像文件中还原出分区数据。

2. Ghost 操作过程

(1) 完成 Partition→Image 传输过程

启动 Ghost 后，弹出如图 6.96 所示的界面，单击 OK 按钮后，弹出如图 6.97 所示的

Ghost 主菜单，主菜单各项含义如下。

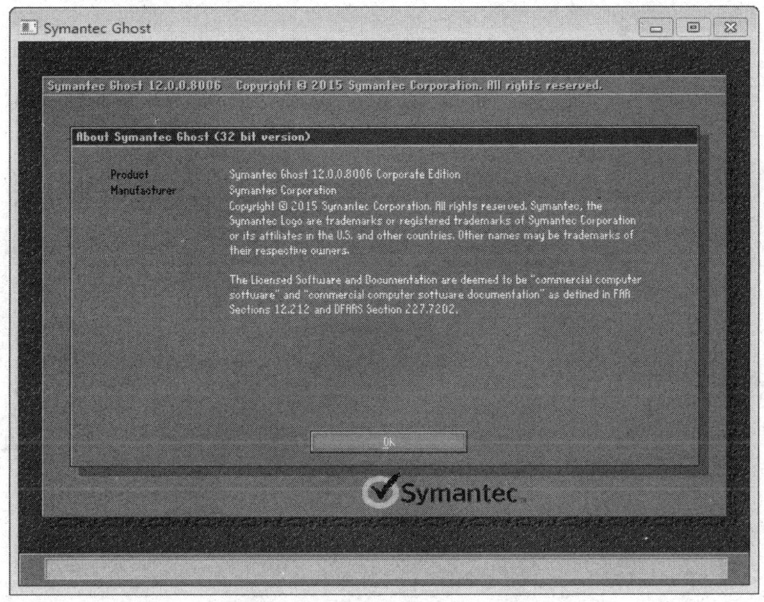

图 6.96 Ghost 启动后的界面

Local：本地操作，对本地计算机上的硬盘进行操作。

Peer to peer：通过点对点模式对网络中计算机上的硬盘进行操作。

GhostCast：通过单播/多播或者广播方式对网络中计算机上的硬盘进行操作。

Option：使用 Ghost 时的一些选项，一般使用默认设置即可。

Help：一个简洁的帮助。

Quit：退出 Ghost。

当光标指向 Local 时，弹出第二级菜单，其各项含义如下。

Disk：选择硬盘与硬盘之间或者硬盘与镜像文件之间的传输方式。

Partition：选择分区与分区之间或者分区与镜像文件之间的传输方式。

Check：对硬盘进行检测。

当光标经 Local 指向 Partition 时，弹出第三级菜单，其各项含义如下。

To Partition：选择源分区→目的分区的传输方式。

To Image：选择分区→镜像文件的传输方式。

From Image：选择镜像文件→分区的传输方式。

当光标经 Local、Partition 指向 To Image 时，弹出如图 6.97 所示的选择 Partition→Image 传输方式的界面。单击 To Image 按钮，弹出如图 6.98 所示的选择源分区所在硬盘的界面，单击选中的本地硬盘，再单击 OK 按钮，弹出如图 6.99 所示的在指定硬盘中选择源分区的界面，如果需要对 C 盘中的内容进行备份，则单击 C 盘选中 C 盘分区，再单击 OK 按钮，弹出如图 6.100 所示的输入镜像文件路径的界面。需要说明的是，存储镜像文件的分区的存储空间必须大于源分区的存储空间。输入镜像文件的完整路径后，弹出如

图 6.101 所示的选择镜像文件压缩方式的界面,其各项含义如下。

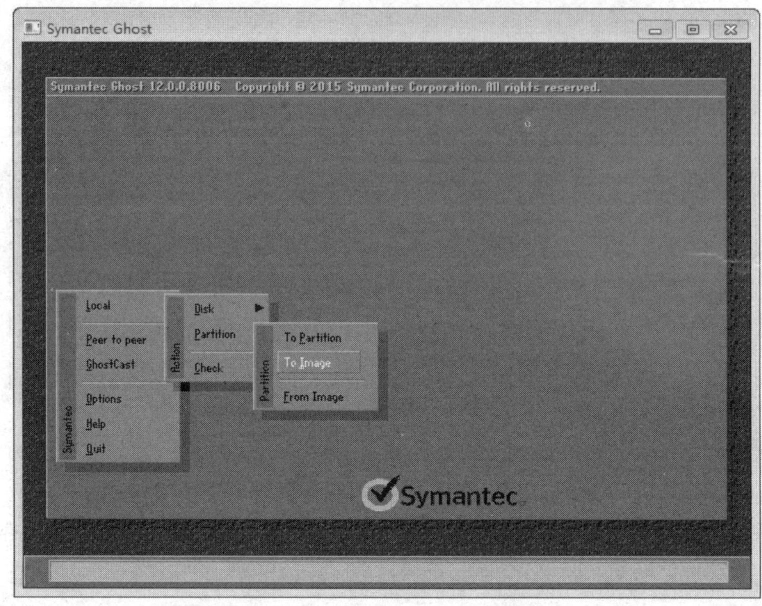

图 6.97　选择 Partition→Image 传输方式

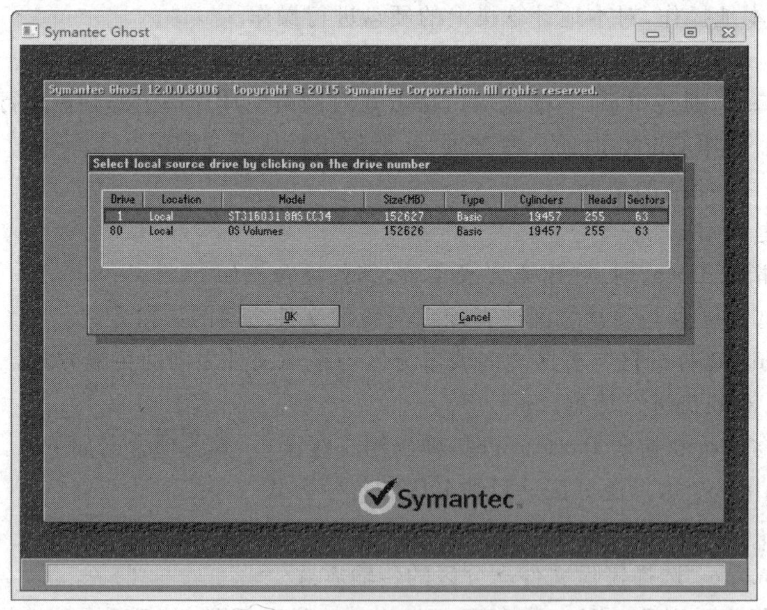

图 6.98　选择源分区所在硬盘

No:不压缩镜像文件,这是最快的备份方式,但由于不对镜像文件进行压缩,因此需要大于源分区的存储空间。

Fast:快速备份,采用快速但压缩比较小的压缩方式。

High:采用高压缩比的压缩方式,但需要较长的备份时间,这是一种用时间换空间的

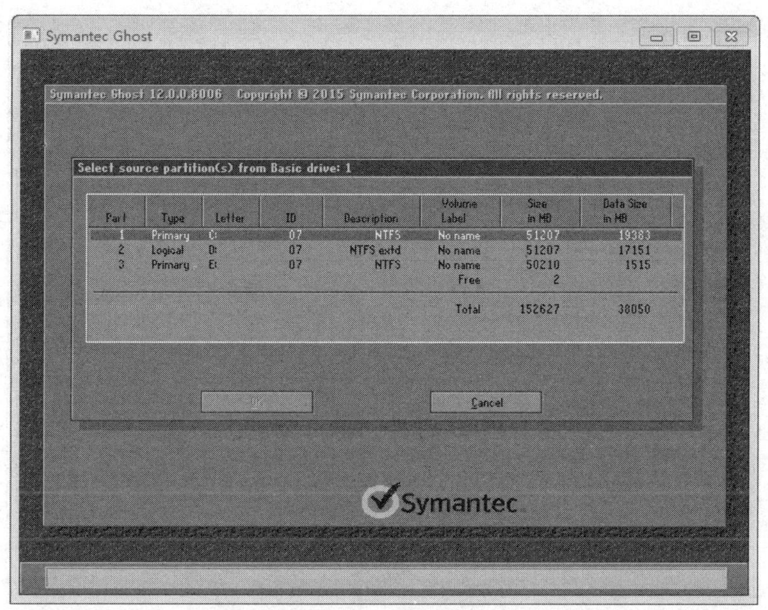

图 6.99　在指定硬盘中选择源分区

图 6.100　输入镜像文件路径

备份方式。

单击选中的压缩方式后，弹出如图 6.102 所示的确认备份界面，单击 Yes 按钮，开始 Partition→Image 传输过程，将源分区中的内容备份到指定的镜像文件中。

(2) Image→Partition 传输过程

当光标经 Local、Partition 指向 From Image 时，弹出如图 6.103 所示的选择 Image→

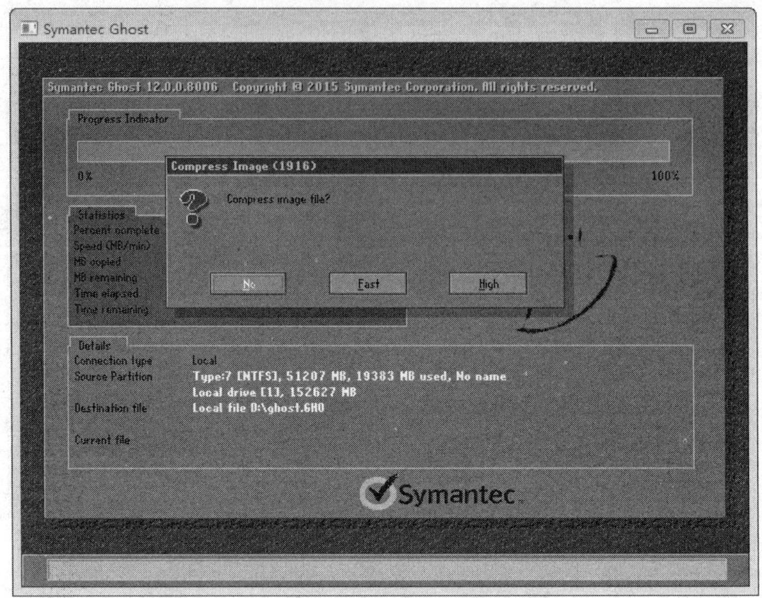

图 6.101　选择镜像文件压缩方式

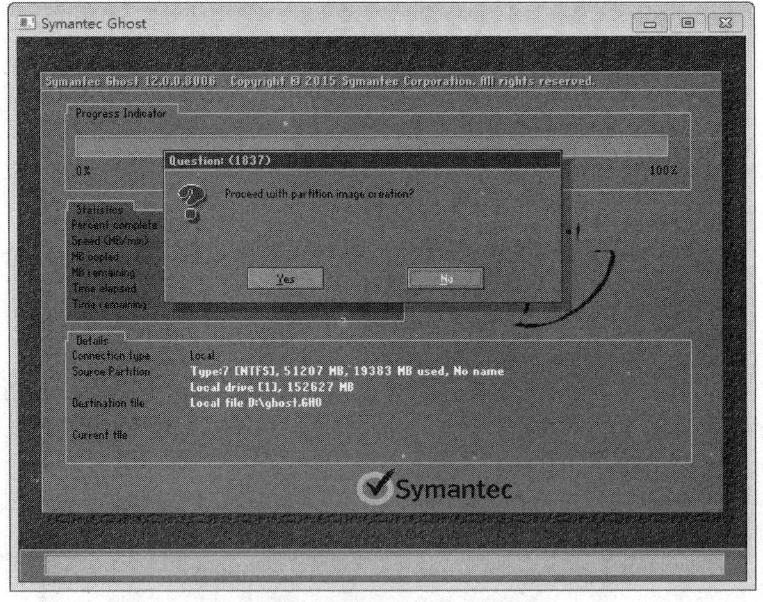

图 6.102　确认备份

Partition 传输方式的界面。单击 From Image 按钮，弹出如图 6.104 所示的输入镜像文件完整路径的界面，输入镜像文件完整路径后，单击 Open 按钮，开始指定目的分区所在硬盘、在指定的硬盘中选择目的分区的操作过程，确定目的分区后，开始 Image→Partition 传输过程，将目的分区中的内容还原为镜像文件中的内容。确定目的分区的过程与确定源分区的过程相同，因此不再赘述。

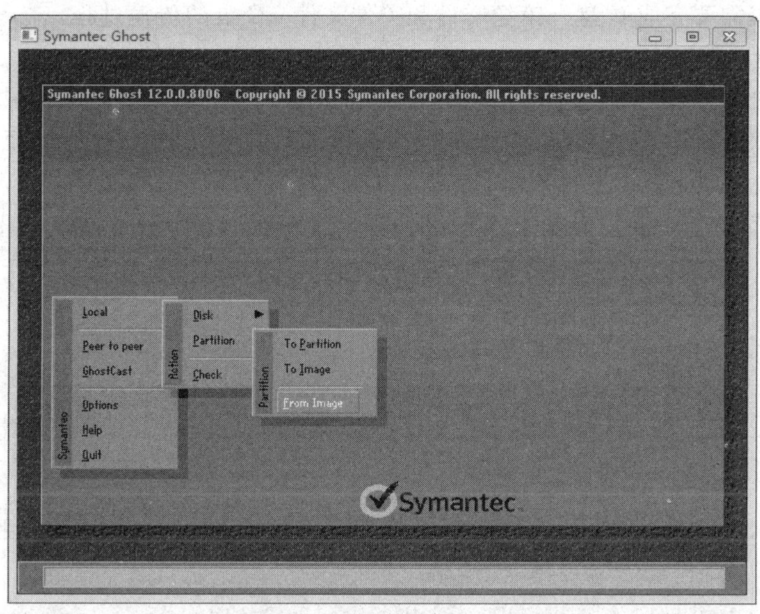

图 6.103 选择 Image→Partition 传输方式

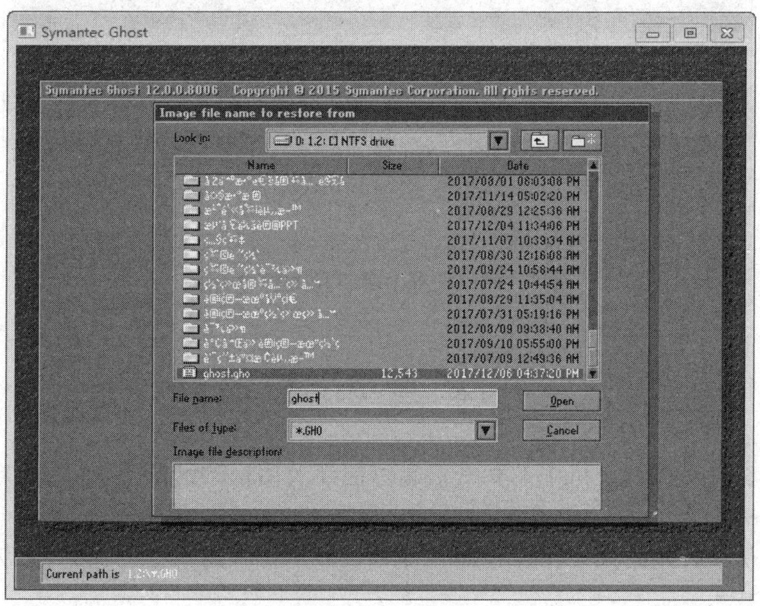

图 6.104 指定镜像文件

3. Ghost 应用

(1) 备份系统盘

人们通常将 C 盘作为系统盘安装操作系统和常用软件，然后将 C 盘备份到 D 盘或 E 盘中的某个镜像文件中。一旦系统出现问题，通过将 C 盘内容还原为 D 盘或 E 盘中某个镜像文件的内容来恢复系统盘。

这个过程需要完成 C 盘→镜像文件和镜像文件→C 盘的传输过程。

(2) 硬盘复制

如果一批计算机的硬件配置完全相同,则可以在一台计算机上安装系统,然后通过硬盘复制过程将安装好的系统复制到其他计算机的硬盘中。这个过程需要完成 Disk→Disk 的传输过程。

当光标经 Local、Disk 指向 To Disk 时,弹出如图 6.105 所示的选择 Disk→Disk 传输方式的界面。将已经安装系统的硬盘作为源硬盘,将需要复制系统的硬盘作为目的硬盘,启动源硬盘→目的硬盘的传输过程。

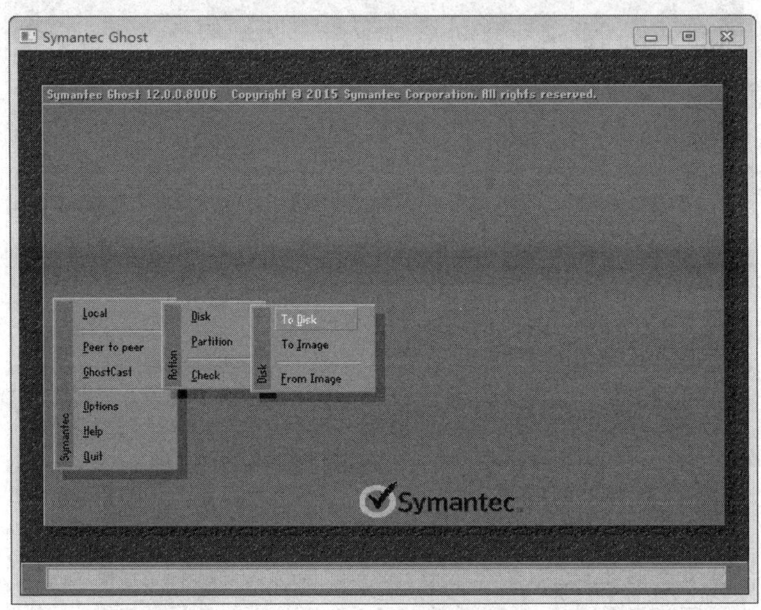

图 6.105 选择 Disk→Disk 传输方式

本章小结

- 存储在计算机和手机中的私密信息可能涉及用户的财产安全,因此成了黑客的攻击目标。
- 数据保护技术指用于保障存储在计算机和手机中的数据的保密性、完整性和可用性的技术。
- 加密、完整性检测、访问控制和备份还原是常用的数据保护机制。
- Windows 7 基于用户实施数据保护机制。
- Windows 7 通过创建账户创建合法用户,只有合法用户才能登录 Windows 7。
- Windows 7 基于用户实现 EFS。
- BitLocker 可以加密分区。
- Windows 7 可以为每一个用户分配访问资源的权限。

- Windows 7 自带备份还原工具。
- Ghost 是一种用于实现数据备份和还原的软件。
- 腾讯手机管家具有保护手机私密信息的功能。

习　　题

6.1　列举存储在计算机和手机中的私密信息因为泄露而遭受重大损失的例子。
6.2　列举存储在计算机和手机中的私密信息因为被篡改而遭受重大损失的例子。
6.3　列举存储在计算机和手机中的私密信息因为被破坏而遭受重大损失的例子。
6.4　简述保障数据保密性的安全技术。
6.5　简述保障数据完整性的安全技术。
6.6　简述保障数据可用性的安全技术。
6.7　简述 Windows 7 中用户的含义。
6.8　简述创建用户时设置密码的重要性。
6.9　简述账户管理策略与创建账户和设置密码之间的关系。
6.10　简述 EFS 的密钥链，说明用户个人目录下证书的作用。
6.11　如果用户 A 需要打开用户 B 用 EFS 加密的文件，有什么方法？
6.12　BitLocker 解密分区时需要解锁密码或者密钥，应如何保存密钥？
6.13　腾讯手机管家保护私密信息的机制有什么作用？
6.14　Windows 7 的访问控制机制如何限制特定用户对某个资源的访问权限？
6.15　简述 Ghost 备份和还原系统盘的过程。

第7章 Windows 7 网络安全技术

Windows 7 的网络安全功能包括个人防火墙、连接安全规则和网络监控命令等。个人防火墙用于确定计算机允许发起的会话和允许接收的会话。连接安全规则用于终端之间的安全传输过程。网络监控命令可以监测计算机已经发起和接收的会话的状态,以及计算机连接的网络的状态等。

7.1 Windows 7 防火墙

Windows 7 防火墙是 Windows 7 自带的个人防火墙,能够指定作为会话发起方或响应方的程序或进程,因此能够基于程序或进程控制会话的发起和响应过程。入站规则用于禁止输入或允许输入会话发起方发送的用于创建会话的报文。出站规则用于禁止输出或允许输出会话发起方发送的用于创建会话的报文。

7.1.1 防火墙的作用和工作原理

1. 防火墙的作用

计算机一旦与网络相连,就有可能遭受黑客的远程攻击,就有可能被植入病毒,就有可能泄露私密信息。但随着网络的广泛应用,绝大多数计算机都是与网络相连的。因此,需要一种既能保障计算机与网络之间的正常数据交换过程,又能阻止对计算机有害的数据通过网络进入计算机的安全技术,这种技术就是防火墙。防火墙的作用如图 7.1 所示,用于过滤终端与网络之间传输的网际协议(Internet Protocol,IP)分组,这里的终端泛指连接到网络的计算机。过滤的含义就是在一组 IP 分组中挑出符合特定条件的一部分 IP 分组,允许或者阻止这部分 IP 分组在终端和网络之间传输。

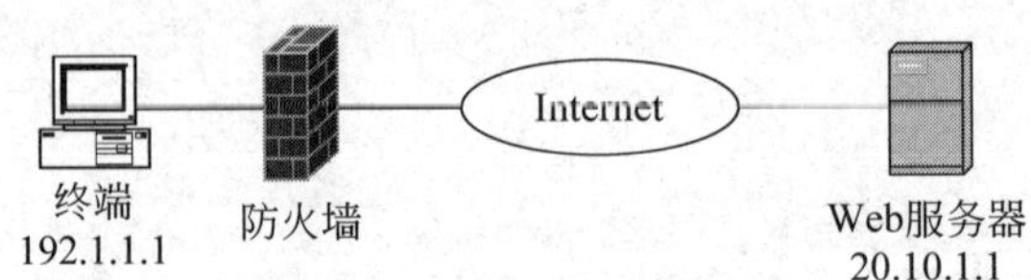

图 7.1 防火墙的作用

2. 防火墙的工作原理

防火墙的功能分为两部分:一是定义分类规则;二是对符合分类规则的 IP 分组实施动作,实施的动作包括允许继续传输和丢弃。允许继续传输是指允许符合分类规则的 IP

分组在终端与网络之间传输。丢弃是指禁止符合分类规则的 IP 分组在终端与网络之间传输。

分类规则用于在一组 IP 分组中挑选出符合特定条件的 IP 分组，这些条件是 IP 分组首部中特定字段的值，或者作为 IP 分组净荷的传输控制协议（Transmission Control Protocol，TCP）报文和用户数据报协议（User Datagram Protocol，UDP）报文首部中特定字段的值。

IP 分组首部如图 7.2(a)所示，常用来作为挑选 IP 分组条件的首部字段值包括协议、源 IP 地址和目的 IP 地址等，UDP 报文首部如图 7.2(b)所示，在 UDP 报文作为 IP 分组净荷的情况下，常用来作为挑选 IP 分组条件的 UDP 报文首部字段值包括源端口号和目的端口号等。同样，在 TCP 报文作为 IP 分组净荷的情况下，常用来作为挑选 IP 分组条件的 TCP 报文首部字段值包括源端口号和目的端口号等。

<table>
<tr><td>版本</td><td>首部长度</td><td>服务类型</td><td colspan="2">总长度</td></tr>
<tr><td colspan="3">标识</td><td>标志</td><td>片偏移</td></tr>
<tr><td colspan="2">生存时间</td><td>协议</td><td colspan="2">首部检验和</td></tr>
<tr><td colspan="5">源地址</td></tr>
<tr><td colspan="5">目的地址</td></tr>
</table>

(a) IP分组首部

源端口号	目的端口号
UDP报文长度	检验和

(b) UDP报文首部

图 7.2 可以作为条件的 IP 分组首部和 UDP 报文首部的字段值

因此分类规则可以由以下条件组成：

协议字段值＝x1

源 IP 地址＝x2

目的 IP 地址＝x3

源端口号＝x4(x1＝UDP 或 TCP)

目的端口号＝x5(x1＝UDP 或 TCP)

图 7.1 中终端发送给 Web 服务器的 IP 分组符合以下分类规则：

协议字段值＝6(IP 分组净荷是 TCP 报文)

源 IP 地址＝192.1.1.1/32

目的 IP 地址＝20.10.1.1/32

源端口号＝*

目的端口号＝80(HTTP 对应的著名端口号)

其中协议字段值＝6，表明 IP 分组净荷是 TCP 报文。源 IP 地址＝192.1.1.1/32，表明源 IP 地址是唯一的 IP 地址 192.1.1.1，即只能是图 7.1 中终端发送的 IP 分组。目的 IP 地址＝20.10.1.1/32，表明目的 IP 地址是唯一的 IP 地址 20.10.1.1，即只能是发送给图 7.1 中 Web 服务器的 IP 分组。也可以用“目的 IP 地址＝20.10.1.0/24”作为条件，

CIDR 地址块 20.10.1.0/24 表示一组 IP 地址，该组 IP 地址的范围是 20.10.1.0～20.10.1.255，因此，所有属于 CIDR 地址块 20.10.1.0/24 的目的 IP 地址都符合条件"目的 IP 地址=20.10.1.0/24"。源端口号= *，表明 TCP 报文的源端口号可以是任意值，这是因为终端访问 Web 服务器时，终端选择的临时端口号是不确定的。目的端口号=80，表明 TCP 报文的目的端口号等于 80，这是因为终端发送给 Web 服务器的 TCP 报文的目的端口号是确定的，是 HTTP 对应的著名端口号 80。因此，符合上述分类规则的 IP 分组只能是终端发送的用于访问 Web 服务器的 IP 分组。

7.1.2 入站规则和出站规则

1. 个人防火墙的功能

将安装在计算机中用于对单个计算机与网络之间进行的数据交换过程实施控制的防火墙称为个人防火墙，也称主机防火墙。Windows 7 自带个人防火墙。

(1) 会话的含义

会话是指两个运行在不同终端上的进程之间的数据交换过程，如图 7.3 所示。目前常见的会话有 TCP 连接、UDP 会话和 Internet 控制报文协议（Internet Control Message Protocol，ICMP）ECHO 请求和响应过程。

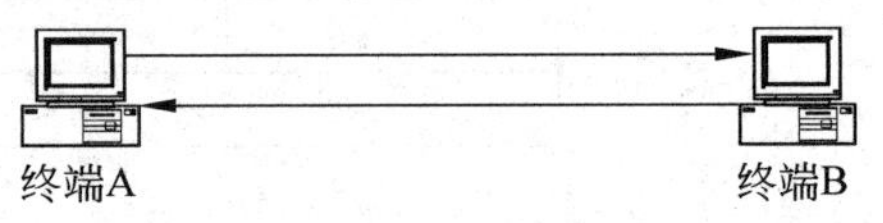

图 7.3 会话

对于 TCP 连接，会话分为三个阶段，即 TCP 连接建立阶段、数据传输阶段、TCP 连接释放阶段。通过 TCP 连接建立过程创建会话，并用两端插口唯一标识创建的会话，插口由标识终端的 32 位 IP 地址和标识进程的 16 位端口号组成。创建会话后，所有两端插口与标识该会话的两端插口相同的 TCP 报文都是属于该会话的 TCP 报文，通过 TCP 连接释放过程删除会话。

对于 UDP 会话，传输第一个 UDP 报文时创建 UDP 会话，并用该 UDP 报文的两端插口唯一标识该 UDP 会话，所有两端插口与标识该 UDP 会话的两端插口相同的 UDP 报文都是属于该会话的 UDP 报文。如果在规定时间内一直没有传输两端插口与标识该 UDP 会话的两端插口相同的 UDP 报文，则删除该 UDP 会话。

对于 ICMP ECHO 请求、响应过程，一次 ICMP ECHO 请求、响应过程属于一个会话，会话用 ICMP ECHO 报文的两端 IP 地址和序号(或标识符)唯一标识。

(2) 会话发起方和响应方

对于 TCP 连接，会话发起方是发送请求建立 TCP 连接的请求报文的一方，响应方是发送同意建立 TCP 连接的响应报文的一方。

对于 UDP 报文，会话发起方是发送创建 UDP 会话的第一个 UDP 报文的一方，响应方是接收创建 UDP 会话的第一个 UDP 报文的一方。

对于 ICMP ECHO 请求、响应过程，会话发起方是发送 ICMP ECHO 请求报文的一方，响应方是发送对应的 ICMP ECHO 响应报文的一方。

(3) 阻止会话建立

个人防火墙的核心功能是阻止会话建立。对于会话发起方，阻止会话建立的方法是禁止输出会话发起方发送的用于创建会话的报文。对于会话响应方，阻止会话建立的方法是禁止输入会话发起方发送的用于创建会话的报文。

2. 入站规则

入站规则用于禁止输入，或允许输入会话发起方发送的用于创建会话的报文。可以用 IP 地址唯一指定会话发起方所在的终端，用端口号唯一指定作为会话发起方的进程，用程序唯一指定作为会话响应方的进程，可以用协议指定会话类型。

入站规则实例如图 7.4 所示，假定允许终端 B 中的进程发起建立与终端 A 中的 360 安全卫士之间的 TCP 连接，则需要为终端 A 配置以下入站规则。

远程 IP 地址：192.1.1.1

远程端口号：任意

协议类型：TCP

本地程序：360 安全卫士

禁止或允许连接：允许连接

当终端 A 运行 360 安全卫士时，如果终端 A 接收到终端 B 发送的请求建立与 360 安全卫士之间的 TCP 连接的请求报文，则终端 A 允许 360 安全卫士向终端 B 发送同意建立 TCP 连接的响应报文。成功建立终端 B 中进程与终端 A 中 360 安全卫士之间的 TCP 连接后，允许 360 安全卫士发送、接收属于该 TCP 连接的 TCP 报文。

3. 出站规则

出站规则用于禁止输出，或允许输出会话发起方发送的用于创建会话的报文。可以用 IP 地址唯一指定会话响应方所在的终端，用端口号唯一指定作为会话响应方的进程，用程序唯一指定作为会话发起方的进程，用协议指定会话类型。

出站规则实例如图 7.5 所示，假定禁止终端 A 中的 Internet Explorer 发起建立与 Web 服务器之间的 TCP 连接，则需要为终端 A 配置以下出站规则。

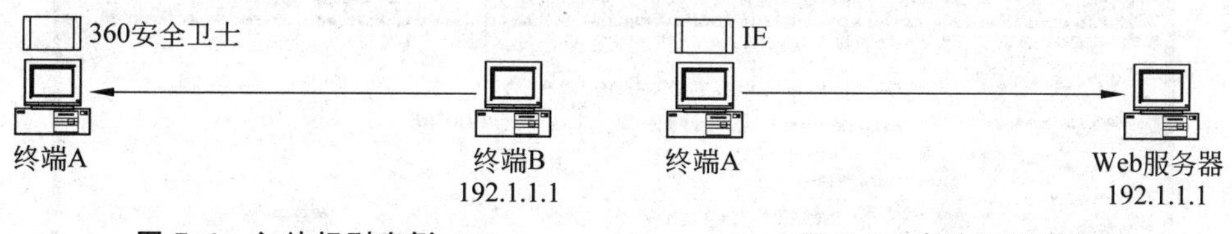

图 7.4　入站规则实例　　　**图 7.5　出站规则实例**

远程 IP 地址：192.1.1.1

远程端口号：80、443

协议类型：TCP

本地程序：Internet Explorer

禁止或允许连接：禁止连接

当终端 A 中的 Internet Explorer 发送目的 IP 地址为 192.1.1.1、净荷为 TCP 报文且 TCP 报文的目的端口号为 80 或 443 的 IP 分组时，终端 A 丢弃该 IP 分组。因此，终端 A 中的 Internet Explorer 无法建立与 Web 服务器之间的 TCP 连接，从而无法成功访问该 Web 服务器。

7.1.3 Windows 7 防火墙配置实例

Windows 7 防火墙是 Windows 7 操作系统自带的个人防火墙，通过设置入站规则禁止或允许外部终端发起建立与该计算机中某个进程之间的会话。通过设置出站规则禁止或允许该计算机中的某个进程发起建立与外部终端之间的会话。

本配置实例要求通过设置出站规则，禁止用户通过 Internet Explorer 访问百度网站。假定已经获取百度网站的 IP 地址是 112.80.248.74、112.80.248.73 和 112.80.252.32。

1. 出站规则

禁止用户通过 Internet Explorer 访问百度网站的出站规则如下。

远程 IP 地址：112.80.248.74、112.80.248.73 和 112.80.252.32

远程端口号：所有

协议类型：任何

本地程序：Internet Explorer

禁止或允许连接：禁止连接

2. 配置过程

(1) 防火墙属性配置

完成"开始"→"控制面板"→"系统和安全"→"Windows 防火墙"操作过程，弹出如图 7.6 所示的 Windows 防火墙界面。单击"高级设置"按钮，弹出如图 7.7 所示的高级设置界面。可以单独为域、专用网络和公用网络配置防火墙。当计算机加入某个域时，为域配置的防火墙作用。当计算机位于家庭局域网时，为专用网络配置的防火墙作用。当计算机接入 Internet 时，为公用网络配置的防火墙作用。单击"Windows 防火墙属性"按钮，弹出如图 7.8 所示的防火墙属性配置界面。防火墙的状态可以选择"启用"和"关闭"，

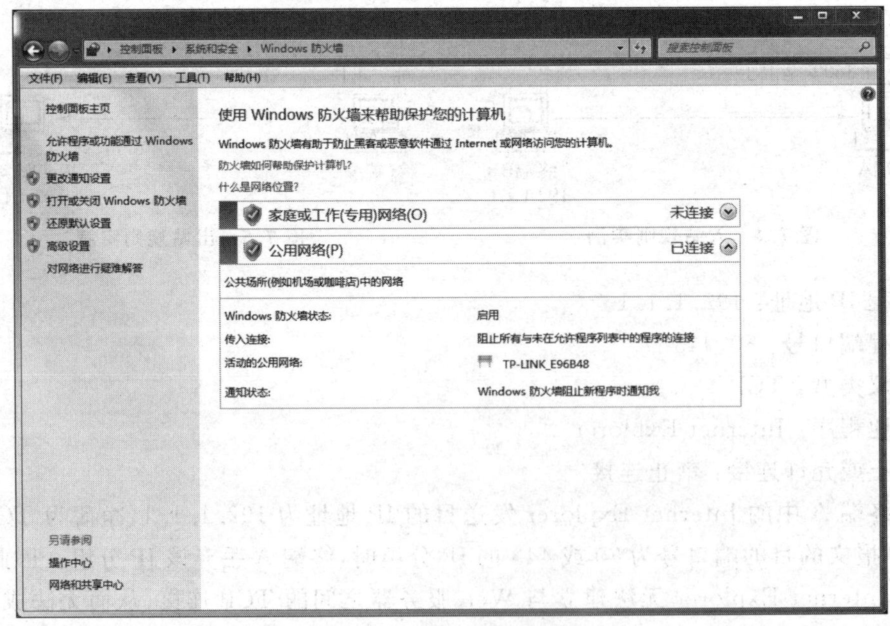

图 7.6 Windows 防火墙

启用表明防火墙作用,关闭表明防火墙不作用。入站连接有三种选择：阻止(默认值)、阻止所有连接和允许。

图 7.7 Windows 防火墙高级设置

图 7.8 Windows 防火墙属性配置

阻止(默认值)：除了入站规则明确允许的由外部终端发起建立的与该计算机中某个进程之间的会话以外,禁止其他所有由外部终端发起建立的与该计算机之间的会话。

阻止所有连接：禁止所有由外部终端发起建立的与该计算机之间的会话。

允许：除了入站规则明确禁止的由外部终端发起建立的与该计算机中某个进程之间

的会话以外，允许其他所有由外部终端发起建立的与该计算机之间的会话。

出站连接有两种选择：允许(默认值)和阻止。

允许(默认值)：除了出站规则明确禁止的由该计算机中的某个进程发起建立的与外部终端之间的会话以外，允许其他所有由该计算机发起建立的与外部终端之间的会话。

阻止：除了出站规则明确允许的由该计算机中的某个进程发起建立的与外部终端之间的会话以外，禁止其他所有由该计算机发起建立的与外部终端之间的会话。

单独为三种分别作用于域、专用网络和公用网络的防火墙配置属性，完成配置后，单击“确定”按钮，完成防火墙属性配置的过程。

(2) 出站规则配置过程

当弹出如图 7.7 所示的 Windows 防火墙高级设置界面时，单击“出站规则”按钮，弹出如图 7.9 所示的出站规则配置界面。单击“新建规则”按钮，弹出如图 7.10 所示的出站规则类型选择界面。在创建的规则类型中选择“程序(P)”，单击“下一步”按钮，弹出如图 7.11 所示的程序完整路径设置界面。在“此程序路径(T)”输入栏中输入指定程序在计算机中的完整路径，这里是 iexplore. exe 的完整路径 C:\ProgramFiles\Internet Explorer\iexplore. exe。单击“下一步”按钮，弹出如图 7.12 所示的出站规则匹配操作选择界面。匹配出站规则时的操作可以是允许连接或阻止连接。选择“阻止连接(K)”，单击“下一步”按钮，弹出如图 7.13 所示的出站规则作用环境选择界面。这里的选择规则同时作用于域、专用网络和公用网络。单击“下一步”按钮，弹出如图 7.14 所示的输入规则名称的界面。为该规则取名“阻止 ie”，可以在描述中给出该规则的详细说明。单击“完成”按钮，完成新规则的创建过程。创建新规则后，出站规则中增加了名为“阻止 ie”的规则，如图 7.15 所示。

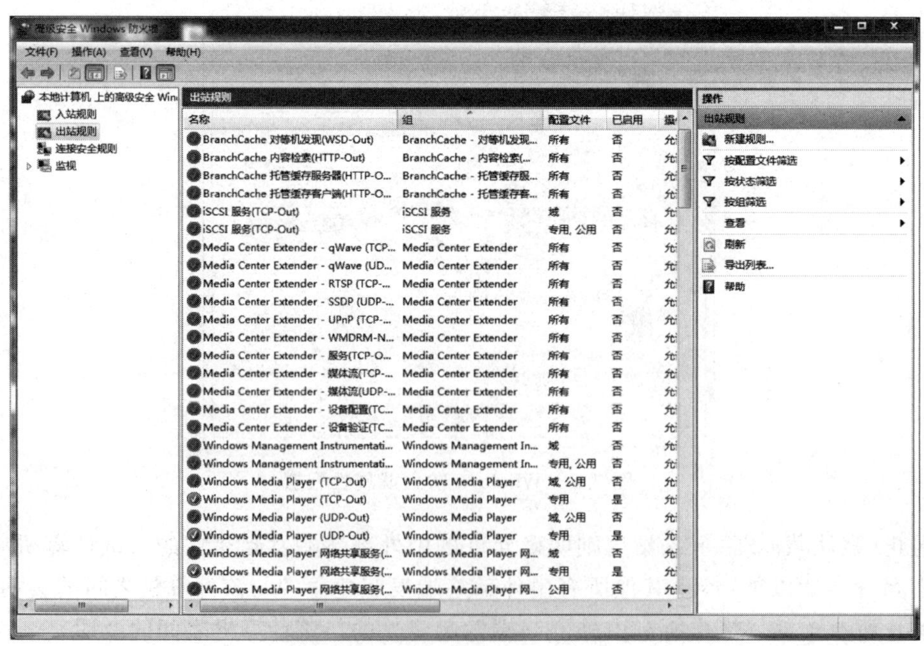

图 7.9　出站规则配置

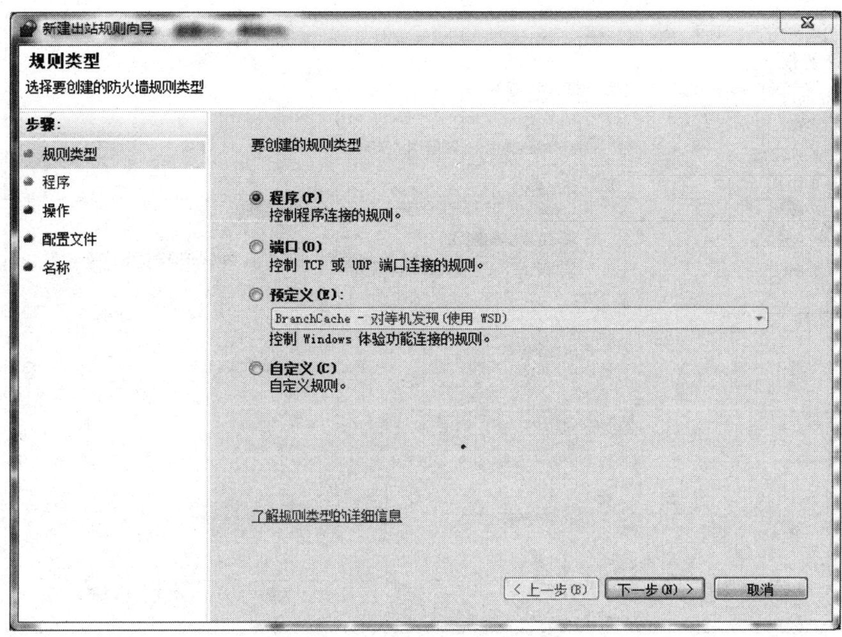

图 7.10　出站规则类型选择

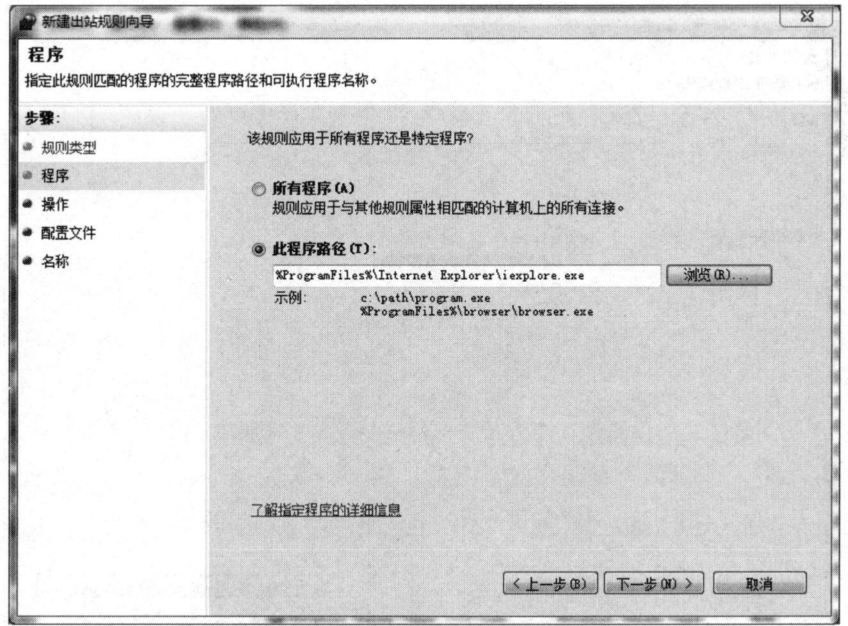

图 7.11　程序完整路径设置

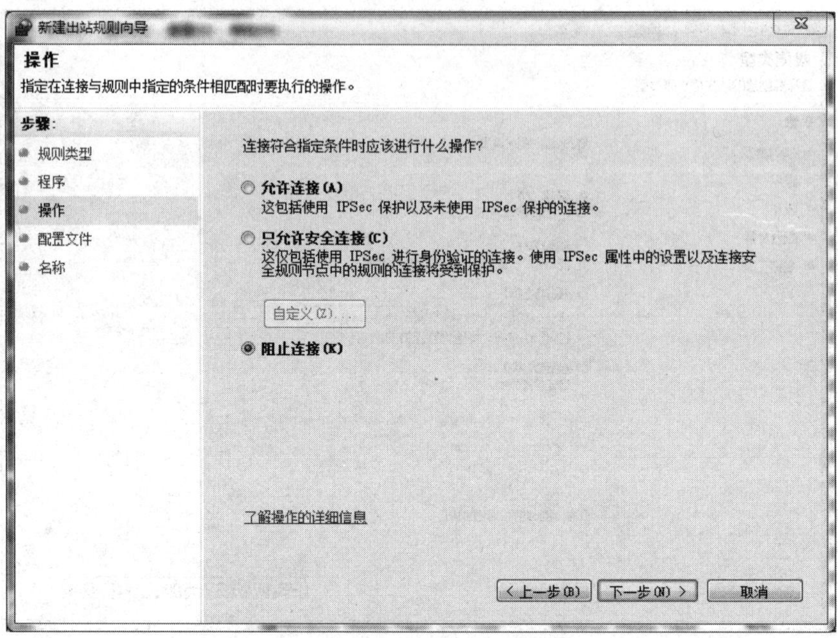

图 7.12　出站规则匹配操作选择

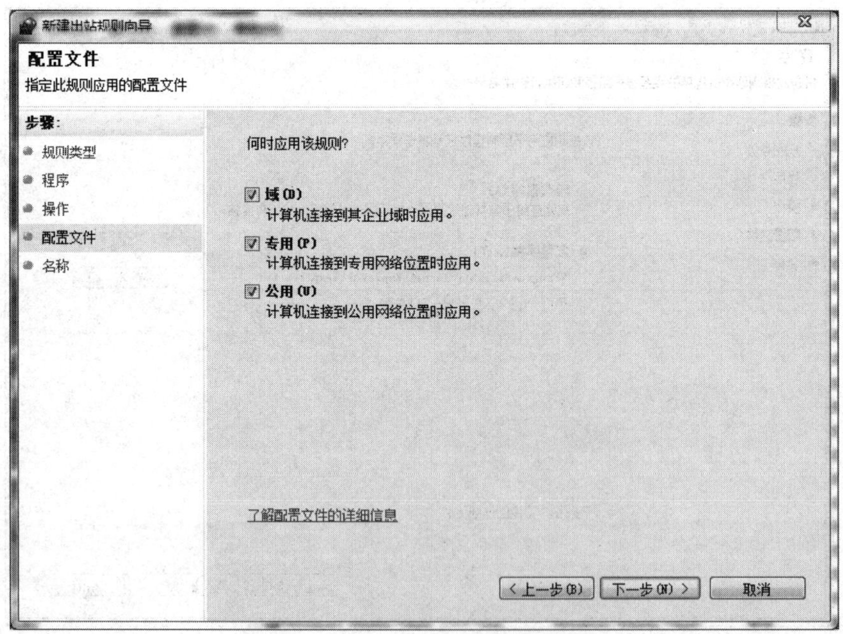

图 7.13　出站规则作用环境选择

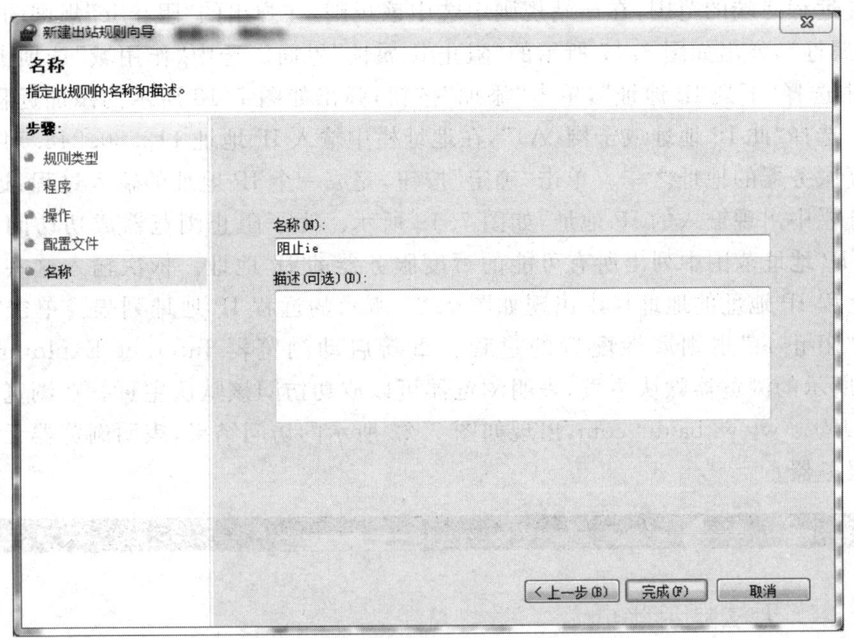

图 7.14　出站规则名称和描述配置

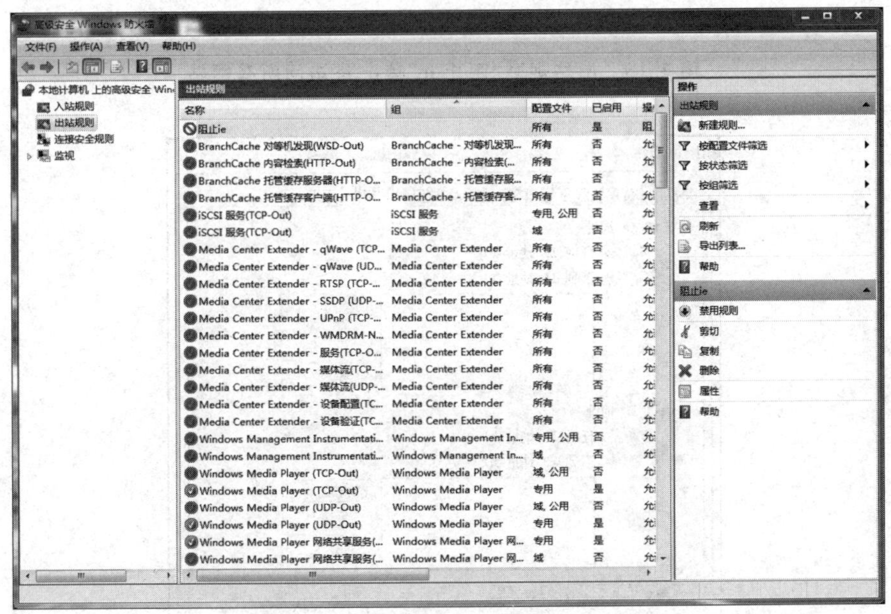

图 7.15　添加出站规则“阻止 ie”

(3) 配置规则属性

由于该规则没有指定远程终端范围，因此禁止一切由程序 iexplore.exe 发起建立的与外部终端之间的会话，用户无法通过浏览器 Internet Explorer 访问任何网站，图 7.16 所示是启动浏览器 Internet Explorer 后的界面，该界面表明无法访问浏览器的默认主页。

为了设置远程终端的范围，在出站规则中选中该规则，在弹出的“阻止 ie”规则的配置菜单中选择“属性”，弹出如图 7.17 所示的“阻止 ie 属性”界面。选中“作用域”选项卡，在远程 IP 地址中选择“下列 IP 地址”，单击“添加”按钮，弹出如图 7.18 所示的添加远程 IP 地址的界面。选择“此 IP 地址或子网(A)”，在地址栏中输入 IP 地址 112.80.248.74，该 IP 地址是百度服务器的地址之一。单击“确定”按钮，完成一个 IP 地址的输入过程，远程 IP 地址的地址栏中出现输入的 IP 地址，如图 7.19 所示。为了阻止浏览器成功访问百度服务器，远程 IP 地址范围中列出所有可能的百度服务器的 IP 地址。依次输入这些 IP 地址，最终的远程 IP 地址的地址栏中出现如图 7.20 所示的远程 IP 地址列表。单击“确定”按钮，完成“阻止 ie”规则属性配置的过程。重新启动浏览器 Internet Explorer，出现如图 7.21 所示的浏览器默认主页，表明浏览器可以成功访问该默认主页。在浏览器地址栏中输入 URL：www.baidu.com，出现如图 7.22 所示的访问结果，表明浏览器无法成功访问百度服务器。

图 7.16　出站规则“阻止 ie”禁止 ie 访问所有网站

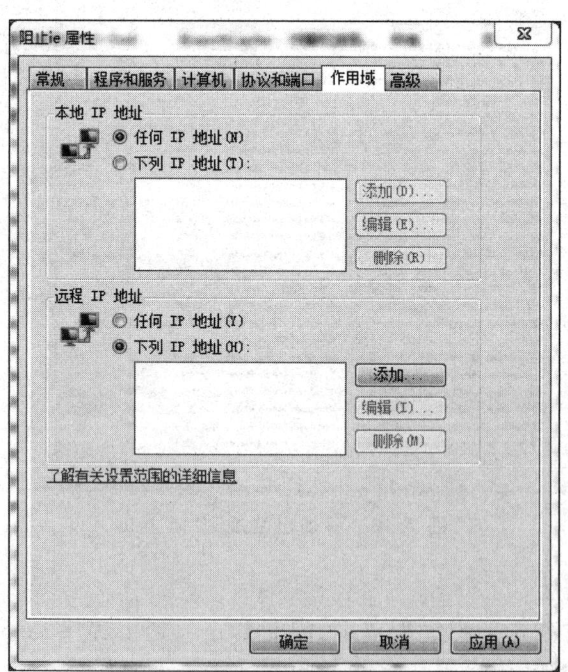

图 7.17　配置出站规则“阻止 ie”远程 IP 地址列表

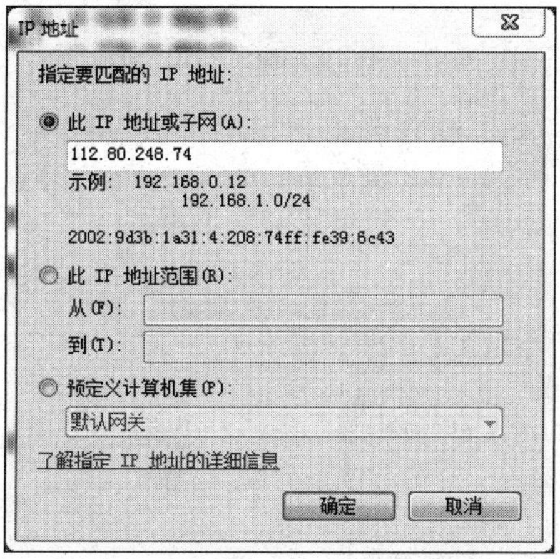

图 7.18 添加远程 IP 地址

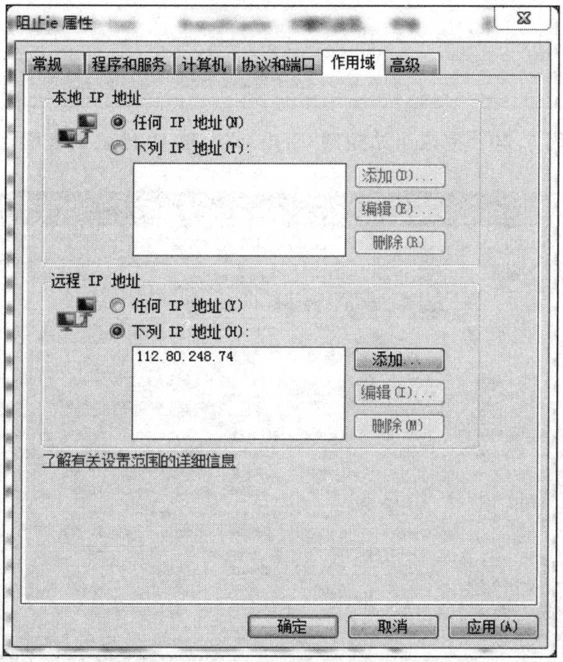

图 7.19 在远程 IP 地址列表中成功添加一个 IP 地址

值得指出的是，虽然该规则选择的协议类型是“任何”，即包含所有协议，但由于该规则只是用于禁止由程序 iexplore. exe 发起建立的与外部终端之间的会话，因此，该规则不禁止由其他程序发起建立的与百度服务器之间的会话，如图 7.23 所示的命令 ping www. baidu. com 的执行结果。虽然域名 www. baidu. com 解析出的 IP 地址 112. 80. 248. 74 出现在“阻止 ie”规则的远程 IP 地址列表中，但仍然可以通过命令 ping www. baidu. com 完成与百度服务器之间的通信过程。

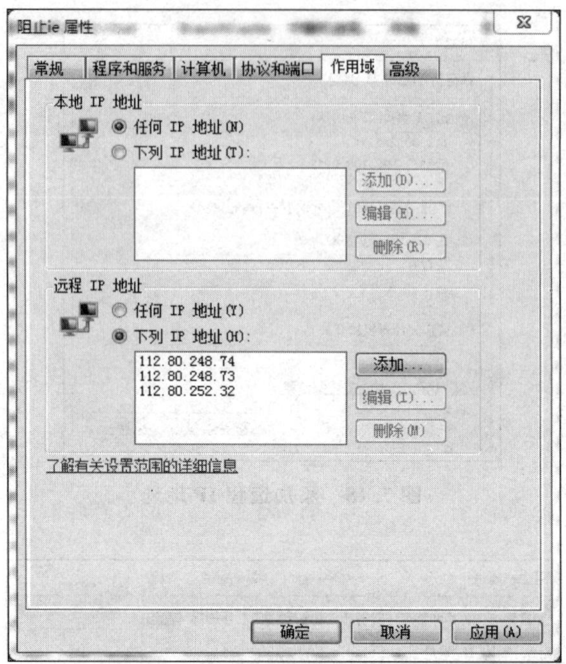

图 7.20　完成出站规则“阻止 ie”远程 IP 地址列表配置

图 7.21　出站规则“阻止 ie”允许访问远程 IP 地址列表没有限制的网站

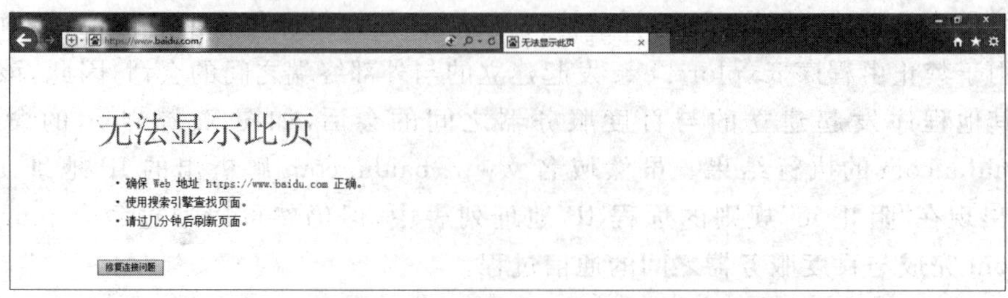

图 7.22　出站规则“阻止 ie”禁止访问远程 IP 地址列表限制的网站

图 7.23 出站规则"阻止 ie"不限制其他程序(非 IE)发起的会话

7.1.4 个人防火墙的安全应用

1. 阻止木马病毒泄露私密信息

木马病毒泄露计算机中私密信息的过程如图 7.24 所示，植入计算机中的木马服务器端主动发起与木马客户端之间的会话，会话远端的 IP 地址是无法确定的，但不同的木马病毒有着不同的、固定的远端端口号，因此，可以通过配置出站规则阻止计算机中的程序主动发起远端端口号为这些固定端口号的会话，以此阻止木马病毒泄露计算机中的私密信息。

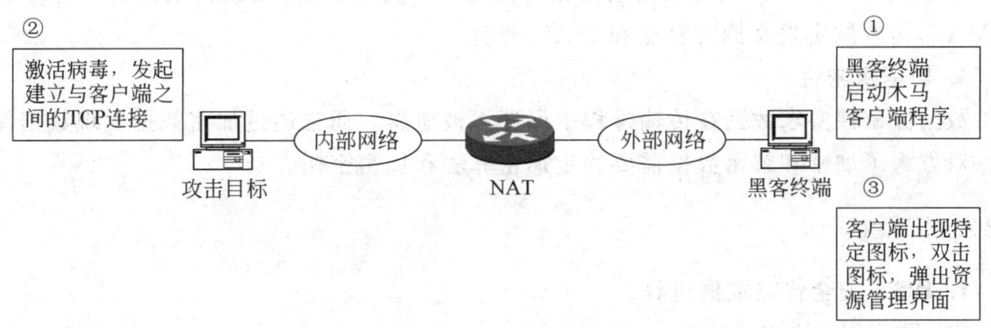

图 7.24 木马病毒泄露私密信息的过程

2. 阻止蠕虫病毒入侵计算机

蠕虫病毒在利用计算机系统软件或应用软件的漏洞入侵计算机之前，需要与计算机建立会话，因此，通过配置计算机的入站规则，严格控制远程发起的与计算机之间的会话，可以有效遏制蠕虫病毒的入侵。

7.2 IPSec 和 Windows 7 连接安全规则

安全传输需要满足以下三个要求：一是保证在两个可信终端之间进行数据传输过程；二是保证传输过程中数据的完整性；三是保证传输过程中数据的保密性。Internet 安全协议(Internet Protocol Security，IPSec)是实现数据安全传输的安全协议，连接安全规则是 Windows 7 利用 IPSec 实现数据安全传输的机制。

7.2.1 安全传输要求

实现如图 7.25 所示的两个终端之间的安全传输过程，必须满足身份鉴别、数据完整性和数据保密性等要求。

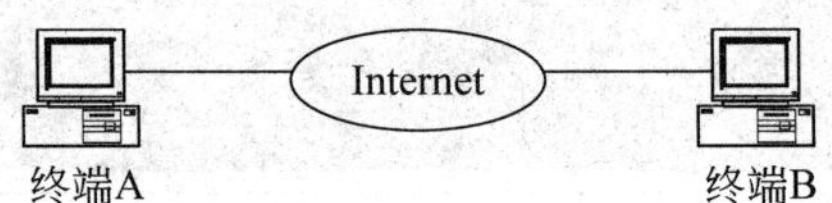

图 7.25 网络结构

1. 身份鉴别

实现安全传输过程，首先需要保证数据传输过程是在两台可信赖的计算机之间发生的。可信赖的计算机指授权通信的计算机。因此，在实施数据传输过程前，必须对另一端的计算机的身份进行鉴别，确定对方是授权通信的计算机。

2. 数据完整性

数据完整性有两个方面的含义：一是保证数据在传输过程中没有被篡改；二是能够检测出数据在传输过程中发生的任何篡改。通常通过附加消息鉴别码(Message Authentication Code，MAC)检测数据在传输过程中发生的任何篡改，双方为了计算和验证 MAC，需要约定报文摘要算法和 MAC 密钥。

3. 数据保密性

数据保密性要求数据在传输过程中保证不被泄露。通常通过加密数据实现数据保密性。双方为了加密和解密数据需要约定加密算法和加密密钥。

7.2.2 IPSec

1. IPSec 安全传输数据过程

(1) 建立安全关联

IPSec 实现数据安全传输的第一步是建立两个终端之间的安全关联(Security Association，SA)。建立安全关联的目的有两个：一是完成双方身份鉴别过程；二是完成双方加密算法、MAC 算法、加密密钥和 MAC 密钥等的协商过程。如图 7.26 所示，终端 A 和终端 B 之间建立双向安全关联的过程中，终端 A 与终端 B 一是完成双向身份鉴别过程，二是双方通过协商，约定加密算法为 AES、MAC 算法为 HMAC-SHA-1、加密密钥为 KEY1、MAC 密钥为 KEY2。

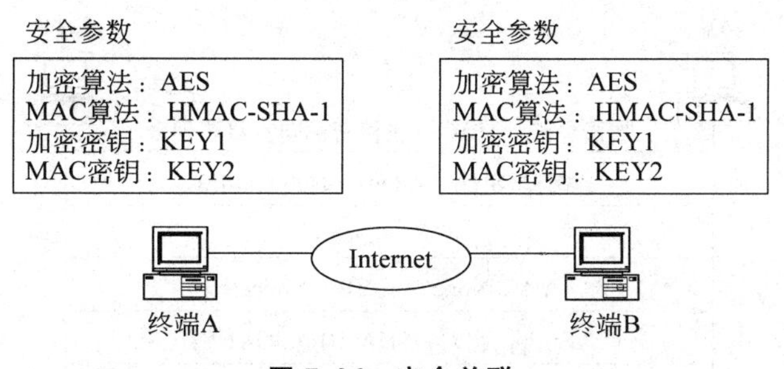

图 7.26 安全关联

(2) 安全传输过程

安全传输过程如图 7.27 所示，当发送端向接收端传输数据时，发送端首先根据加密算法 AES 和加密密钥 KEY1 对数据明文进行加密，得到数据密文＝$\text{AESE}_{\text{KEY1}}$(数据明文)，其中 AESE 表示 AES 的加密算法。然后根据 MAC 算法 HAMC-SHA-1 和 MAC 密钥 KEY2 计算数据密文的 MAC，得到 MAC＝$\text{HAMC-SHA-1}_{\text{KEY2}}$(数据密文)。发送端发送给接收端的是串接在一起的数据密文和 MAC。

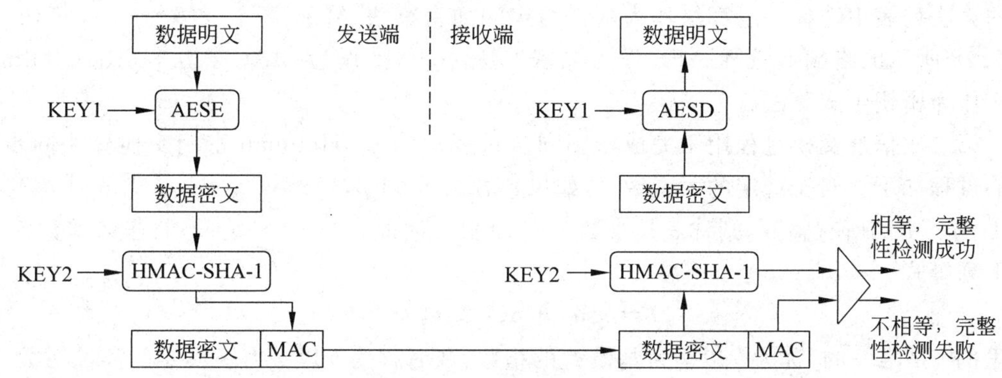

图 7.27 安全传输过程

接收端接收到串接在一起的数据密文和 MAC 后，重新计算数据密文的 MAC，得到 MAC′＝$\text{HAMC-SHA-1}_{\text{KEY2}}$(数据密文)，比较接收到的 MAC 和重新计算出的 MAC′，如果相等，则表明数据密文在传输过程中没有被篡改，解密数据密文，得到数据明文＝$\text{AESD}_{\text{KEY1}}$(数据密文)，其中 AESD 表示 AES 解密算法。如果不相等，则表明数据密文在传输过程中已经被篡改，丢弃接收到的数据密文。

2. IPSec 建立安全关联过程

IPSec 建立安全关联过程分为两个阶段：第一阶段是建立安全传输通道，建立安全通道过程也称为建立 Internet 密钥交换协议(Internet Key Exchange，IKE)安全关联过程；第二阶段是建立 IPSec 安全关联阶段。在 Windows 7 中，第一阶段称为主模式(Main Mode)协商，第二阶段称为快速模式(Quick Mode)协商。

(1) 主模式协商

主模式协商过程如图 7.28 所示，主要完成以下功能。

• 约定安全传输通道使用的加密算法和 MAC 算法。

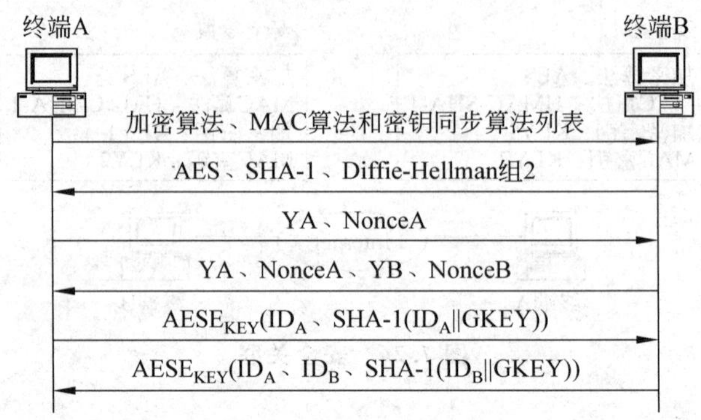

图 7.28 主模式协商过程

- 完成密钥同步过程。
- 完成双方身份鉴别过程。

如图 7.28 所示，终端 A 和终端 B 之间共进行三次信息交换过程，第一次信息交换过程中，终端 A 列出它所支持的加密算法、MAC 算法和密钥同步算法，终端 B 在终端 A 支持的算法列表中选择一组算法作为双方约定的加密算法、MAC 算法和密钥生成算法，如图 7.28 所示的终端 B 选择 AES 作为加密算法，SHA-1 作为 MAC 算法，Diffie-Hellman 组 2 作为密钥生成算法。

第二次信息交换过程用于完成密钥同步过程。Diffie-Hellman 密钥交换算法同步密钥的过程如下。对于选定的大素数 p，如果集合$\{\alpha \bmod p, \alpha^2 \bmod p, \cdots, \alpha^{p-1} \bmod p\}$包含了 $1\sim p-1$ 的所有整数，则称 α 是素数 p 的原根。因此，对于 $1\sim p-1$ 的任何整数 b，存在下列等式。

$$b=\alpha^i \bmod p, 1\leqslant i\leqslant p-1$$

这里的 i 是唯一的，称为 b 以 α 为基模 p 的指数，或者称为 b 以 α 为基模 p 的离散对数，记作 $\mathrm{ind}_{\alpha,p}(b)$。

Diffie-Hellman 密钥交换算法的前提是选择一个大素数 p 和它对应的原根 α。如果用户 A 希望和用户 B 交换密钥 K，则分别进行如下计算。

① 用户 A 选择一个小于 p 的随机整数 XA，使得 $YA=\alpha^{XA} \bmod p$，将 XA 保留，将 YA 传输给用户 B。

② 用户 B 选择一个小于 p 的随机整数 XB，使得 $YB=\alpha^{XB} \bmod p$，将 XB 保留，将 YB 传输给用户 A。

③ 用户 A 根据自身保留的 XA 和用户 B 发送的 YB，求出密钥 $KA=YB^{XA} \bmod p$。

④ 用户 B 根据自身保留的 XB 和用户 A 发送的 YA，求出密钥 $KB=YA^{XB} \bmod p$。

⑤ 双方求出的密钥相同，KA＝KB＝K。

由于双方以明文方式交换 YA 和 YB，密钥 K 的安全性基于双方保留的 XA 和 XB 的安全性，因此，Diffie-Hellman 密钥交换算法必须满足无法通过 YA 和 YB 计算出 XA 和 XB 的条件。显然，XA 和 XB 的安全性取决于大素数 p 的位数，大素数 p 的位数越大，XA 和 XB 的安全性越好，但计算密钥的过程就越复杂。目前定义了三组不同长度的大素

数 p 和对应的原根 α。

第 1 组：大素数 p 是 768 位的二进制数。

第 2 组：大素数 p 是 1024 位的二进制数。

第 5 组：大素数 p 是 1536 位的二进制数。

在使用 Diffie-Hellman 密钥交换算法时，只要选择参数组号，就可以确定所使用的大素数 p 和对应的原根 α，上述三组参数分别称为 D-H-1 组、D-H-2 组和 D-H-5 组。

双方以 K 为基础，结合双方交换的随机数 NonceA 和 NonceB 分别生成实现数据安全传输所需要的全部密钥。

第三次信息交换过程完成双方身份的鉴别过程，这里假定终端 A 和终端 B 拥有相同的共享密钥 GKEY，双方向对方证明自己身份的方法就是证明自己拥有共享密钥 GKEY。终端 A 通过给出 SHA-1(ID_A ‖ GKEY)证明自己拥有共享密钥 GKEY，用 SHA-1(ID_A ‖ GKEY)证明自己拥有共享密钥 GKEY 的原因是，这样做既能证明自己拥有共享密钥 GKEY，又无法使终端 B 通过 SHA-1(ID_A ‖ GKEY)导出共享密钥 GKEY。同样，终端 B 通过 SHA-1(ID_B ‖ GKEY)证明自己拥有共享密钥 GKEY。ID_A 和 ID_B 分别是终端 A 和终端 B 的标识符。

(2) 快速模式协商

快速模式协商过程如图 7.29 所示，主要完成以下功能。

- 双方约定 IPSec 安全关联使用的安全协议，可以选择的安全协议有封装安全净荷(Encapsulating Security Payload，ESP)和鉴别首部(Authentication Header，AH)。
- 选择 ESP 时，双方约定使用的加密算法和 MAC 算法，选择 AH 时，双方约定使用的 MAC 算法。

如图 7.29 所示，终端 A 和终端 B 之间共进行两次信息交换过程，第一次信息交换过程完成双方安全协议，以及安全协议相关的加密算法和 MAC 算法的约定。第二次信息交换过程用于对第一次信息交换过程予以确认。

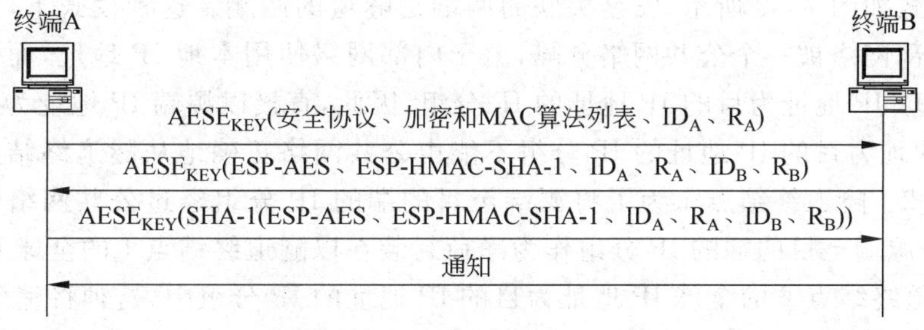

图 7.29 快速模式协商过程

3. AH 和 ESP

IPSec 包含两种安全协议，分别是 AH 和 ESP，AH 用于保障数据传输过程中的完整性，因此，AH 不具有对数据明文进行加密的功能。ESP 用于保障数据传输过程中的保密性和完整性。因此，对于基于 AH 的 IPSec 安全关联，双方只需要约定 MAC 算法和

MAC 密钥。对于基于 ESP 的 IPSec 安全关联，双方需要约定加密算法、MAC 算法、加密密钥和 MAC 密钥。因此只有 ESP 才能实现如图 7.27 所示的安全传输过程，AH 只能实现如图 7.30 所示的安全传输过程。

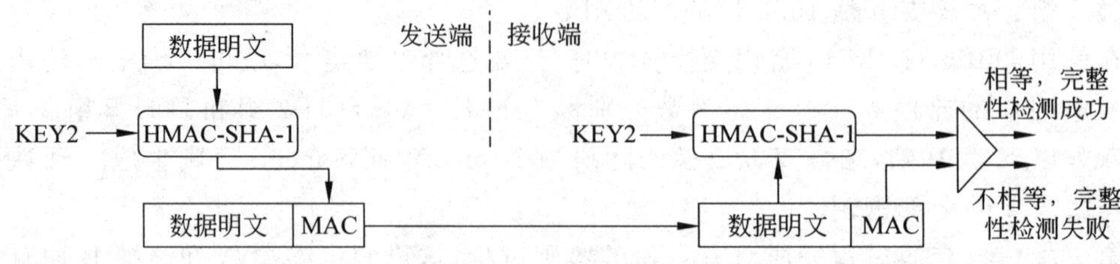

图 7.30　AH 安全传输过程

当然，对于基于 ESP 的 IPSec 安全关联，也可以选择只保障数据传输过程中的保密性或完整性。只保障保密性时，双方只需约定加密算法和加密密钥；只保障完整性时，双方只需约定 MAC 算法和 MAC 密钥。

4. 传输模式和隧道模式

(1) 传输模式

传输模式用于保证数据端到端安全传输，并对数据源端进行鉴别。这种模式下，IPSec 所保护的数据就是作为 IP 分组净荷的上层协议数据，如 TCP、UDP 报文和其他基于 IP 的上层协议报文。安全关联建立在数据源端和目的端之间，如图 7.31 所示。

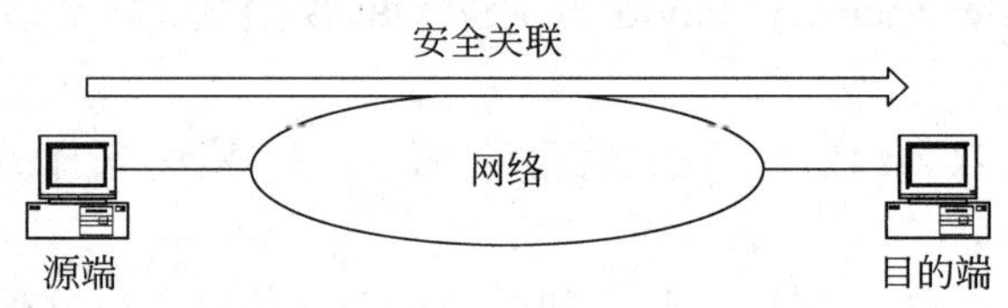

图 7.31　传输模式

(2) 隧道模式

隧道模式如图 7.32 所示，安全关联的两端是隧道的两端。这种模式下，连接源端和目的端的内部网络被一个公共网络分隔，由于内部网络使用本地 IP 地址，而公共网络只能路由以全球 IP 地址为目的 IP 地址的 IP 分组，因此，直接以源端 IP 地址为源 IP 地址、目的端 IP 地址为目的 IP 地址的 IP 分组不能由公共网络正确地从隧道终结点 1 路由到隧道终结点 2。隧道终结点 1 为了将源端至目的端的 IP 分组经过公共网络传输给隧道终结点 2，将源端至目的端的 IP 分组作为净荷封装在以隧道终结点 1 的全球 IP 地址为源 IP 地址，隧道终结点 2 的全球 IP 地址为目的 IP 地址的 IP 分组中，这种将整个 IP 分组作为另一个 IP 分组的净荷的封装方式就是隧道格式，这种情况下，安全关联的两端就是隧

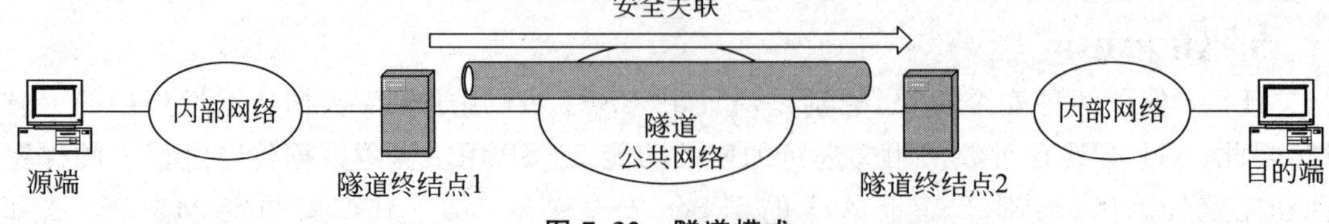

图 7.32　隧道模式

道的两端，对于源端至目的端传输方向，安全关联的发送端是隧道终结点1，接收端是隧道终结点2。

7.2.3 Windows 7连接安全规则配置过程

1. 配置环境

配置环境如图7.33所示，终端A、终端B和终端C位于同一个基本服务集(Basic Service Set，BSS)，配置网络地址相同的IP地址，因此可以相互通信。

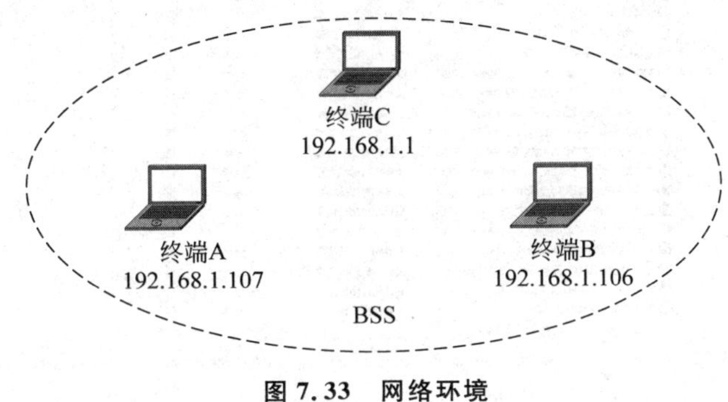

图7.33 网络环境

启动终端A和终端B的安全传输功能，为终端A和终端B配置相同的共享密钥GKEY，选择相同的安全协议、加密算法、MAC算法和密钥同步算法。终端A与终端B只与成功建立安全关联的另一端相互通信。因此，如图7.33所示的BSS中，在启动终端A和终端B的安全传输功能后，只允许终端A和终端B之间相互通信，通信过程中按照配置要求实现安全传输功能。

2. 开放ICMP ECHO响应功能

完成"开始"→"控制面板"→"系统和安全"→"Windows防火墙"→"高级设置"→"入站规则"操作过程，弹出如图7.34所示的入站规则配置界面。为了能够响应ICMP ECHO请求报文，开启入站规则"文件和打印机共享(回显请求-ICMPv4-In)"，允许ICMP ECHO请求报文进入计算机。如果不知道终端所处的网络位置，则同时开启针对域、专用和公用网络的入站规则。同时开启针对域、专用和公用网络的入站规则"文件和打印机共享(回显请求-ICMPv4-In)"后的入站规则配置界面如图7.35所示。

3. 检测终端之间的连通性

开启终端B和终端C允许ICMP ECHO请求报文进入的入站规则后，终端A可以与终端B和终端C连通。如图7.36所示是终端A通过ping命令测试与终端B和终端C之间连通性的界面。

4. 创建新规则

完成终端A"开始"→"控制面板"→"系统和安全"→"Windows防火墙"→"高级设置"操作过程，在弹出的高级安全Windows防火墙配置界面中，通过单击"连接安全规则"选中连接安全规则选项并右击，弹出如图7.37所示的连接安全规则配置菜单，单击"新建规则"选项，弹出如图7.38所示的规则类型配置界面。

隔离：该类型表示只与通过身份鉴别、成功建立安全关联的计算机通信。

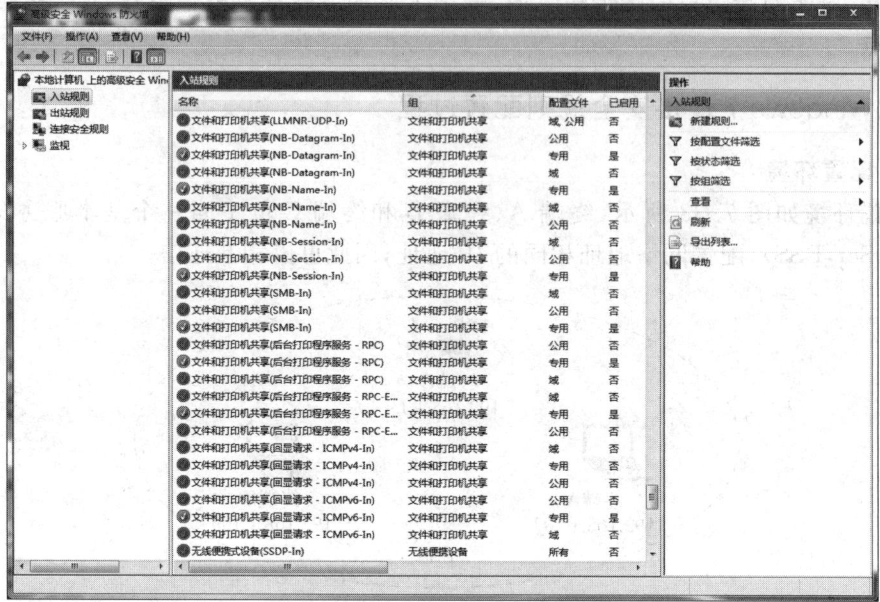

图 7.34　入站规则配置

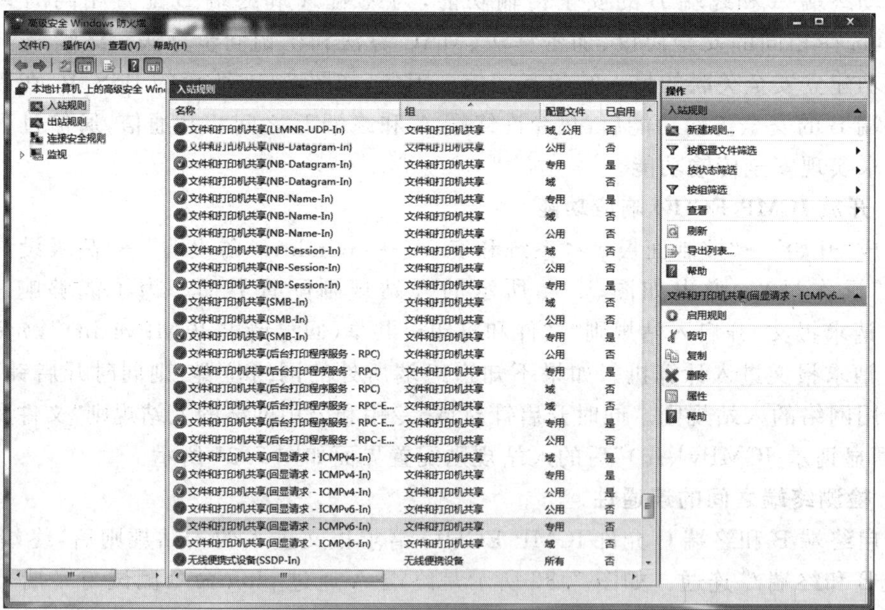

图 7.35　开启允许 ICMP ECHO 请求报文进入的入站规则

免除身份验证：该类型用于指定免除身份鉴别的计算机。

服务器到服务器：该类型用于指定需要建立安全关联的两台特定服务器。

隔离和服务器到服务器类型属于传输模式。

隧道：该类型用于实现隧道模式。

自定义：该类型用于实现用户自定义的连接安全规则。

```
命令提示符

C:\Users\admin>ping 192.168.1.106

正在 Ping 192.168.1.106 具有 32 字节的数据:
来自 192.168.1.106 的回复: 字节=32 时间=24ms TTL=64
来自 192.168.1.106 的回复: 字节=32 时间=2ms TTL=64
来自 192.168.1.106 的回复: 字节=32 时间=4ms TTL=64
来自 192.168.1.106 的回复: 字节=32 时间=2ms TTL=64

192.168.1.106 的 Ping 统计信息:
    数据包: 已发送 = 4, 已接收 = 4, 丢失 = 0 (0% 丢失),
往返行程的估计时间(以毫秒为单位):
    最短 = 2ms, 最长 = 24ms, 平均 = 8ms

C:\Users\admin>ping 192.168.1.1

正在 Ping 192.168.1.1 具有 32 字节的数据:
来自 192.168.1.1 的回复: 字节=32 时间=1ms TTL=64
来自 192.168.1.1 的回复: 字节=32 时间=1ms TTL=64
来自 192.168.1.1 的回复: 字节=32 时间=1ms TTL=64
来自 192.168.1.1 的回复: 字节=32 时间=2ms TTL=64

192.168.1.1 的 Ping 统计信息:
    数据包: 已发送 = 4, 已接收 = 4, 丢失 = 0 (0% 丢失),
```

图 7.36　终端 A 测试与终端 B 和终端 C 之间连通性

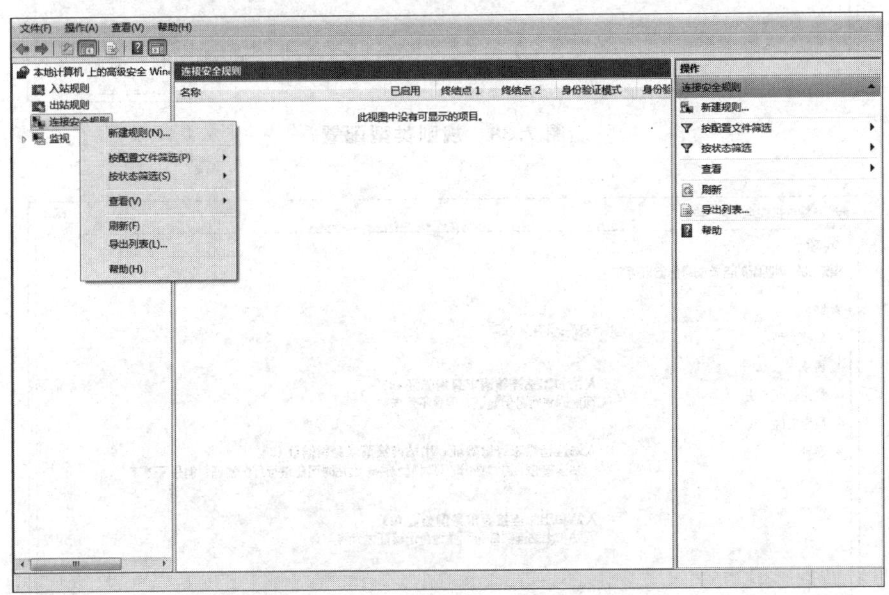

图 7.37　连接安全规则配置菜单

选中"隔离"，单击"下一步"按钮，弹出如图 7.39 所示的规则要求配置界面，选中"入站和出站连接要求身份验证"，单击"下一步"按钮，弹出如图 7.40 所示的身份验证方法配置界面。由于方法列表中没有本例采用的基于共享密钥的身份鉴别方法，因此选中"高级"，单击"下一步"按钮，弹出如图 7.41 所示的自定义高级身份验证方法配置界面，单击第一身份验证方法添加框下的"添加"按钮，弹出如图 7.42 所示的第一身份验证方法选择界面，选中"预共享密钥"身份验证方法，在预共享密钥输入框中输入共享密钥 1234567890。单击"确定"按钮，弹出如图 7.43 所示的完成身份验证方法选择后的自定义

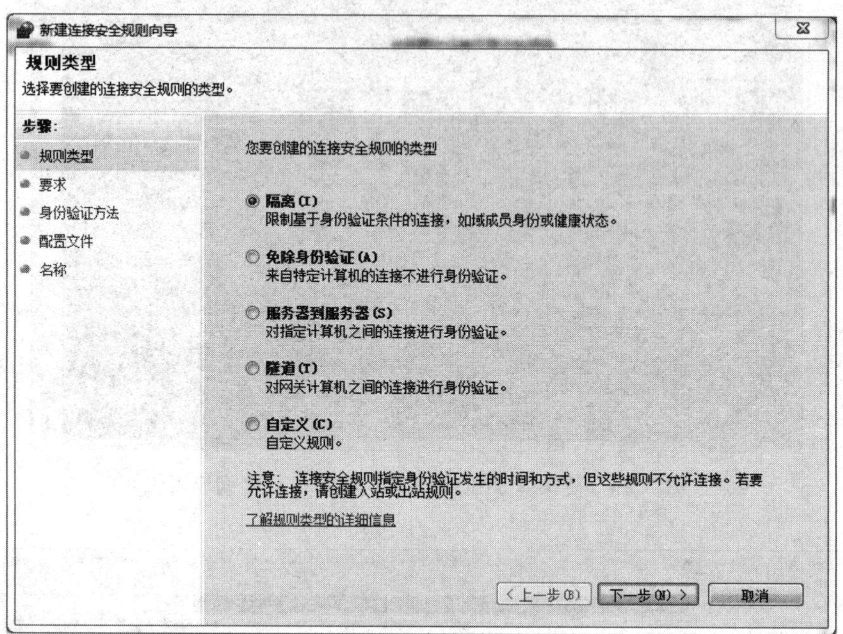

图 7.38 规则类型配置

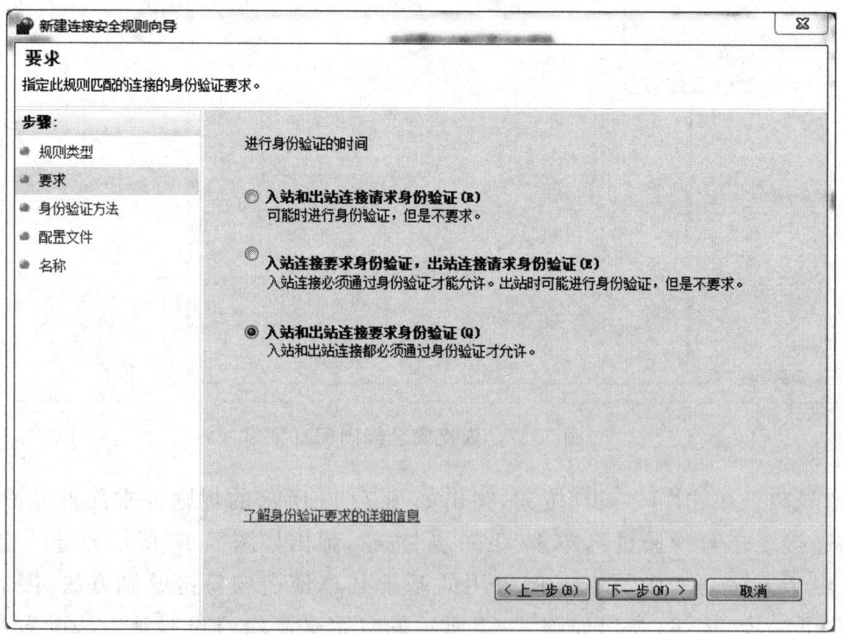

图 7.39 规则要求配置

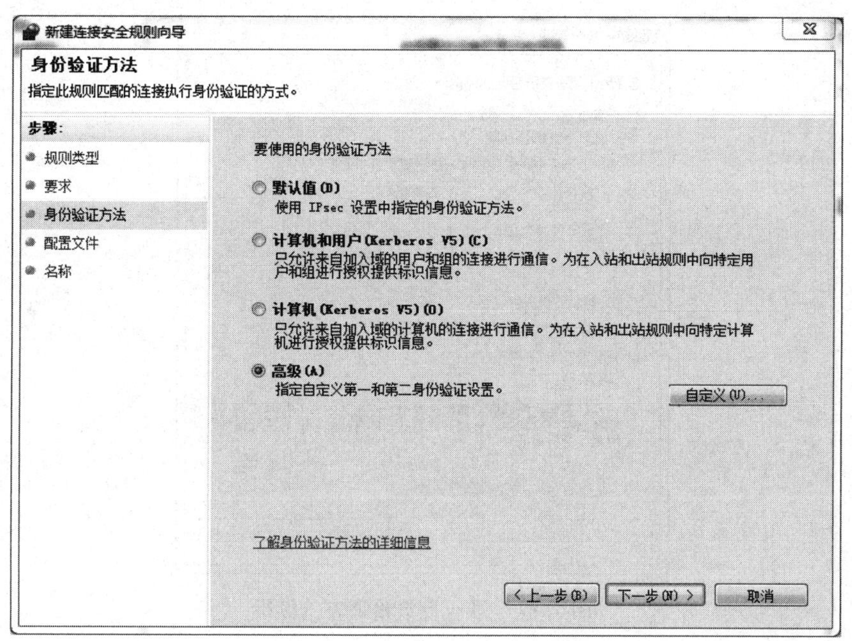

图 7.40　身份验证方法配置

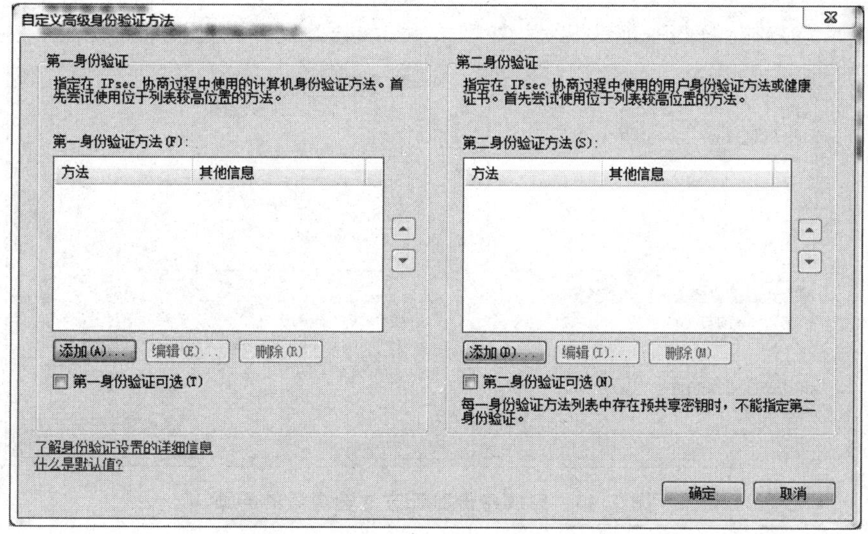

图 7.41　自定义高级身份验证方法配置

高级身份验证方法配置界面。单击“确定”按钮，弹出如图 7.44 所示的配置文件配置界面，将该配置文件同时作用于域、专用网络和公用网络，单击“下一步”按钮，弹出如图 7.45 所示的名称配置界面，在名称输入框中输入规则名称，在描述输入框中可以输入对该规则的描述。单击“完成”按钮，连接安全规则列表中出现如图 7.46 所示的名称为“内网”的规则。由于终结点 2 的地址为任意，因此，该终端可以与所有能够成功与其完成双向身份鉴别过程的其他终端进行通信。

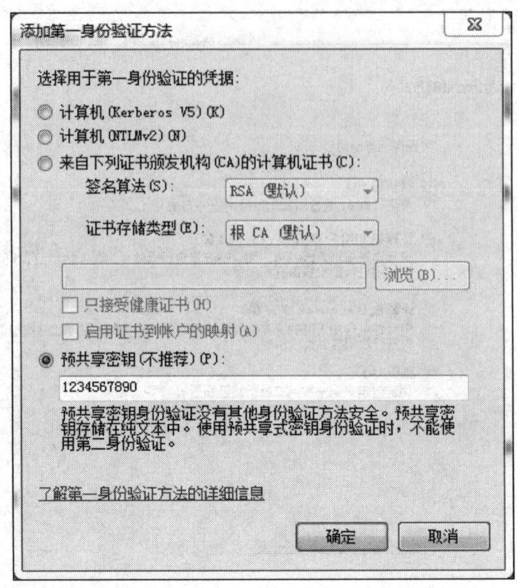

图 7.42 第一身份验证方法选择

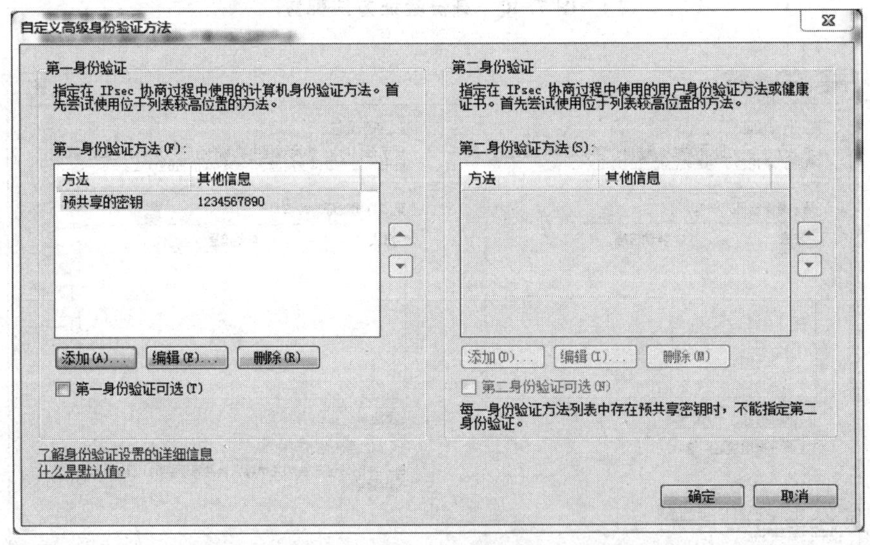

图 7.43 完成身份验证方法选择后的界面

5. 配置规则属性

如果只允许与属于网络 192.168.1.0/24 且与其完成双向身份鉴别过程的其他终端进行通信，则可以通过配置名称为“内网”的连接安全规则属性对终结点 2 的范围进行限制。通过单击图 7.46 中名称为“内网”的连接安全规则，弹出如图 7.47 所示的该规则操作菜单，单击“属性”选项，弹出如图 7.48 所示的规则属性配置界面。单击“计算机”选项卡，弹出如图 7.49 所示的终结点 1 和终结点 2 的范围配置界面。勾选终结点 2“下列 IP 地址”，单击“添加”按钮，弹出如图 7.50 所示的配置终结点 2 子网地址或 IP 地址范围的

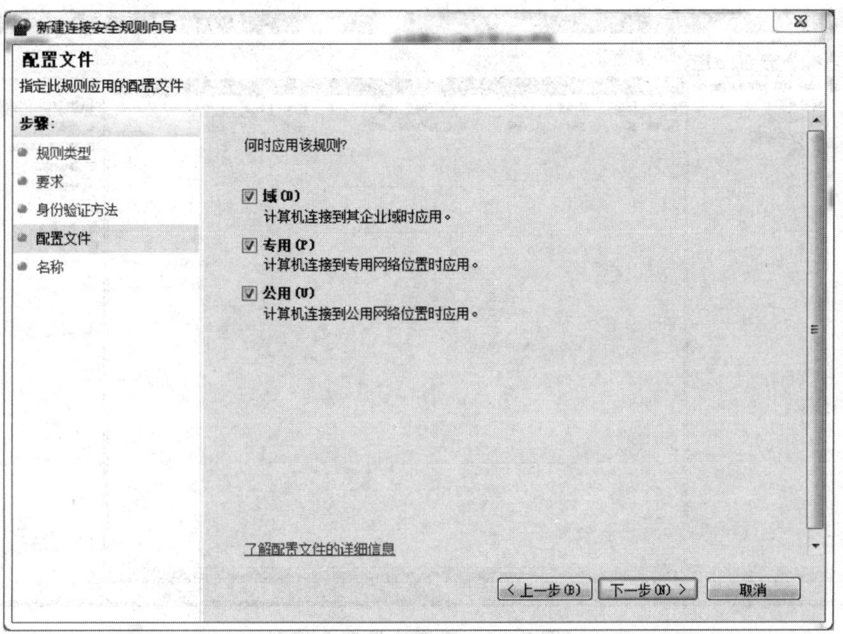

图 7.44 配置文件配置

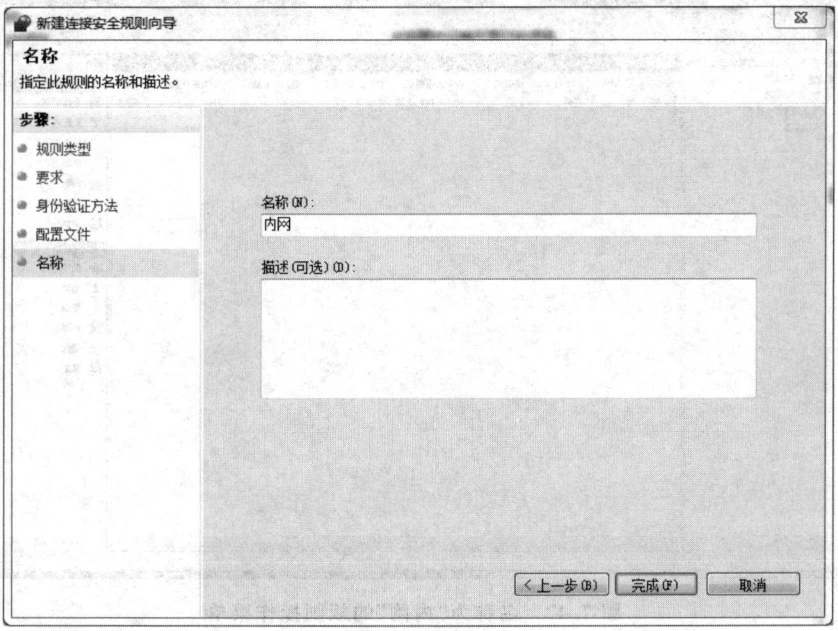

图 7.45 名称配置

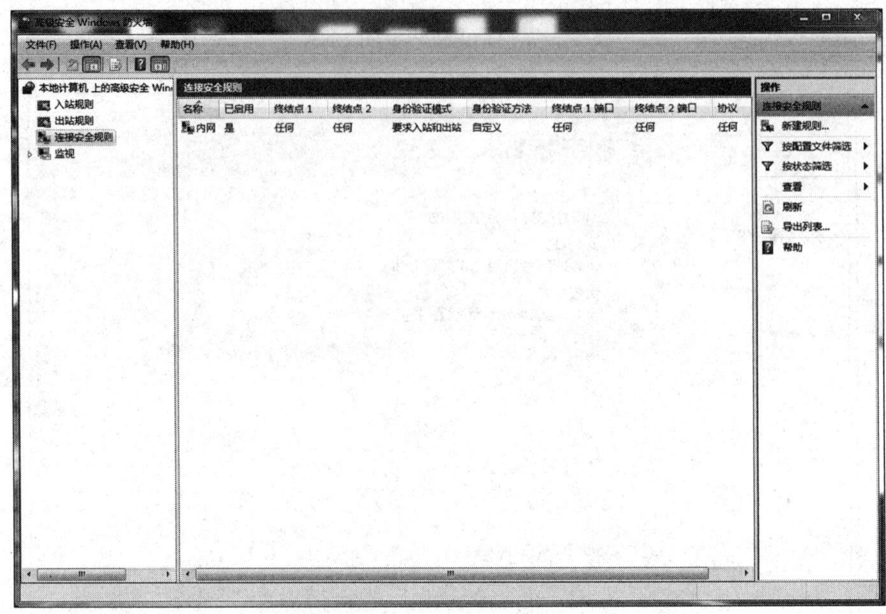

图 7.46 新增连接安全规则

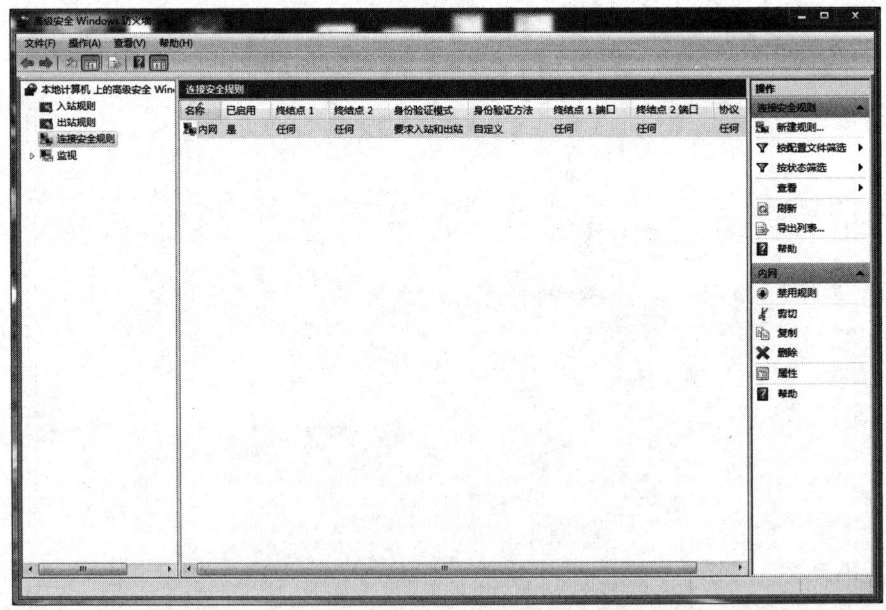

图 7.47 名称为"内网"的规则操作菜单

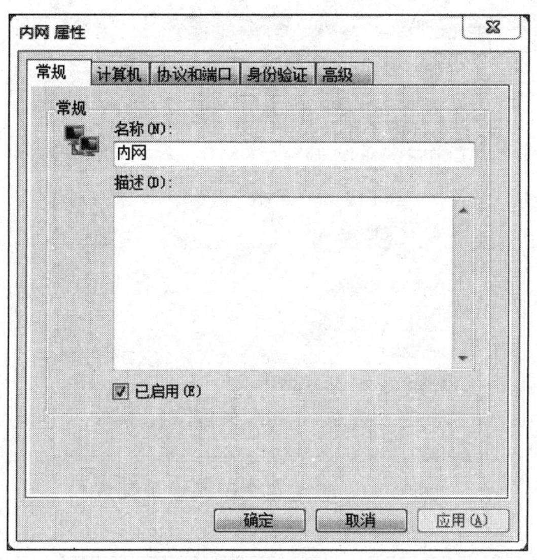

图 7.48　规则属性配置

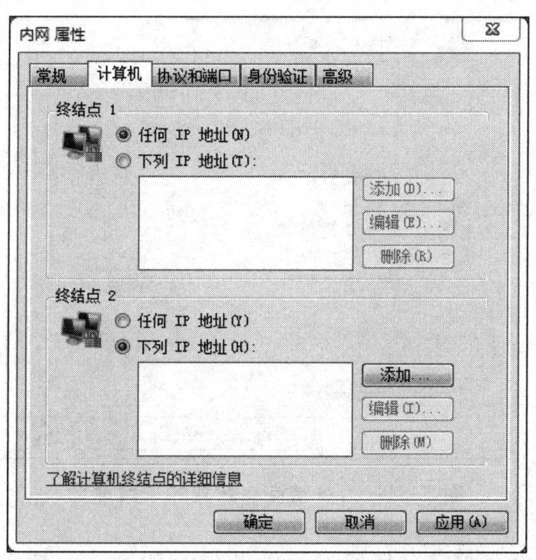

图 7.49　终结点 1 和终结点 2 的范围配置

界面，在子网地址输入框中输入用于限制终结点 2 范围的子网地址 192.168.1.0/24，单击“确定”按钮，弹出如图 7.51 所示的为终结点 2 添加的子网地址，单击“确定”按钮，完成属性配置过程。完成属性配置过程后的名称为“内网”的连接安全规则如图 7.52 所示，终结点 2 的范围限制为属于网络 192.168.1.0/24 的终端。

6. 测试安全连接

当图 7.33 中的终端 A 和终端 B 均完成相同的连接安全规则配置过程后，终端 A 与终端 B 之间能够进行安全传输过程，但终端 A 和终端 C 之间由于无法完成双向身份鉴别过程，因此无法相互通信。图 7.53 给出了终端 A 分别 ping 终端 B 和终端 C 的结果。终

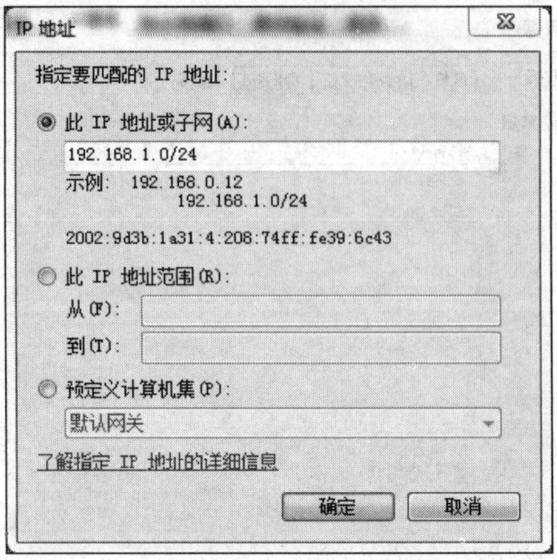

图 7.50　终结点 2 子网地址配置

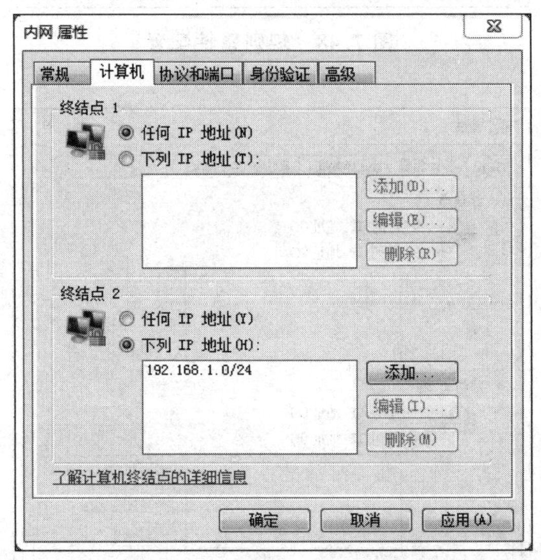

图 7.51　为终结点 2 配置的子网地址

端 A 与终端 B 之间成功完成安全传输过程的前提有两个：一是建立终端 A 与终端 B 之间的安全传输通道(也称为 IKE 安全关联)；二是建立终端 A 与终端 B 之间的 IPSec 安全关联。如图 7.52 所示，完成“监视”→“安全关联”→“主模式”操作过程，弹出如图 7.54 所示的终端 A 与终端 B 之间建立的安全传输通道，对于安全传输通道，双方约定的身份鉴别方法是预共享的密钥、加密算法是 AES-CBC 128、报文摘要算法是 SHA-1、密钥同步算法是 Diffie-Hellman Group 2。如图 7.52 所示，完成“监视”→“安全关联”→“快速模式”操作过程，弹出如图 7.55 所示的终端 A 与终端 B 之间建立的 IPSec 安全关联的界面，对于 IPSec 安全关联，双方约定的安全协议是 ESP、MAC 算法是 SHA-1，由于只保障数据完整性，不保障数据保密性，因此没有采用 ESP 保障数据保密性的功能。同样，终端 B 建立的安全传输通道与 IPSec 安全关联分别如图 7.56 和图 7.57 所示。

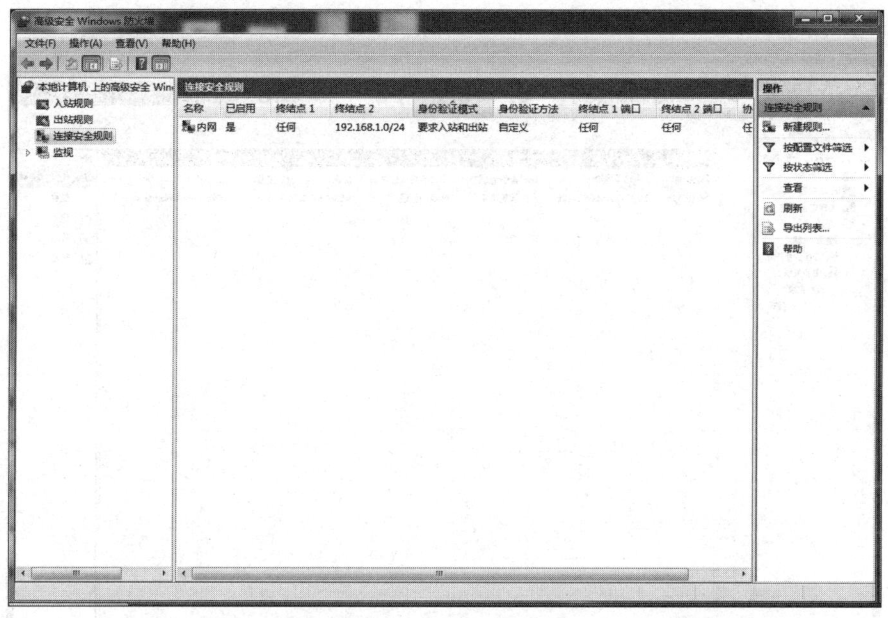

图 7.52　完成属性配置后的名称为"内网"的连接安全规则

图 7.53　终端 A 分别 ping 终端 B 和终端 C 的结果

7. IPSec 属性配置过程

无论是建立安全传输通道时约定的安全机制，还是建立 IPSec 安全关联时约定的安全机制，都是可以设置的，其设置过程如下。

完成"开始"→"控制面板"→"系统和安全"→"Windows 防火墙"→"高级设置"操作过程，弹出如图 7.58 所示的高级安全 Windows 防火墙配置界面，单击"Windows 防火墙属性"选项，弹出 Windows 防火墙属性配置界面，单击"IPSec 设置"选项卡，弹出如图 7.59 所示的 IPSec 属性设置界面，单击 IPSec 默认值的"自定义"按钮，弹出如图 7.60

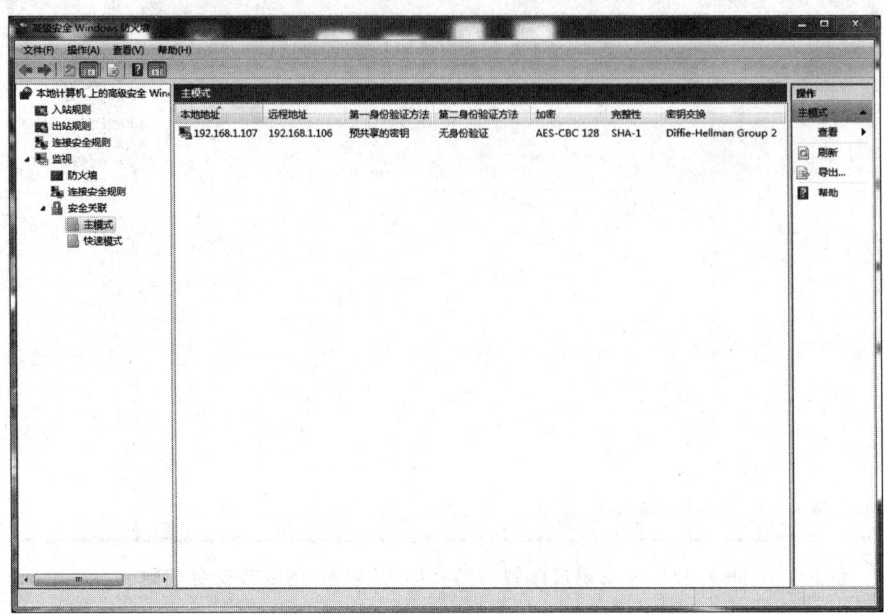

图 7.54 终端 A 建立的安全传输通道

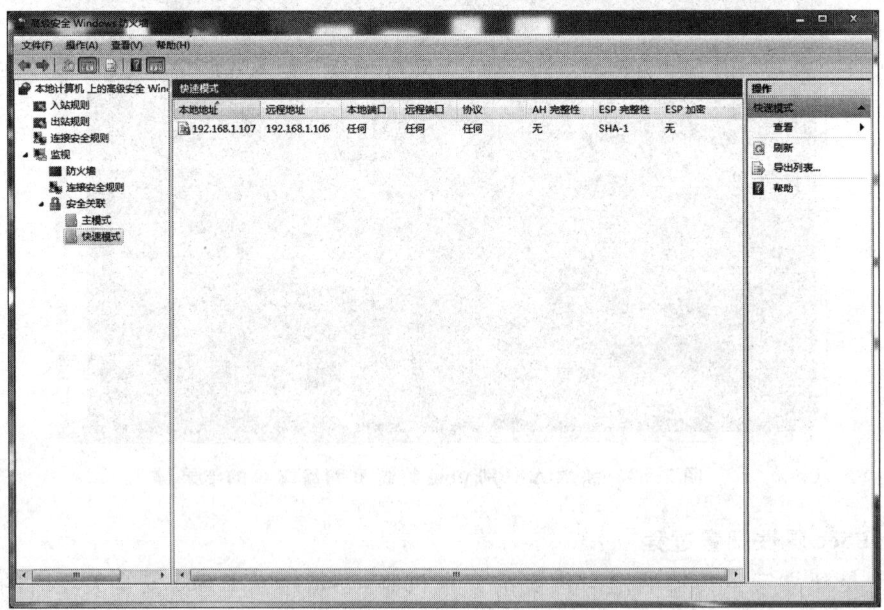

图 7.55 终端 A 建立的 IPSec 安全关联

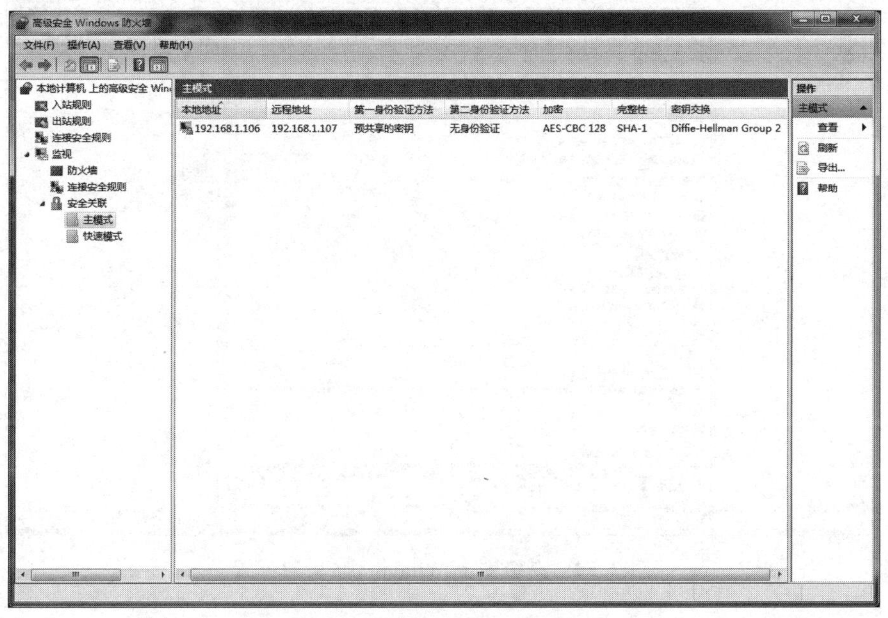

图 7.56 终端 B 建立的安全传输通道

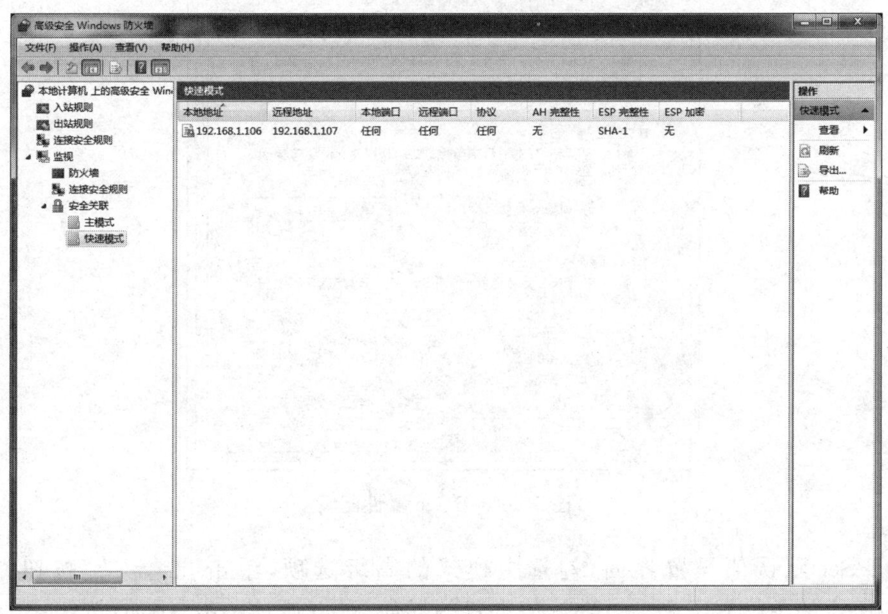

图 7.57 终端 B 建立的 IPSec 安全关联

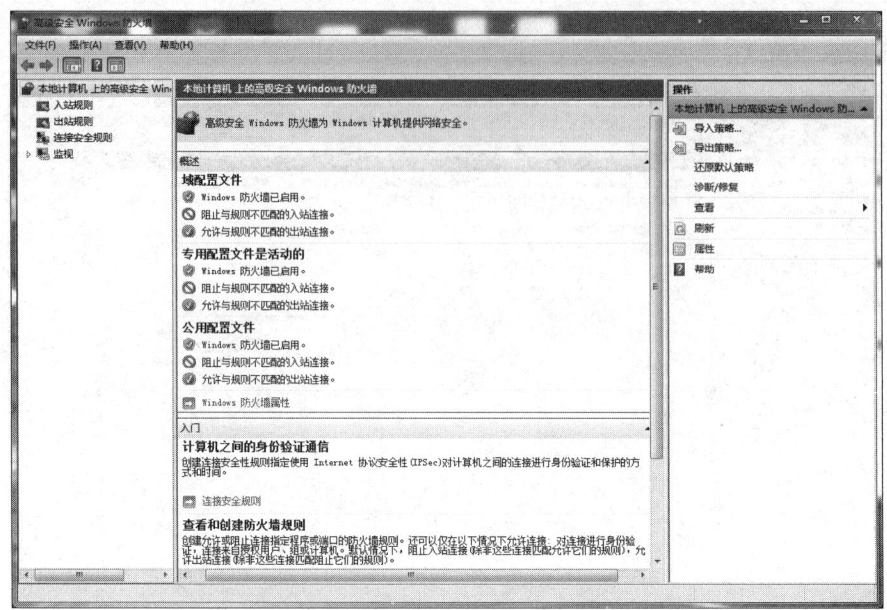

图 7.58　高级安全 Windows 防火墙配置

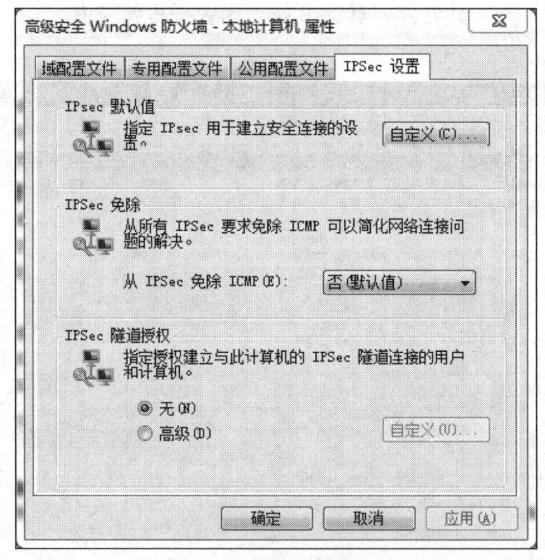

图 7.59　IPSec 属性配置

所示的 IPSec 默认值设置界面，勾选主模式的高级选项，单击“自定义”按钮，弹出如图 7.61 所示的主模式下 IPSec 默认值设置的界面，可以通过单击“添加”按钮添加安全方法，如果需要改变安全方法的顺序，则需要单击选中某个安全方法，通过单击安全方法框边上的向上或向下箭头改变该安全方法的顺序。单击“确定”按钮完成默认值配置过程。

勾选快速模式的高级选项，单击“自定义”按钮，弹出如图 7.62 所示的快速模式下 IPSec 默认值设置的界面，如果同时要求实现保障数据完整性和保密性的功能，则勾选

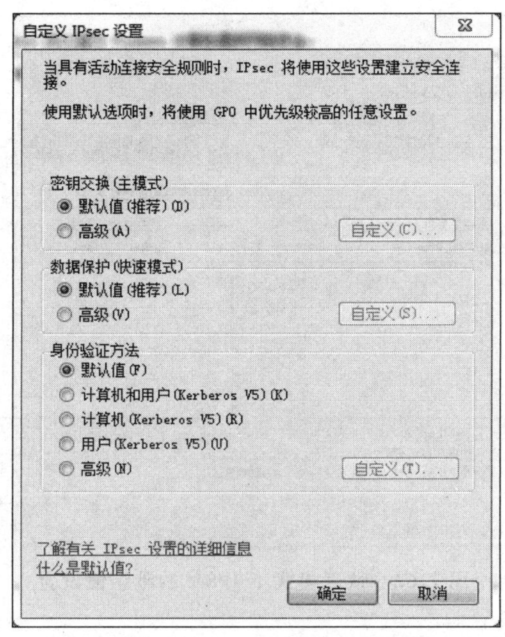

图 7.60　IPSec 默认值设置

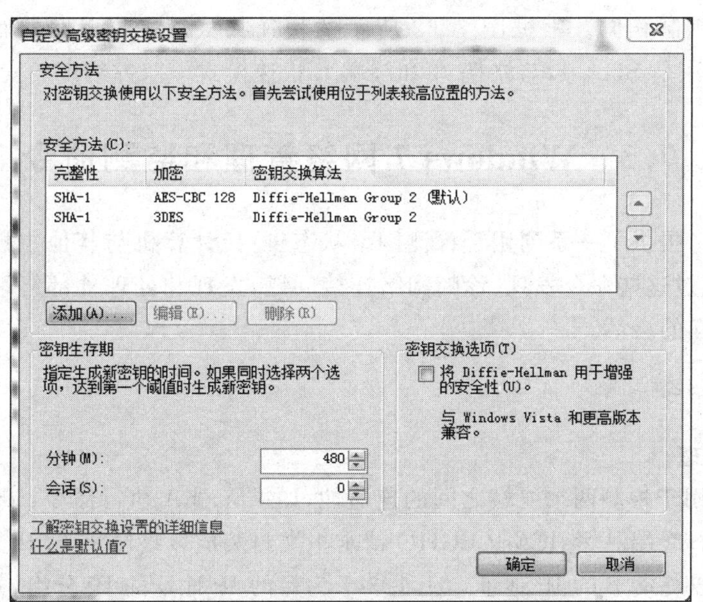

图 7.61　主模式下 IPSec 默认值设置

"要求使用这些设置的安全连接使用加密"选项。同样，可以单击"添加"按钮添加数据完整性算法(没有勾选"要求使用这些设置的安全连接使用加密"的情况)与数据完整性和加密算法。如果需要改变这些算法的顺序，则单击选中某个算法，通过单击算法框边上的向上或向下箭头改变该算法的顺序。单击"确定"按钮完成默认值的配置过程。

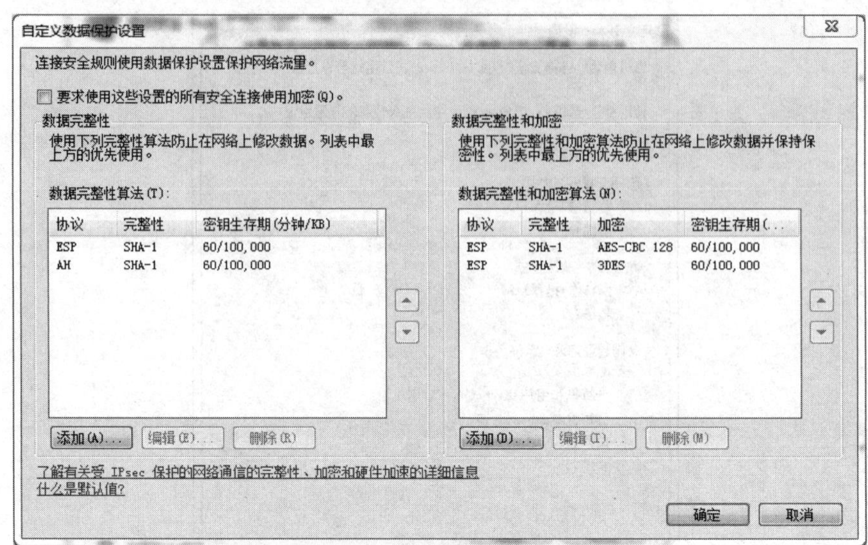

图 7.62 快速模式下 IPSec 的默认值设置

根据图 7.61 所示的主模式下的默认值,确定完整性算法是 SHA-1、加密算法是 AES-CBC 128、密钥交换算法是 Diffie-Hellman Group 2,与终端 A 和终端 B 主模式下双方约定的安全机制相同。根据图 7.62 所示的快速模式下的默认值,确定安全协议是 ESP、完整性算法是 SHA-1,与终端 A 和终端 B 快速模式下双方约定的安全机制相同。

7.3 Windows 7 网络管理和监测命令

Windows 7 提供了一系列用于检测网络状态、监控计算机与其他主机之间会话的命令,用户可以通过这些命令发现、诊断网络连接问题,发现和处理外部终端为非法访问计算机资源而创建的会话。

7.3.1 ping 命令

1. 工作原理

ping 命令用于检测两个终端之间的连通性,如果终端 A 执行命令:ping 201.1.3.7,如图 7.63 所示,终端 A 将 ICMP ECHO 请求报文封装成以终端 A 的 IP 地址 192.1.1.1 为源 IP 地址、以终端 B 的 IP 地址 201.1.3.7 为目的 IP 地址的 IP 分组,并以序号和标识符唯一标识该 ICMP ECHO 请求报文。当终端 B 接收到该 IP 分组时,生成对应的 ICMP ECHO 响应报文,响应报文中的序号和标识符与请求报文中的序号和标识符相同。该 ICMP ECHO 响应报文封装成以终端 B 的 IP 地址 201.1.3.7 为源 IP 地址、以终端 A 的 IP 地址 192.1.1.1 为目的 IP 地址的 IP 分组。如果终端 A 接收到封装 ICMP ECHO 响应报文的 IP 分组,且响应报文中的序号和标识符与其发送的请求报文中的序号和标识符相同,则表明终端 A 与终端 B 之间连通。

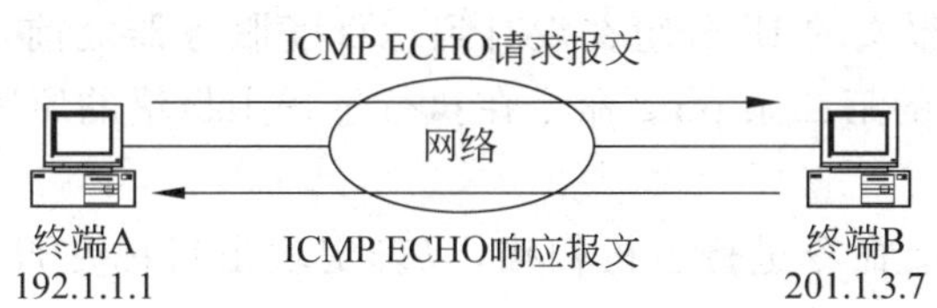

图 7.63 ICMP ECHO 请求、响应过程

2. 命令一般格式

ping 目标主机地址或域名

可以携带以下参数。

-t：一直进行如图 7.63 所示的 ICMP ECHO 请求、响应过程，直到按下 Ctrl+C 键。

-n count：将如图 7.63 所示的 ICMP ECHO 请求、响应过程进行整数 count 指定的次数。

-l length：发送长度由整数 length 指定的 ICMP ECHO 请求报文，长度默认值是 32B。

-i ttl：将封装 ICMP ECHO 请求报文的 IP 分组的生存时间(Time To Live，TTL)字段值设置为由整数 ttl 指定的值。

3. 命令使用实例

ping 命令使用实例如图 7.64 所示，第一条 ping 命令中的参数"-n 2"表明将如图 7.63 所示的 ICMP ECHO 请求、响应过程进行两次，因此，终端接收到两个 ICMP ECHO 响应报文。参数"-l 64"表明将 ICMP ECHO 请求报文的长度固定为 64B。

```
管理员: 命令提示符

C:\Users\Administrator>ping www.baidu.com -n 2 -l 64

正在 Ping www.a.shifen.com [112.80.248.74] 具有 64 字节的数据:
来自 112.80.248.74 的回复: 字节=64 时间=2ms TTL=59
来自 112.80.248.74 的回复: 字节=64 时间=4ms TTL=59

112.80.248.74 的 Ping 统计信息:
    数据包: 已发送 = 2，已接收 = 2，丢失 = 0 (0% 丢失)，
往返行程的估计时间(以毫秒为单位):
    最短 = 2ms，最长 = 4ms，平均 = 3ms

C:\Users\Administrator>ping www.baidu.com -i 2

正在 Ping www.a.shifen.com [112.80.248.74] 具有 32 字节的数据:
来自 122.96.108.1 的回复: TTL 传输中过期。
来自 122.96.108.1 的回复: TTL 传输中过期。
来自 122.96.108.1 的回复: TTL 传输中过期。
来自 122.96.108.1 的回复: TTL 传输中过期。

112.80.248.74 的 Ping 统计信息:
    数据包: 已发送 = 4，已接收 = 4，丢失 = 0 (0% 丢失)，

C:\Users\Administrator>
```

图 7.64 ping 命令执行结果

第二条 ping 命令中的参数"-i 2"将封装 ICMP ECHO 请求报文的 IP 分组的 TTL 字段值设置为 2。由于每经过一跳路由器，TTL 字段值减 1，当 TTL 字段值减为 0 时，路由器发送超时差错报告报文。因此，如果终端与百度服务器之间的路由器跳数大于 1，则封

装 ICMP ECHO 请求报文的 IP 分组在没有到达百度服务器之前，TTL 字段值已经减为 0，这是如图 7.64 所示的第二条 ping 命令在执行过程中报错的原因。

4. 安全问题

黑客常常通过 ping 命令进行主机扫描，以确定攻击目标是否在线，以及黑客终端与攻击目标之间是否存在传输通路。因此，为安全起见，终端最好通过设置防火墙关闭 ICMP ECHO 响应功能。这种情况下，终端防火墙的入站规则将禁止 ICMP ECHO 请求报文进入终端。

7.3.2 tracert 命令

1. 工作原理

tracert 命令用于给出源终端至目的终端完整的 IP 传输路径，完整的 IP 传输路径包括目的终端和源终端至目的终端传输路径所经历的全部路由器。如果需要给出如图 7.65 所示的终端 A 至终端 B 的完整的 IP 传输路径，则需要终端 A 启动命令：tracert 192.1.4.1，其中 192.1.4.1 是终端 B 的 IP 地址。

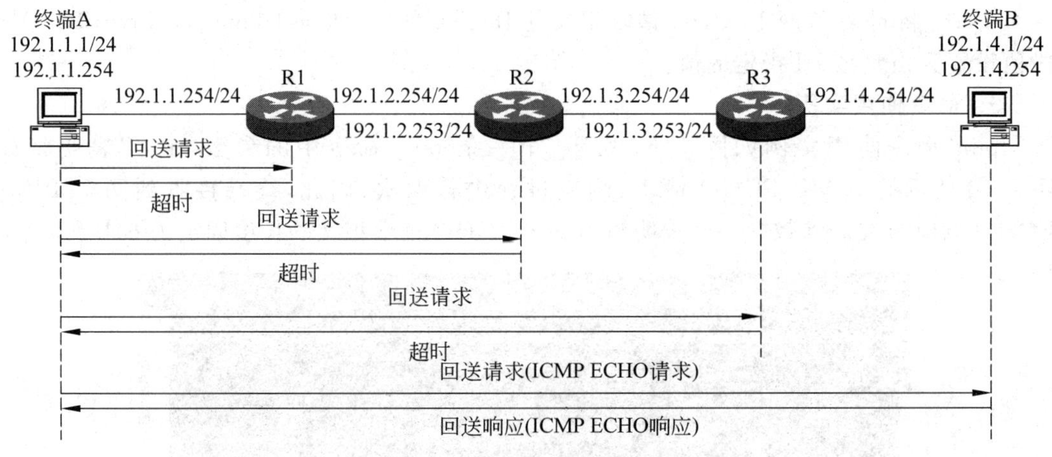

图 7.65 tracert 命令执行过程

tracert 命令执行过程如图 7.65 所示。终端 A 首先将 ICMP ECHO 请求报文封装成以终端 A 的 IP 地址 192.1.1.1 为源 IP 地址、终端 B 的 IP 地址 192.1.4.1 为目的 IP 地址、TTL=1 的 IP 分组。该 IP 分组传输到第一跳路由器 R1 时，TTL 值减为 0，路由器 R1 向终端 A 发送一个超时报文，超时报文封装成以路由器 R1 接收该 ICMP ECHO 请求报文的接口的 IP 地址为源 IP 地址、以终端 A 的 IP 地址为目的 IP 地址的 IP 分组。终端 A 接收到超时报文后，获取第一跳路由器 R1 的 IP 地址。

终端 A 随后将 ICMP ECHO 请求报文封装成以终端 A 的 IP 地址 192.1.1.1 为源 IP 地址、终端 B 的 IP 地址 192.1.4.1 为目的 IP 地址、TTL=2 的 IP 分组。该 IP 分组到达第二跳路由器 R2 时，TTL 值减为 0，第二跳路由器 R2 向终端 A 发送超时报文，终端 A 因此获得路由器 R2 的 IP 地址。

该过程一直进行，直到封装 ICMP ECHO 请求报文的 IP 分组到达终端 B，终端 B 向终端A发送ICMP ECHO响应报文。一旦终端A接收到终端B发送的ICMP ECHO响应报文,则完成tracert命令执行过程。

2. 命令一般格式

tracert 目标主机地址或域名

可以携带以下参数。

-d：只列出经过的路由器接口和目标主机的IP地址,不给出这些路由器和目标主机的名字。

-h maximum_hops：指定经过的最大跳数,整数maximum_hops是最大跳数。

-j host-list：通过指定经过的路由器接口列表,指定源终端至目的终端的传输路径。

3. 命令使用实例

tracert命令使用实例如图7.66所示,第一条tracert命令列出除第2跳路由器以外,终端至百度服务器之间传输路径经过的所有路由器和百度服务器的IP地址,第2跳路由器不能给出IP地址。

```
管理员: 命令提示符
C:\Users\Administrator>tracert www.baidu.com

通过最多 30 个跃点跟踪
到 www.a.shifen.com [112.80.248.74] 的路由:

  1     2 ms     1 ms     1 ms  bogon [192.168.1.1]
  2     *        *        *     请求超时。
  3     7 ms     6 ms     8 ms  221.6.9.41
  4     5 ms     5 ms     5 ms  58.240.96.6
  5     5 ms     3 ms     3 ms  bogon [10.203.195.130]
  6     4 ms     3 ms     3 ms  112.80.248.74

跟踪完成。

C:\Users\Administrator>tracert -d -h 2 www.baidu.com

通过最多 2 个跃点跟踪
到 www.a.shifen.com [112.80.248.73] 的路由:

  1     1 ms     1 ms     1 ms  192.168.1.1
  2     *        *        *     请求超时。

跟踪完成。

C:\Users\Administrator>
```

图7.66 tracert命令执行结果

第二条tracert命令中的参数“-d”使得tracert命令只能列出IP地址,不再列出主机名或路由器名。参数“-h 2”使得tracert命令只能列出终端至百度服务器之间传输路径经过的前2跳路由器。

4. 安全问题

黑客常常用tracert命令了解黑客终端与攻击目标之间的传输路径,了解攻击目标所连接的网络的拓扑结构。因此,与执行tracert命令相关的TTL字段值不断递增的ICMP ECHO请求报文也是网络入侵检测系统需要监测的信息流类型,如果互联网中与执行tracert命令相关的TTL字段值不断递增的ICMP ECHO请求报文的数量超过阈值,则表明黑客正在了解该互联网的网络拓扑结构。

7.3.3 ipconfig 命令

1. 命令功能

终端上网前需要完成基本配置，基本配置信息包括 IP 地址、子网掩码、默认网关地址、本地域名服务器地址等。终端安装的以太网卡和无线网卡有着唯一的 MAC 地址。ipconfig 命令的主要功能是查看终端的基本配置信息和网卡的 MAC 地址。

2. 命令一般格式

```
ipconfig
```

可以携带以下参数。

/all：显示完整信息。

/renew：为所有网卡重新动态分配 IP 地址。

/release：释放为所有网卡分配的动态 IP 地址。

/flushdns：清空本地 DNS 缓冲区。

/displaydns：显示本地 DNS 缓冲区内容。

3. 命令使用实例

终端执行命令 ipconfig /all 的结果如图 7.67 所示，安装无线网卡后，Windows 7 生成两个无线网络连接，分别是无线网络连接和无线网络连接 2。无线网络连接用于将终端连接到无线路由器和 AP 等无线连接设备上。无线网络连接 2 使得终端可以成为 Wi-Fi 热点，创建 hostednetwork 后，可以用无线网络连接 2 连接家庭局域网中的其他无线终端。

如图 7.67 所示，由于没有创建 hostednetwork，因此无线网络连接 2 没有启用。终端通过无线网络连接到无线路由器后，无线路由器为终端分配的 IP 地址和子网掩码分别是 192.168.1.105 和 255.255.255.0，分配的默认网关地址是无线路由器 LAN 接口的 IP 地址 192.168.1.1。分配的两个域名服务器地址分别是 58.240.57.33 和 221.6.4.66。终端无线网卡的 MAC 地址是 00-1E-64-5B-2A-AE。

7.3.4 arp 命令

1. 命令功能

当终端 A 和终端 B 连接在同一个以太网时，终端 A 只有在获取终端 B 的 MAC 地址后，才能向终端 B 发送 MAC 帧。如果终端 A 只有终端 B 的 IP 地址，则终端 A 需要通过地址解析过程获取终端 B 的 MAC 地址。地址解析过程如图 7.68 所示，终端 A 在以太网中广播地址解析协议(Address Resolution Protocol，ARP)请求报文，ARP 请求报文中给出终端 A 的 IP 地址、MAC 地址和终端 B 的 IP 地址。终端 B 接收到终端 A 的 ARP 请求报文后，将终端 A 的 IP 地址和 MAC 地址记录在 ARP 缓冲区中，同时通过 ARP 响应报文向终端 A 发送自己的 IP 地址和 MAC 地址。终端 A 接收到终端 B 发送的 ARP 响应报文后，将终端 B 的 IP 地址和 MAC 地址记录在 ARP 缓冲区中。arp 命令的作用就是用于管理终端的 ARP 缓冲区。

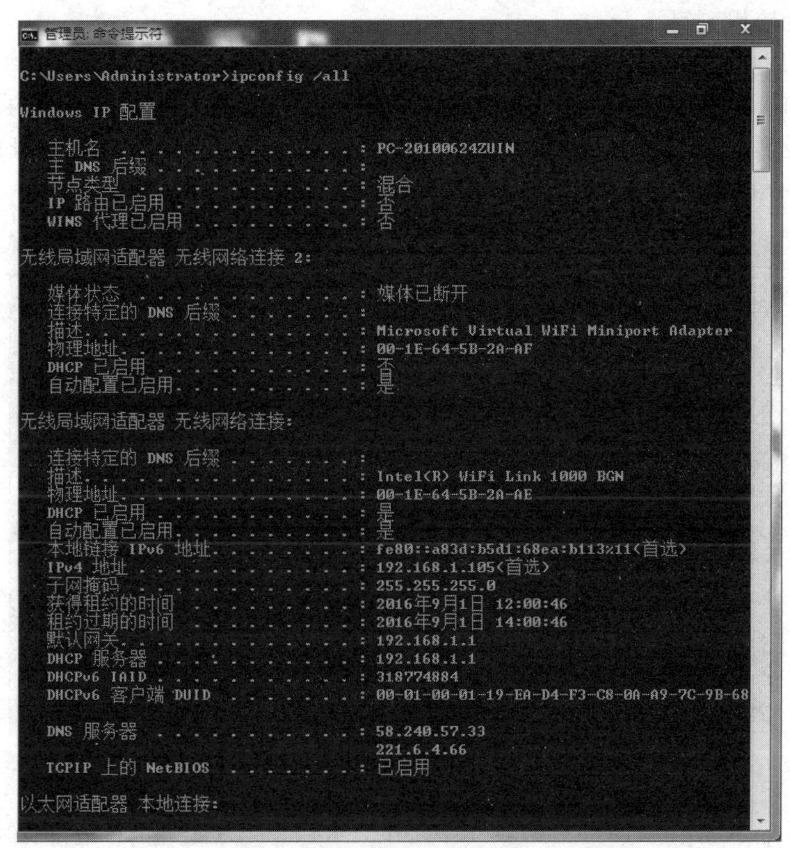

图 7.67　ipconfig 命令执行结果

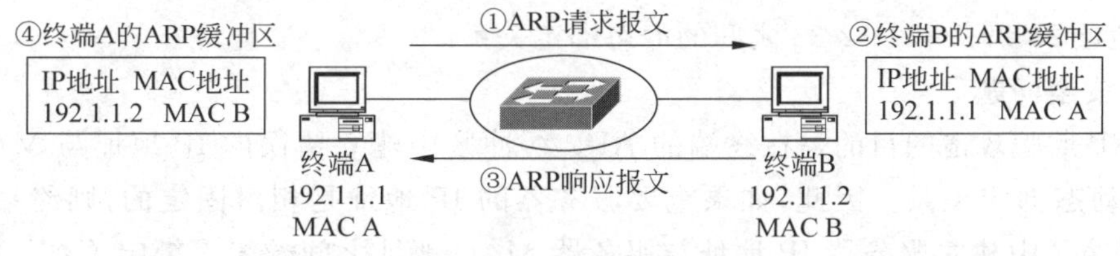

图 7.68　地址解析过程

2. 命令一般格式

arp

需要携带以下参数之一。

-a：显示本地 ARP 缓冲区内容。

-d：删除本地 ARP 缓冲区内容。

-s：在本地 ARP 缓冲区中建立 IP 地址与 MAC 地址之间的静态绑定关系。

参数为-s 的命令格式如下：

arp -s ip 地址 mac 地址

3. 命令使用实例

命令使用实例如图 7.69 所示。第一条命令 arp -a 用于显示本地 ARP 缓冲区内容，类型为动态的 IP 地址与 MAC 地址之间的绑定关系是通过如图 7.68 所示的地址解析过程获得的，这种绑定关系是有时间性的。类型为静态的 IP 地址与 MAC 地址之间的绑定关系是永久存在的。

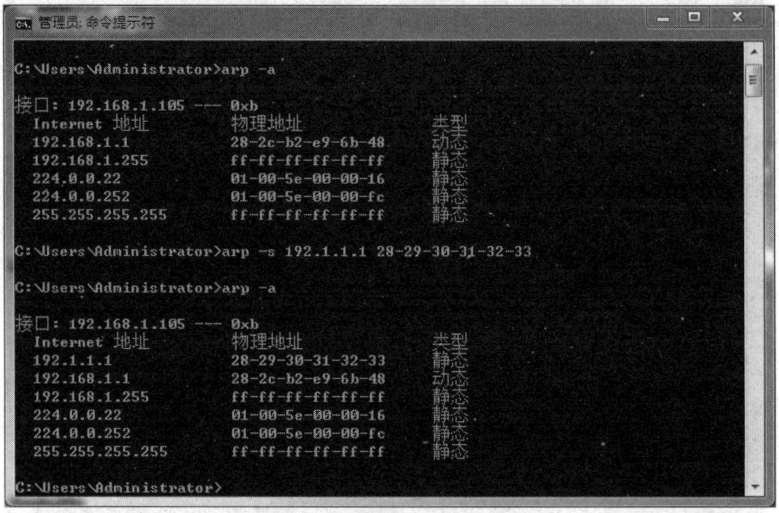

```
管理员: 命令提示符

C:\Users\Administrator>arp -a

接口: 192.168.1.105 --- 0xb
  Internet 地址         物理地址              类型
  192.168.1.1           28-2c-b2-e9-6b-48     动态
  192.168.1.255         ff-ff-ff-ff-ff-ff     静态
  224.0.0.22            01-00-5e-00-00-16     静态
  224.0.0.252           01-00-5e-00-00-fc     静态
  255.255.255.255       ff-ff-ff-ff-ff-ff     静态

C:\Users\Administrator>arp -s 192.1.1.1 28-29-30-31-32-33

C:\Users\Administrator>arp -a

接口: 192.168.1.105 --- 0xb
  Internet 地址         物理地址              类型
  192.1.1.1             28-29-30-31-32-33     静态
  192.168.1.1           28-2c-b2-e9-6b-48     动态
  192.168.1.255         ff-ff-ff-ff-ff-ff     静态
  224.0.0.22            01-00-5e-00-00-16     静态
  224.0.0.252           01-00-5e-00-00-fc     静态
  255.255.255.255       ff-ff-ff-ff-ff-ff     静态

C:\Users\Administrator>
```

图 7.69 arp 命令执行结果

第二条命令 arp -s 192.1.1.1 28-29-30-31-32-33 用于建立 IP 地址 192.1.1.1 与 MAC 地址 28-29-30-31-32-33 之间的静态绑定关系。因此，当再次用命令 arp -a 显示本地 ARP 缓冲区的内容时，本地 ARP 缓冲区中增加了类型为静态的 IP 地址 192.1.1.1 与 MAC 地址 28-29-30-31-32-33 之间的静态绑定关系。

4. 安全问题

ARP 欺骗攻击的目的是在终端的 ARP 缓冲区中建立错误的 IP 地址与 MAC 地址之间的动态绑定关系。因此，如果重要服务器的 IP 地址是相对固定的，则终端最好在 ARP 缓冲区中建立服务器 IP 地址与服务器 MAC 地址之间的静态绑定关系。同时，为了减轻 ARP 欺骗攻击造成的危害，需要不时清除 ARP 缓冲区中的动态绑定关系。

7.3.5 nslookup 命令

1. 命令功能

命令 nslookup 用于将域名解析成 IP 地址，解析域名过程中可以指定本地域名服务器。因此，当终端配置的本地域名服务器存在问题时，可以通过指定其他域名服务器为本地域名服务器来发现域名系统存在的问题。

2. 命令一般格式

```
nslookup  -qt=类型  目标域名  指定的 DNS 服务器的 IP 地址或域名
```

类型有以下选项。

A：解析结果是目标域名对应的主机IP地址。

CNAME：解析结果是目标域名对应的别名。

MX：解析结果是目标域名所在域的邮件服务器。

NS：解析结果是负责目标域名所在域的域名服务器。

3. 命令使用实例

第一条命令的执行过程如图7.70所示。命令nslookup -qt=a www.baidu.com要求域名系统解析出域名www.baidu.com的IP地址，解析过程从终端配置的本地域名服务器开始。因此，显示的服务器地址是终端配置的本地域名服务器地址58.240.57.33。域名www.baidu.com对应的IP地址有两个，分别是112.80.248.74和112.80.248.73。

```
管理员: 命令提示符

C:\Users\Administrator>nslookup -qt=a www.baidu.com
服务器:  cache4-nj
Address:  58.240.57.33

非权威应答:
名称:    www.a.shifen.com
Addresses:  112.80.248.74
          112.80.248.73
Aliases:  www.baidu.com


C:\Users\Administrator>
```

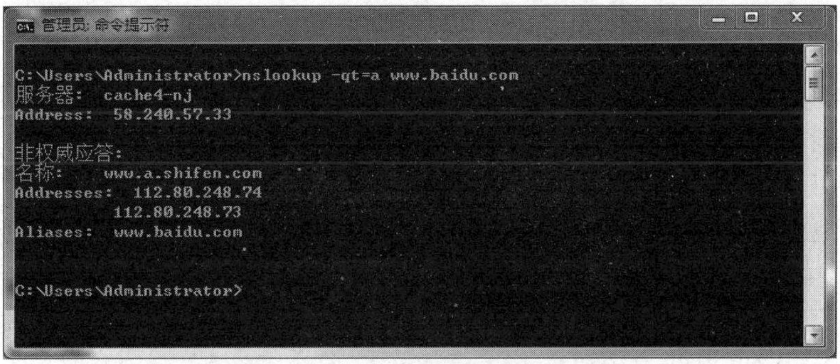

图7.70 nslookup命令执行结果(1)

第二条命令的执行过程如图7.71所示。命令nslookup -qt=ns www.baidu.com 8.8.8.8要求域名系统解析出负责域名www.baidu.com所在域的域名服务器。解析过程从IP地址为8.8.8.8的域名服务器开始。IP地址为8.8.8.8的域名服务器是Google的公共域名服务器。域名www.baidu.com所在域是a.shifen.com，负责该域的域名服务器是nsl.a.shifen.com，同时给出该域名服务器中SOA记录的信息。

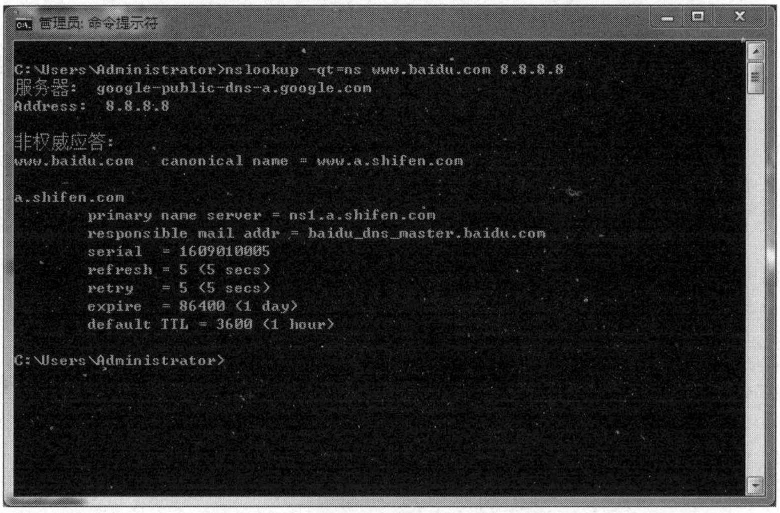

```
管理员: 命令提示符

C:\Users\Administrator>nslookup -qt=ns www.baidu.com 8.8.8.8
服务器:  google-public-dns-a.google.com
Address:  8.8.8.8

非权威应答:
www.baidu.com   canonical name = www.a.shifen.com

a.shifen.com
        primary name server = ns1.a.shifen.com
        responsible mail addr = baidu_dns_master.baidu.com
        serial  = 1609010005
        refresh = 5 (5 secs)
        retry   = 5 (5 secs)
        expire  = 86400 (1 day)
        default TTL = 3600 (1 hour)

C:\Users\Administrator>
```

图7.71 nslookup命令执行结果(2)

4. 安全问题

实施钓鱼网站攻击的其中一种手段是使域名系统不能正确地解析域名。黑客完成这一过程通常需要改变终端配置的本地域名服务器地址。黑客通常通过以下两种方法改变终端配置的本地域名服务器地址：一是通过 DHCP 欺骗攻击使终端从伪造的 DHCP 服务器中获得错误的本地域名服务器地址；二是通过入侵终端，修改原本正确的本地域名服务器地址。由于用户通过命令 nslookup 解析域名时可以将某个著名域名服务器指定为本地域名服务器，因此，可以通过比较解析结果判断终端配置的本地域名服务器地址是否正确。

7.3.6 route 命令

1. 命令功能

命令 route 用于管理终端路由项。一般情况下，只对终端配置默认网关地址，终端首先将目的终端是其他网络中终端的 IP 分组发送给默认网关。但对于如图 7.72 所示的网络结构，如果只为终端 A 设置默认网关地址，则会降低网络的传输效率。当终端 A 配置的默认网关地址是 192.168.1.1 时，如果终端 A 向网络 192.168.2.0/24 传输 IP 分组，传输路径是：终端 A→R2→R1→192.168.2.0/24。反之，当终端 A 配置的默认网关地址是 192.168.1.2 时，如果终端 A 向网络 192.168.3.0/24 传输 IP 分组，则传输路径是：终端 A→R1→R2→192.168.3.0/24。

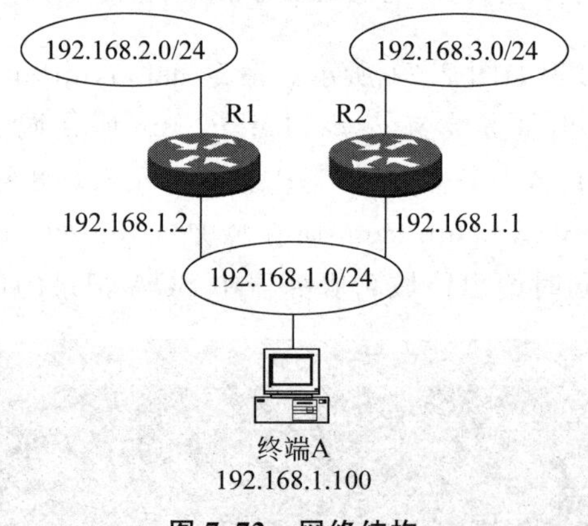

图 7.72 网络结构

合理的方法是分别为终端 A 配置两项路由项，该两项路由项表明，当目的网络是 192.168.2.0/24 时，下一跳是 192.168.1.2。当目的网络是 192.168.3.0/24 时，下一跳是 192.168.1.1。命令 route 可以用于完成上述路由项的配置过程。

2. 命令一般格式

(1) 显示路由项

```
route print
route print -4
route print -6
```

命令 route print 用于显示终端中的全部路由项，如果携带参数-4，则只显示 IPv4 路由项，如果携带参数-6，则只显示 IPv6 路由项。

（2）增加路由项

```
route add 目的网络 mask 子网掩码 默认网关地址 (metric) (if)
```

该命令用于增加一项路由项，其中距离(metric)和输出接口(if)是可选的。如果需要为如图 7.72 所示的终端 A 配置目的网络分别是 192.168.1.2.0/24 和 192.168.3.0/24、下一跳分别是 192.168.1.2 和 192.168.1.1 的两项路由项，则配置命令如下。

```
route add 192.168.2.0 mask 255.255.255.0 192.168.1.2
route add 192.168.3.0 mask 255.255.255.0 192.168.1.1
```

终端重新启动后，上述 route 命令配置的路由项将不复存在。如果需要为终端配置永久路由项，则需要增加参数-p。以下命令为终端配置目的网络是 192.168.2.0/24，下一跳是 192.168.1.2 的永久路由项。

```
route add -p 192.168.2.0 mask 255.255.255.0 192.168.1.2
```

（3）删除路由项

```
route delete 目的网络
```

该命令用于删除一项路由项。删除目的网络为 192.168.2.0 的路由项的命令如下：

```
route delete 192.168.2.0
```

3. 命令使用实例

第一条和第二条命令的执行过程如图 7.73 所示，为终端增加两项路由项，这两项路由项的目的网络分别是 192.168.2.0/24 和 192.168.3.0/24，下一跳分别是 192.168.1.2 和 192.168.1.1。其中目的网络为 192.168.2.0/24 的路由项是永久路由项。

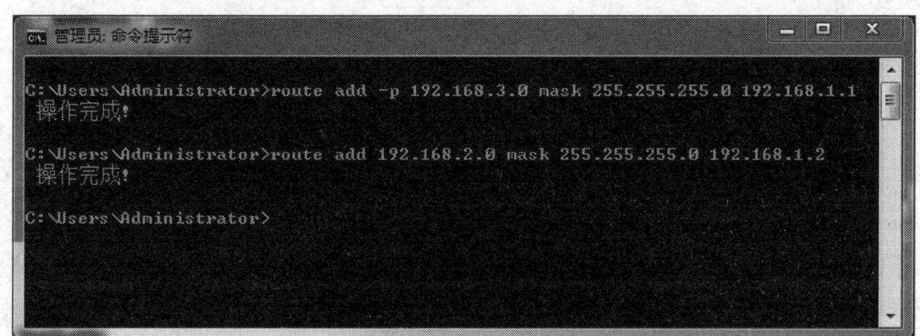

图 7.73 route 命令执行结果(1)

第三条命令的执行过程如图 7.74 所示，终端路由项中包含刚才增加的两条路由项，其中一项是永久路由项。

第四条和第五条命令的执行过程如图 7.75 所示，删除刚才增加的两条路由项。

4. 安全问题

如果终端有着多条通往其他网络的传输路径，则可以通过指定通往特定目的网络的传输路径避开可能存在安全隐患的路由器和不可靠的物理链路。

```
管理员: 命令提示符

IPv4 路由表
===========================================================================
活动路由:
网络目标        网络掩码          网关       接口   跃点数
          0.0.0.0          0.0.0.0      192.168.1.1    192.168.1.105     25
        127.0.0.0        255.0.0.0            在链路上         127.0.0.1    306
        127.0.0.1  255.255.255.255            在链路上         127.0.0.1    306
  127.255.255.255  255.255.255.255            在链路上         127.0.0.1    306
      192.168.1.0    255.255.255.0            在链路上     192.168.1.105    281
    192.168.1.105  255.255.255.255            在链路上     192.168.1.105    281
    192.168.1.255  255.255.255.255            在链路上     192.168.1.105    281
      192.168.2.0    255.255.255.0      192.168.1.2    192.168.1.105     26
      192.168.3.0    255.255.255.0      192.168.1.1    192.168.1.105     26
        224.0.0.0        240.0.0.0            在链路上         127.0.0.1    306
        224.0.0.0        240.0.0.0            在链路上     192.168.1.105    281
  255.255.255.255  255.255.255.255            在链路上         127.0.0.1    306
  255.255.255.255  255.255.255.255            在链路上     192.168.1.105    281
===========================================================================
永久路由:
  网络地址          网络掩码  网关地址  跃点数
      192.168.3.0    255.255.255.0      192.168.1.1       1
===========================================================================

C:\Users\Administrator>
```

图 7.74　route 命令执行结果(2)

```
管理员: 命令提示符

C:\Users\Administrator>route delete 192.168.2.0
 操作完成!

C:\Users\Administrator>route delete 192.168.3.0
 操作完成!

C:\Users\Administrator>
```

图 7.75　route 命令执行结果(3)

7.3.7　netstat 命令

1. 命令功能

如图 7.76 所示,TCP 连接分为三个阶段,即连接建立阶段、数据传输阶段和连接释放阶段。每一个阶段,客户端和服务器端都存在若干状态。终端既可以作为客户端,也可以作为服务器端,命令 netstat 的功能就是监控终端在每一个 TCP 连接中的状态。

每一个 TCP 连接都用两端插口唯一标识,终端一端的插口由终端的 IP 地址和分配给该 TCP 连接的端口号组成。远端的插口可以由远端的 IP 地址和远端分配给该 TCP 连接的端口号组成。终端一端可以用主机名取代 IP 地址,远端一端可以用域名取代 IP 地址。

作为服务器端,必须先启动服务器进程,等待客户端发送请求建立 TCP 连接的请求消息,服务器进程需要事先为等待建立的 TCP 连接分配端口号,服务器端等待客户端发送请求建立 TCP 连接的请求消息时的状态称为 LISTEN,为等待建立的 TCP 连接分配的端口号称为侦听端口号。

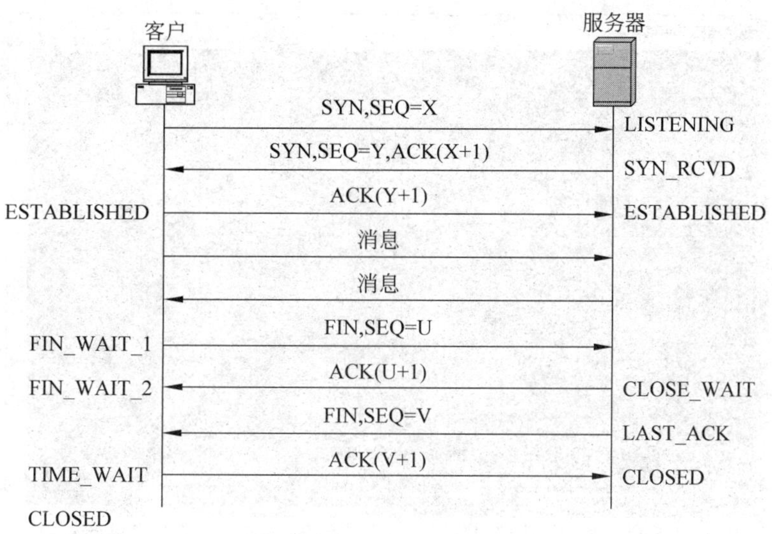

图 7.76 TCP 连接及状态

2. 命令一般格式

```
netstat
```

可以携带以下参数。

-a：显示所有连接和侦听端口号。

-b：显示创建每个连接或侦听端口号的进程号或组件名。

-e：显示以太网统计信息。

-f：显示连接另一端的完全合格的域名。

-n：以数字形式显示 IP 地址和端口号。

-o：显示与每个连接相关的进程的进程 ID。

-p proto：显示用协议 proto 建立的连接。

-r：显示路由表。

-s：显示按协议统计的信息。

3. 命令使用实例

命令 netstat -an 的执行结果如图 7.77 所示，参数-a 显示所有连接和侦听端口号。参数-n 要求以数字形式显示 IP 地址和端口号。协议一列给出与连接相关的传输层协议，可以是 TCP 或 UDP，但只有 TCP 存在状态。本地地址一列给出该连接的本地插口，即本地 IP 地址和端口号。外部地址一列给出该连接的远端插口，即远端的 IP 地址和端口号。状态一列给出终端针对该连接的状态，不同状态的含义如图 7.76 所示。

命令 netstat -b 的执行结果如图 7.78 所示，参数-b 显示创建每个连接或侦听端口号的可执行组件名称，如[iexplore. exe]。对于环路测试地址 127.0.0.1，远端是终端本身，因此，外部地址给出的是终端主机名。由于没有用参数-n，因此当端口号是应用层协议对应的著名端口号时，用该应用层协议标识，如 http、https。

```
管理员: 命令提示符

C:\Users\Administrator>netstat -an

活动连接

  协议  本地地址              外部地址              状态
  TCP    0.0.0.0:135            0.0.0.0:0              LISTENING
  TCP    0.0.0.0:445            0.0.0.0:0              LISTENING
  TCP    0.0.0.0:49152          0.0.0.0:0              LISTENING
  TCP    0.0.0.0:49153          0.0.0.0:0              LISTENING
  TCP    0.0.0.0:49154          0.0.0.0:0              LISTENING
  TCP    0.0.0.0:49155          0.0.0.0:0              LISTENING
  TCP    0.0.0.0:49159          0.0.0.0:0              LISTENING
  TCP    127.0.0.1:48303        0.0.0.0:0              LISTENING
  TCP    127.0.0.1:48303        127.0.0.1:49166        ESTABLISHED
  TCP    127.0.0.1:49166        127.0.0.1:48303        ESTABLISHED
  TCP    192.168.1.105:139      0.0.0.0:0              LISTENING
  TCP    192.168.1.105:49173    42.236.9.90:80         LAST_ACK
  TCP    192.168.1.105:49196    210.52.214.166:80      ESTABLISHED
  TCP    192.168.1.105:49199    140.207.198.20:443     ESTABLISHED
  TCP    192.168.1.105:49206    112.65.70.30:443       TIME_WAIT
  TCP    192.168.1.105:49207    112.65.70.30:443       TIME_WAIT
  TCP    192.168.1.105:49208    112.65.70.30:443       TIME_WAIT
  TCP    192.168.1.105:49218    23.66.245.70:80        ESTABLISHED
  TCP    192.168.1.105:49221    104.118.6.66:80        ESTABLISHED
```

图 7.77 netstat 命令执行结果(1)

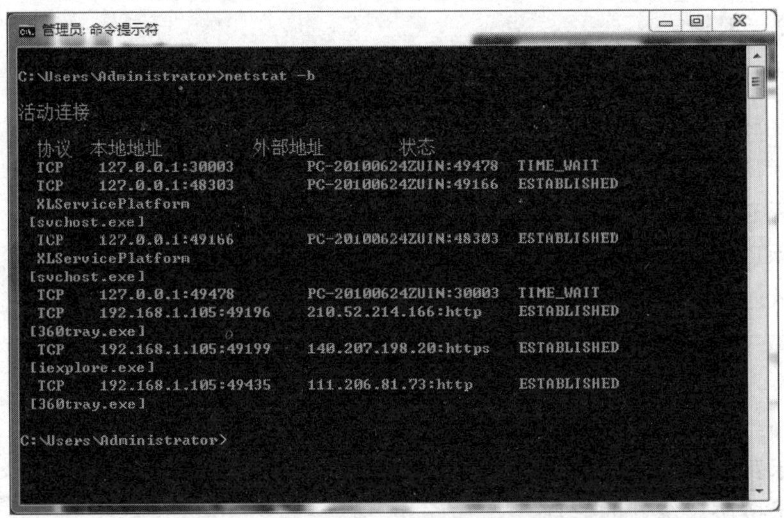

图 7.78 netstat 命令执行结果(2)

4. 安全问题

黑客非法访问终端资源时,需要建立与该终端之间的会话,因此,用户可以通过显示所有该终端与其他主机之间的会话,判断是否存在不合理的该终端与其他主机之间的会话,并以此判断该终端是否正在遭受黑客或病毒的攻击。

本章小结

- 计算机一旦连接到网络,就有可能遭受攻击。
- 防火墙是一种既能保障计算机与网络之间的正常数据交换过程,又能阻止对计算机有害的数据通过网络进入计算机的安全技术。

- 将安装在计算机中用于对单台计算机与网络之间进行的数据交换过程实施控制的防火墙称为个人防火墙。
- Windows 7 自带个人防火墙。
- Windows 7 个人防火墙通过入站规则控制数据通过网络进入计算机的过程。
- Windows 7 个人防火墙通过出站规则控制数据流出计算机进入网络的过程。
- IPSec 是实现数据安全传输的安全协议。
- 连接安全规则是 Windows 7 利用 IPSec 实现数据安全传输的机制。
- 可以通过监控命令监测计算机中已经建立的会话的状态。
- 可以通过监控命令监测计算机连接的网络的状态。
- 可以通过监测计算机发现可能遭受的攻击。

习　题

7.1　简述防火墙的作用和实现原理。

7.2　Windows 7 个人防火墙能够实现哪些安全功能？

7.3　简述用 Windows 7 个人防火墙阻止木马病毒泄露私密信息的原理。

7.4　简述用 Windows 7 个人防火墙阻止蠕虫病毒入侵计算机的原理。

7.5　简述数据安全传输的三个要求。

7.6　简述 IPSec 实现数据安全传输的原理。

7.7　给出实现 IP 地址分别为 11.11.11.11 和 22.22.22.22 的两台服务器之间数据安全传输过程的连接安全规则配置过程。要求 IPSec 安全关联采用的安全协议是 ESP，加密算法是 AES，报文摘要算法是 SHA-1。

7.8　如何检测本地计算机与某台服务器之间的连通性？

7.9　如何检测本地计算机与某台服务器之间的 IP 分组传输路径？

7.10　如何检测本地计算机的侦听端口？

7.11　如何设置本地计算机的路由项？

7.12　如何发现本地计算机已经被域名劫持？

7.13　如何发现本地计算机正在遭受攻击？

第 8 章 Windows 7 安全审计技术

无论是程序执行过程还是用户操作过程，都会在计算机系统中留下痕迹，这些痕迹是分析程序执行结果和用户操作结果的主要依据。安全审计主要分为两个方面：一是记录程序执行过程和用户操作过程；二是通过分析记录的信息发现对计算机系统实施的破坏，并确定破坏源。审核策略、审核日志、Prefetch 文件夹、自启动项列表等都是计算机系统用于记录程序执行过程和用户操作过程的主要手段。

8.1 安全审计概述

计算机系统时刻面临着各种安全威胁，消除安全威胁的前提是能够发现安全威胁，并能跟踪这些安全威胁破坏计算机系统的过程。安全审计的目的就是通过记录操作系统和应用程序的执行过程与用户的活动过程，发现计算机系统中可能存在的漏洞、黑客曾经进行过的入侵行为和用户实施的错误操作等。

8.1.1 计算机系统面临的安全威胁

1. 尝试登录计算机系统

非授权使用某个计算机系统的用户，由于没有该计算机系统的合法账户，因此无法登录该计算机系统。由于有些合法账户的账户名和密码比较简单，因此，非授权用户常常通过多种自己猜测的账户名和密码尝试登录计算机系统。这种行为是对该计算机系统的攻击行为，为了防御此类攻击行为，一是需要通过设置账户锁定策略限制非授权用户的尝试登录过程，二是需要具有发现这种攻击行为的机制。

2. 冒名登录计算机系统

如果某个授权用户的账户名和密码不幸被泄露，非授权用户可以冒充该授权用户登录该计算机系统，并对该计算机系统进行操作。为了发现这种攻击行为，计算机系统需要具有记录每一个授权用户的登录信息的机制，记录的登录信息中包含每一个授权用户的登录和退出时间、登录计算机系统期间对计算机系统进行的操作等，以便实际授权用户通过比对发现是否有非授权用户冒充自己登录该计算机系统。

3. 执行病毒程序

计算机系统不可避免地会感染和运行病毒程序，计算机系统需要具有记录病毒程序运行过程，以及运行过程中对该计算机系统实施的操作的机制，以便用户评估病毒程序可能对计算机系统造成的损害。

4. 误操作

授权用户登录计算机系统期间，可能会对计算机系统进行一些误操作，如删除不该删除的文件、安装无须安装或不该安装的程序等。计算机系统需要具有记录授权用户登录该计算机系统过程中对该计算机系统实施的操作的机制，以便用户发现可能发生的误操作事件，以及这些误操作事件可能造成的损害。

5. 非法访问计算机资源

不同用户具有不同的访问计算机资源的权限，访问控制机制用于实现每一个用户只能按照权限访问计算机资源的过程。但存在有些用户尝试访问没有访问权限的计算机资源的情况，甚至可能发生有些用户通过非法途径成功访问没有访问权限的计算机资源的情况，因此，计算机系统需要具有记录每一个用户对计算机资源实施的操作的机制，以便发现每一个用户可能对计算机资源实施的非法访问过程。

6. 黑客入侵

黑客通过扫描发现存在漏洞的计算机系统，尝试利用漏洞登录该计算机系统，非法登录该计算机系统后在该计算机系统中设置账户或者安装木马程序，以便能够再次登录该计算机系统。为了发现已经发生的黑客入侵过程，计算机系统需要具有记录操作系统和应用程序执行过程中完成的操作的机制，以及记录账户创建和修改过程的机制，以便通过分析这些记录的信息发现已经发生的黑客入侵过程。

8.1.2 安全审计的定义和作用

1. 安全审计的定义

安全审计是指按照安全策略记录操作系统和应用程序的执行过程，以及用户的活动过程，并对记录的信息进行分析，从而发现计算机系统中可能存在的漏洞、黑客曾经进行过的入侵行为和用户实施的错误操作的过程。

安全审计包含两个方面的内容，一是根据安全策略记录操作系统、应用程序和用户完成的操作。由于计算机系统在运行过程中，操作系统、应用程序和用户完成的操作不胜其数，因此需要由安全策略选择需要记录的操作。二是对记录的信息进行分析，从而发现计算机系统可能存在的漏洞、黑客曾经进行过的入侵行为和用户对计算机系统实施的错误操作。

2. 安全审计的作用

安全审计具有以下作用。

- 发现非授权用户尝试登录计算机系统的行为。
- 发现冒名登录计算机系统的行为，并跟踪冒名者对计算机系统实施的操作。
- 发现执行病毒程序的痕迹，并跟踪病毒程序实施的破坏活动。
- 发现用户对计算机系统实施的错误操作，并评估错误操作的后果。
- 发现非法访问计算机资源的行为。
- 发现黑客入侵过程，并跟踪黑客入侵过程中对计算机系统实施的操作。
- 发现计算机系统中可能存在的漏洞。
- 对潜在的攻击者起到威慑和警示的作用。

- 作为计算机取证的一种手段,为追究责任者提供依据。
- 危害评估结果可以为制订系统恢复和灾难恢复方案提供依据。

8.2 审核策略和安全审计

记录所有程序的执行过程和所有用户的活动过程是不现实的,一是无法存储如此海量的信息,二是无法对如此海量的信息进行分析、处理。因此,必须有针对性地记录程序的执行过程和用户的活动过程,审核策略用于指定某些程序的执行过程和某些用户的活动过程,使得审核日志只记录由这些程序执行过程和用户活动过程触发的审核项。

8.2.1 审核策略

用户对计算机系统实施的每一个操作都有可能触发一项审核项,如用户成功登录计算机系统、用户打开某个文件失败等都有可能触发一项审核项,审核策略是控制审核日志记录审核项过程的规则。审核策略通过指定触发审核项的用户动作确定要求审核日志记录的审核项。审核日志记录的审核项可以是因为成功完成某个用户动作而触发的审核项,也可以是因为某个用户动作失败而触发的审核项。

8.2.2 审核策略配置过程

完成“开始”→“运行”操作过程,弹出如图 8.1 所示的“运行”程序界面,在“打开”输入框中输入命令 gpedit. msc,在弹出的组策略编辑界面中,完成“计算机配置”→“Windows 设置”→“安全设置”→“本地策略”→“审核策略”操作过程,弹出如图 8.2 所示的审核策略配置界面。对于界面中的每一个审核策略,可以选择“成功”“失败”和“不审核”。选择“成功”,要求审核日志记录因为成功完成指定用户动作而触发的审核项。选择“失败”,要求审核日志记录因为指定用户动作失败而触发的审核项。选择“不审核”,审核日志不记录与指定用户动作有关的审核项。

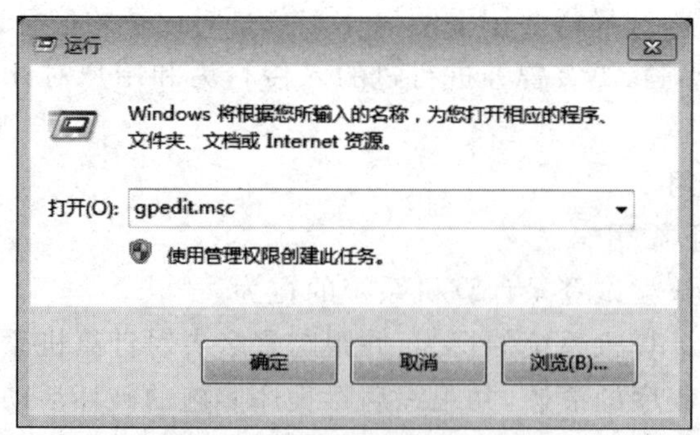

图 8.1 “运行”程序界面

- 审核策略更改:该策略指定的用户动作是更改审核策略和用户权限分配。通过设置可以要求审核日志记录因为成功完成审核策略更改动作而触发的审核项,以及因为更改审核策略动作失败而触发的审核项。

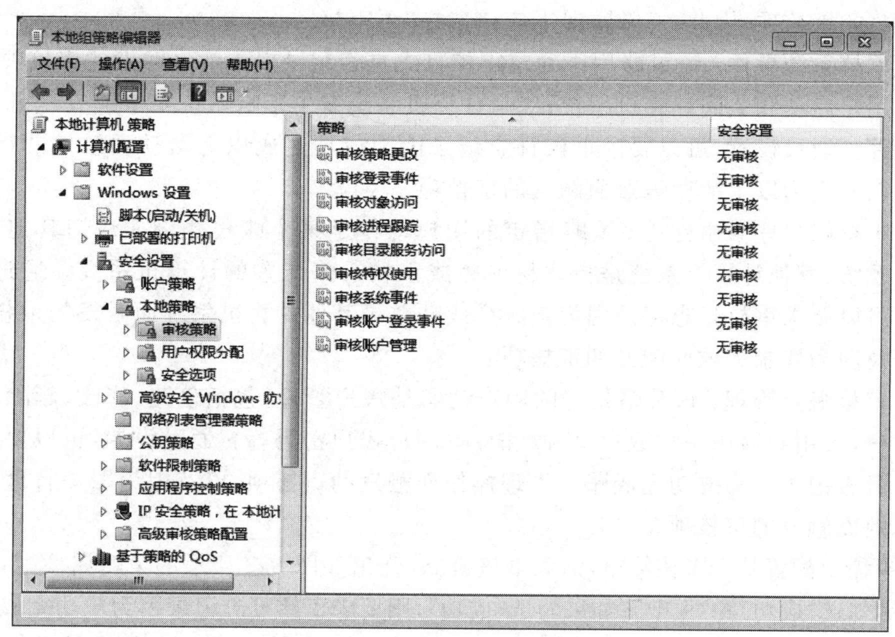

图 8.2　审核策略配置

- 审核登录事件：该策略指定的用户动作是某个账户登录或注销当前计算机系统。通过设置，可以要求审核日志记录因为该账户成功登录当前计算机系统而触发的审核项，以及因为登录失败而触发的审核项。
- 审核对象访问：Windows 7 可以通过设置访问控制表对某个计算机资源进行授权，访问控制表是一组具有访问该计算机资源权限的用户组和用户列表。该策略指定的用户动作是访问设置了访问控制表的计算机资源。通过设置，可以要求审核日志记录因为成功访问该计算机资源而触发的审核项，以及因为访问失败而触发的审核项。审核日志记录相应审核项的前提有两个：一是为某个计算机资源设置了访问控制表；二是为该计算机资源设置了触发审核项的一组用户组和用户，以及每一个用户组或用户的访问权限。
- 审核进程跟踪：该策略指定的是操作系统和应用程序的活动，如程序激活、进程退出、句柄复制和间接对象访问等。通过设置，可以要求审核日志记录因为跟踪操作系统和应用程序活动而触发的审核项，以及因为跟踪失败而触发的审核项。由于计算机系统运行过程中会触发大量与该审核策略相关的审核项，因此，除非确实需要跟踪程序运行过程，一般情况下，应该选择“不审核”。
- 审核目录服务访问：该策略指定的用户动作是访问 Microsoft Active Directory 中设置了访问控制表的对象。通过设置，可以要求审核日志记录因为成功访问该对象而触发的审核项，以及因为访问失败而触发的审核项。
- 审核特权使用：该策略指定的用户动作是行使用户权限。通过设置，可以要求审核日志记录因为成功行使用户权限而触发的审核项，以及因为行使用户权限失败而触发的审核项。用户在使用计算机系统的过程中会触发大量与该审核策略相关的审核项，因此，通常情况下应该选择“不审核”。

- 审核系统事件：该策略用于确定审核日志是否记录以下活动触发的审核项：一是用户启动和关闭计算机系统；二是计算机系统发生影响系统安全或安全日志的事件。通过设置，可以要求审核日志记录因为成功完成以上活动而触发的审核项，以及因为以上活动失败而触发的审核项。
- 审核账户登录事件：该策略指定的用户动作是某个账户登录或注销其他计算机系统，其他计算机系统是指非目前完成审核策略配置的计算机系统。通过设置，可以要求审核日志记录因为该账户成功登录其他计算机系统而触发的审核项，以及因为登录失败而触发的审核项。
- 审核账户管理：该策略指定的用户动作是账户管理，包括创建、修改、删除用户账户，禁用和启用用户账户，修改和设置用户账户密码等。通过设置，可以要求审核日志记录因为成功完成账户管理操作而触发的审核项，以及因为账户管理操作失败而触发的审核项。

如果需要配置某个审核策略，则双击该策略，弹出如图 8.3 所示的策略属性配置界面，可以分别勾选“成功”和“失败”，如果勾选“成功”，则要求审核日志记录因为成功完成该策略对应的用户动作而触发的审核项。如果勾选“失败”，则要求审核日志记录因为该策略对应的用户动作失败而触发的审核项。如果“成功”和“失败”都不勾选，则表示不审核。

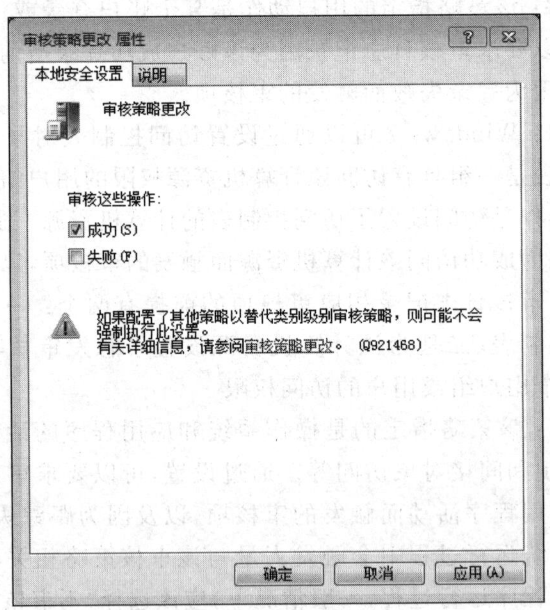

图 8.3 配置策略属性

8.2.3 审核策略应用实例

1. 记录用户登录事件

通过记录用户因为登录成功和登录失败而触发的审核项，跟踪用户使用计算机系统的情况和非授权用户通过多种自己猜测的账户名和密码尝试登录计算机系统的情况。

(1) 配置审核策略

在弹出图8.2所示的审核策略配置界面后,双击"审核登录事件"选项,弹出如图8.4所示的审核登录事件属性配置界面,因为需要同时记录因为登录成功和登录失败而触发的审核项,因此同时勾选"成功"和"失败",单击"确定"按钮,完成审核登录事件属性配置过程。

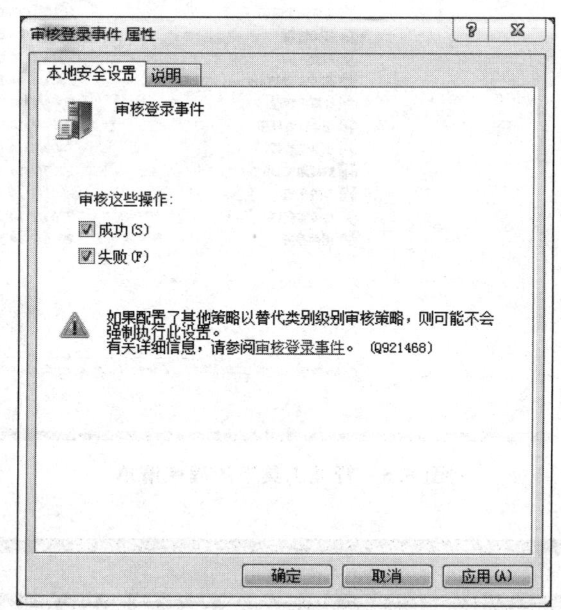

图8.4 审核登录事件属性配置

(2) 查看审核项

用账户名userA登录计算机系统,第一次登录时,因为输入错误的密码导致登录失败,第二次登录时,登录成功。审核日志将记录这两次登录过程。

完成"开始"→"控制面板"→"系统和安全"→"管理工具"操作过程,弹出如图8.5所示的管理工具下的程序清单,双击"事件查看器"选项,弹出如图8.6所示的事件查看器显示的查看结果。完成"Windows日志"→"安全"操作过程,弹出如图8.7所示的审核日志中记录的审核项。审核项按照时间顺序排列,任务类别字段可以看出审核项与审核策略之间的关系。找到因为以账户名userA登录计算机系统失败而触发的审核项,审核项中给出如图8.8所示的相关信息。找到因为以账户名userA成功登录计算机系统而触发的审核项,审核项中给出如图8.9所示的相关信息。

2. 记录用户访问文件事件

完成以下三项配置过程后,审核日志中可以记录因为特定用户对指定文件或文件夹实施操作而触发的审核项。这三项配置过程包括策略"审核对象访问"属性配置过程、指定文件夹审核项目配置过程和指定文件夹访问权限配置过程。

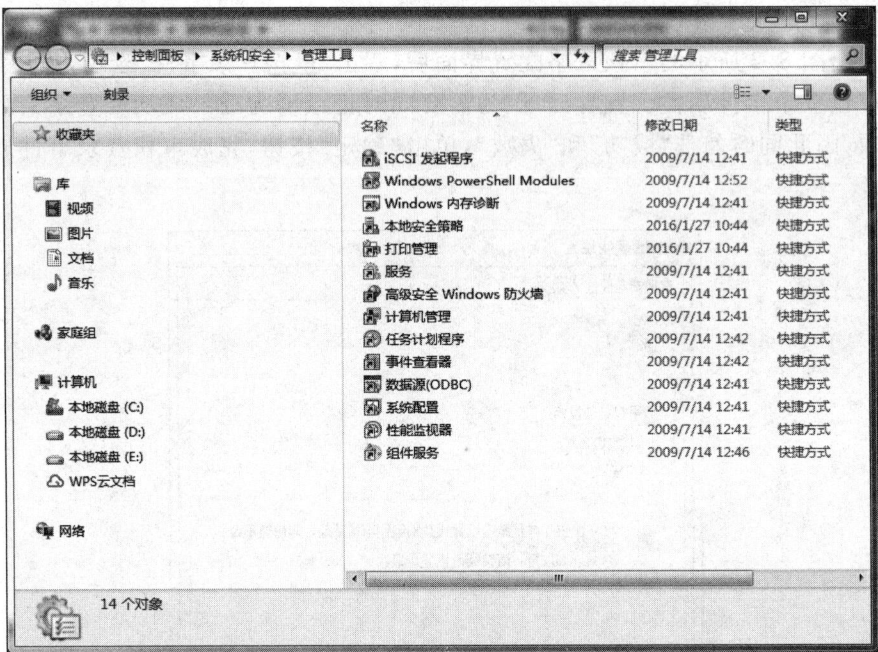

图 8.5　管理工具下的程序清单

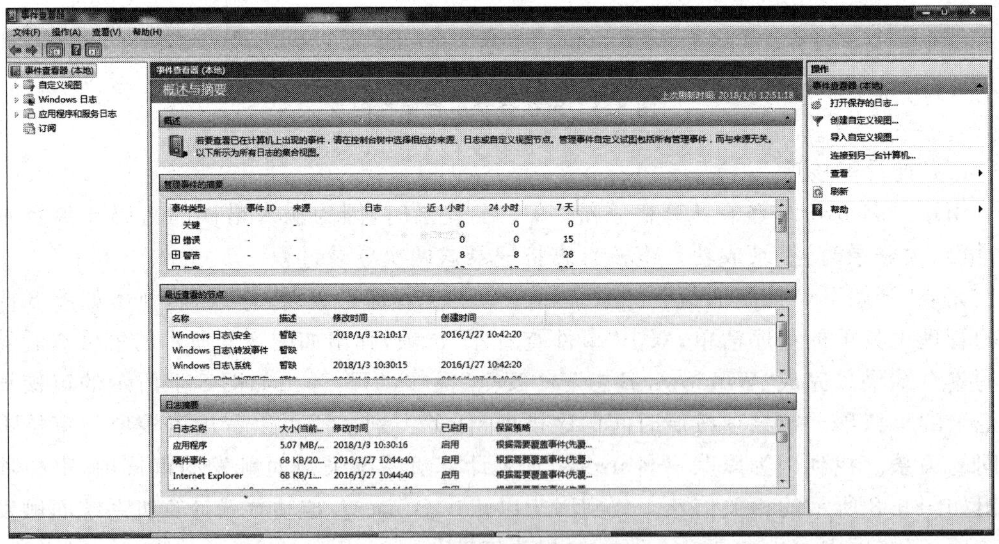

图 8.6　事件查看器显示的查看结果

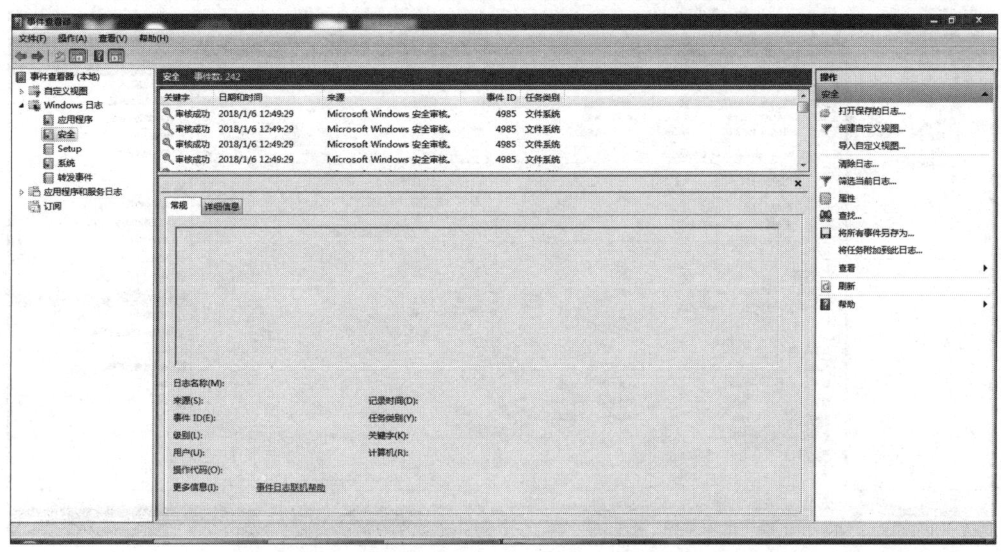

图 8.7 审核日志中记录的审核项

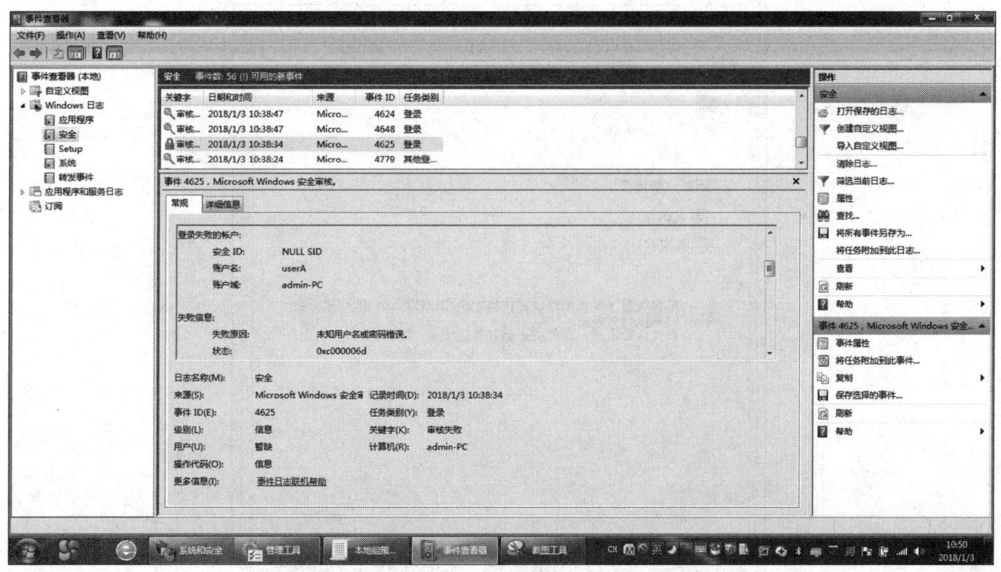

图 8.8 登录失败审核项中的相关信息

(1) 配置审核策略

在弹出如图 8.2 所示的审核策略配置界面后,双击“审核对象访问”选项,弹出如图 8.10 所示的审核对象访问属性配置界面,同时勾选“成功”和“失败”,单击“确定”按钮,完成审核对象访问属性配置过程。这里的“成功”是指用户按照设定权限对该文件或文件夹实施操作。这里的“失败”是指用户违背权限对该文件或文件夹实施操作。当然,在为文件或文件夹设置访问权限后,违背权限的操作是无法成功的。

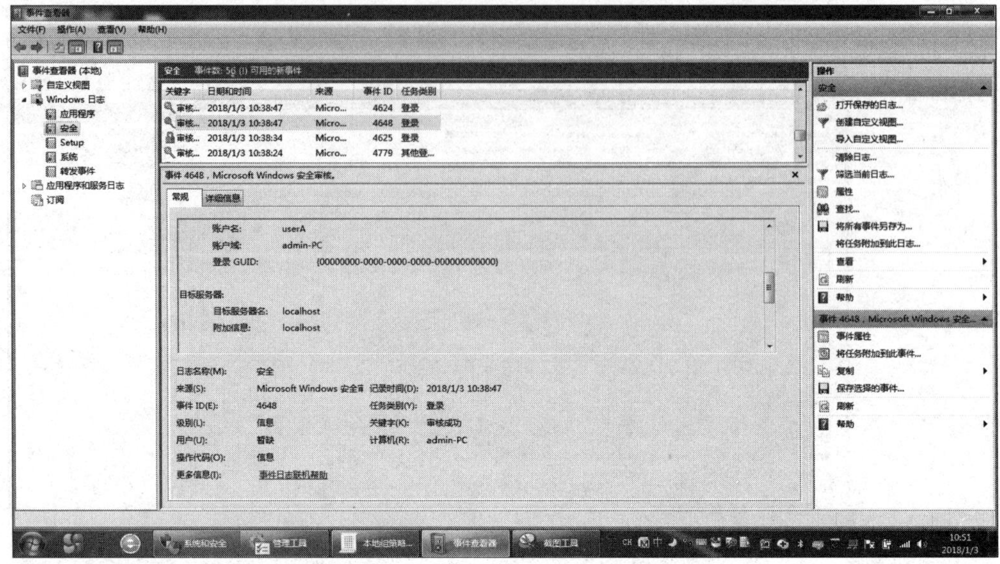

图 8.9　登录成功审核项中的相关信息

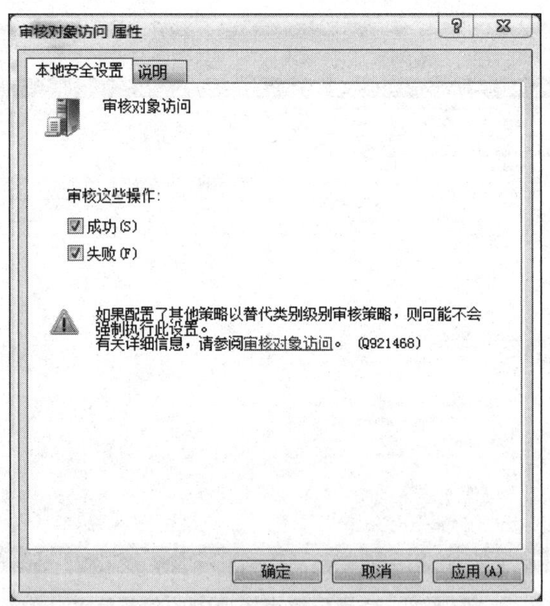

图 8.10　审核对象访问属性配置

完成“审核登录事件”和“审核对象访问”这两个策略的属性配置过程后，审核策略配置界面如图 8.11 所示。

(2) 配置审核项目

创建一个用于存放截图的名为“图”的文件夹，选中该文件夹并右击，在弹出的菜单中选择“属性”选项，在弹出的属性配置界面中，单击“安全”选项卡，弹出如图 8.12 所示的安全属性配置界面。单击“高级”按钮，弹出如图 8.13 所示的高级安全设置界面，单击“审

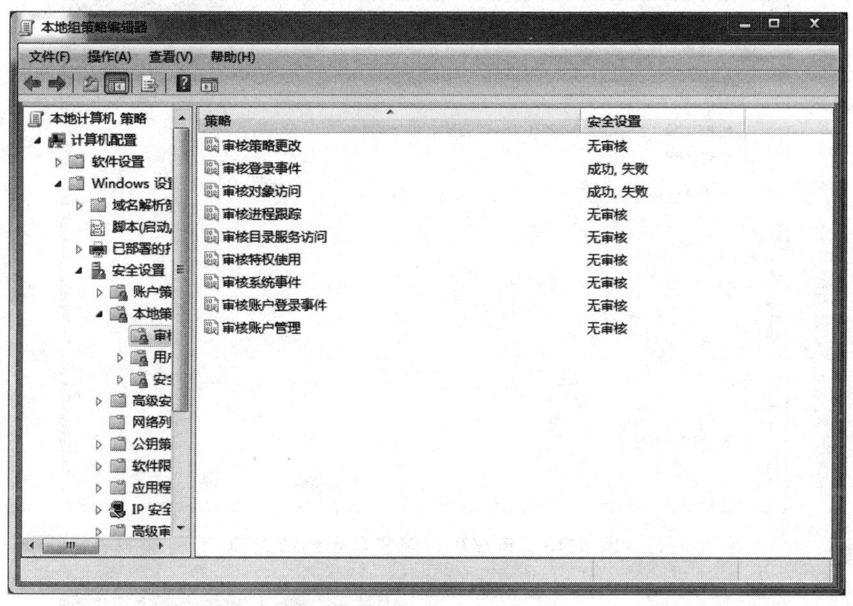

图 8.11　审核策略配置

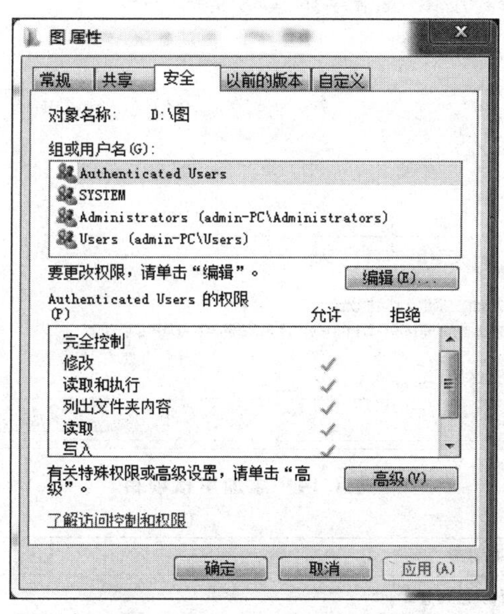

图 8.12　安全属性配置

核”选项卡，弹出如图 8.13 所示的询问是否继续的查询界面，单击“确定”按钮，弹出如图 8.14 所示的添加审核项目的界面。单击“添加”按钮，弹出如图 8.15 所示的添加用户或用户组界面，只有在用户或用户组列表中存在的用户或用户组对该文件夹进行的操作，才会触发审核项。可以直接在如图 8.15 所示的输入框中输入指定的用户名或用户组名，也可以在计算机系统中所有的用户名和用户组名中选择指定的用户名和用户组名。如果需要在计算机系统中所有的用户名和用户组名中进行选择，则单击“高级”按钮，弹出如

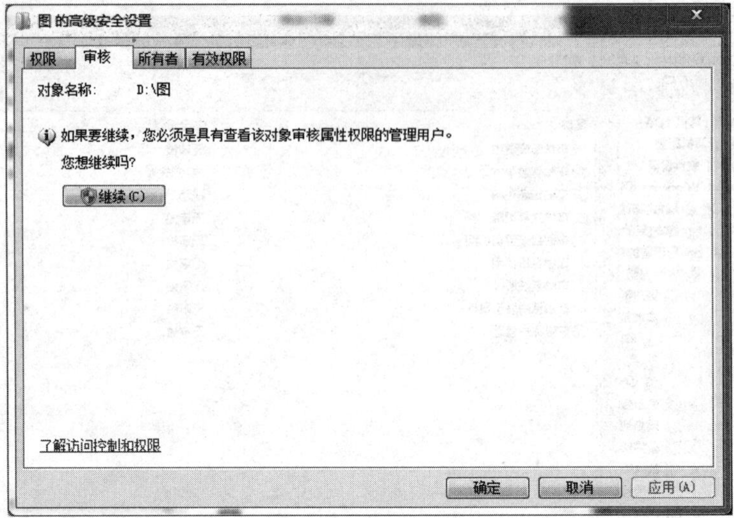

图 8.13 审核项目配置是否继续查询

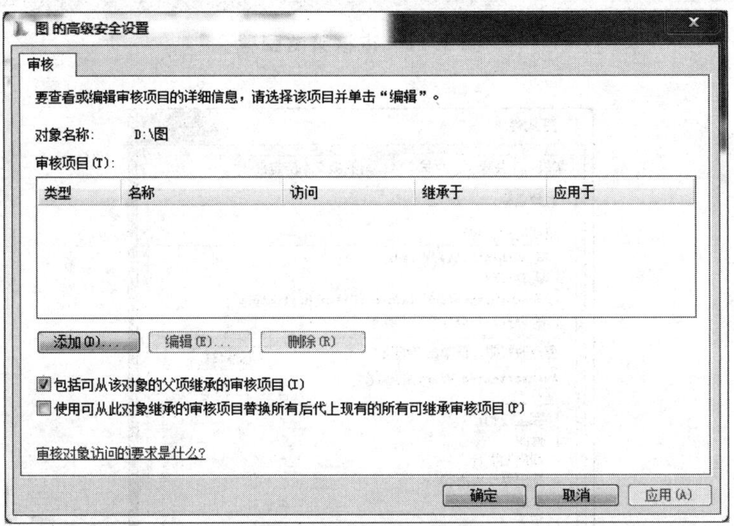

图 8.14 添加审核项目

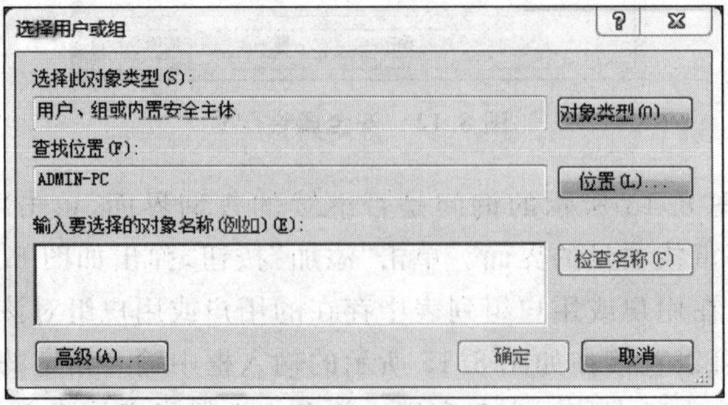

选择用户或组

选择此对象类型(S):

用户、组或内置安全主体　对象类型(O)...

查找位置(F):

ADMIN-PC　位置(L)...

输入要选择的对象名称(例如)(E):

检查名称(C)

高级(A)...　确定　取消

图 8.15 添加用户或用户组

图 8.16 所示的选择用户或用户组界面，单击“立即查找”按钮，搜索结果框中列出了计算机系统中所有的用户和用户组。选中 userA，单击“确定”按钮，用户或用户组列表中出现用户名 userA，userA 对该文件夹的操作将触发审核项。添加 userA 后的用户或用户组列表如图 8.17 所示。单击“确定”按钮，弹出如图 8.18 所示的 userA 审核项目配置界面，如果勾选“成功”一列中的操作，且在审核对象访问属性配置过程中勾选了“成功”，则当 userA 对名为“图”的文件夹实施这些操作时，将触发审核项。同样，如果勾选“失败”一列中的操作，且在审核对象访问属性配置过程中勾选了“失败”，则当 userA 对名为“图”的文件夹实施这些操作时，也将触发审核项。完成“成功”和“失败”操作勾选后，单击“确定”按钮，弹出如图 8.19 所示的名为“图”的文件夹的审核项目配置结果，单击“确定”按钮，完成审核项目配置过程。

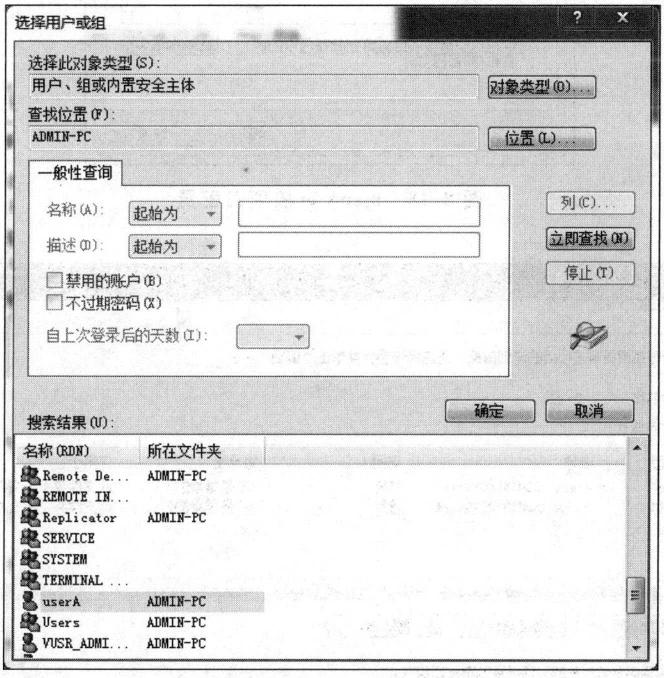

图 8.16 选择用户或用户组

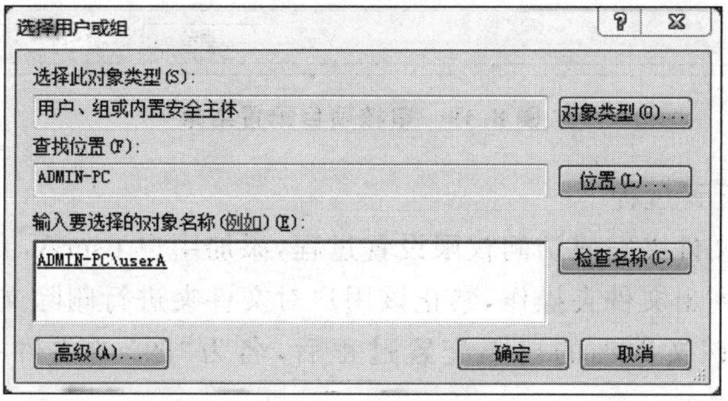

图 8.17 用户或用户组列表

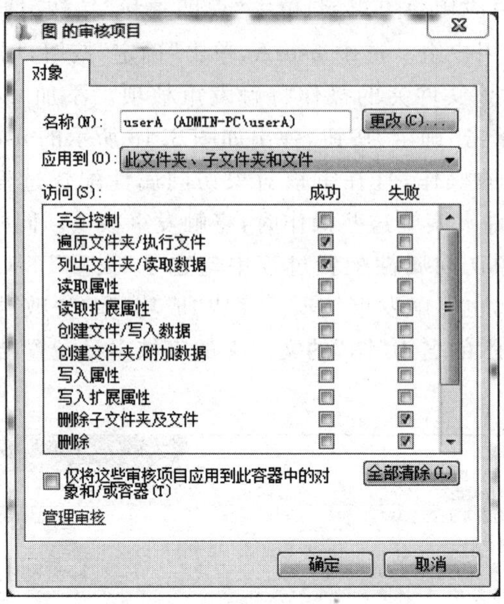

图 8.18 userA 审核项目配置

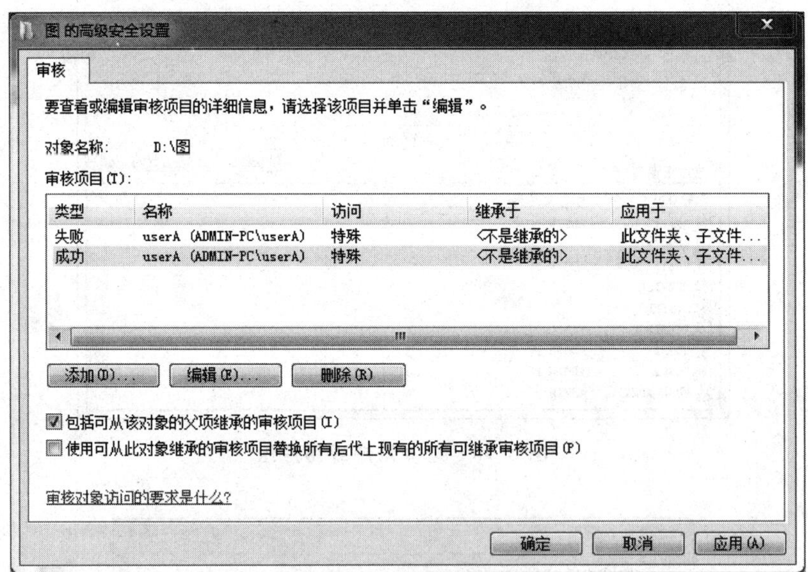

图 8.19 审核项目配置结果

(3) 访问权限配置过程

对名为“图”的文件夹完成访问权限设置过程，添加用户 userA，允许该用户对文件夹进行遍历文件夹和列出文件夹操作，禁止该用户对文件夹进行删除文件夹、删除子文件夹和文件操作。完成该文件夹的权限配置过程后，名为“图”的文件夹的权限如图 8.20 所示。

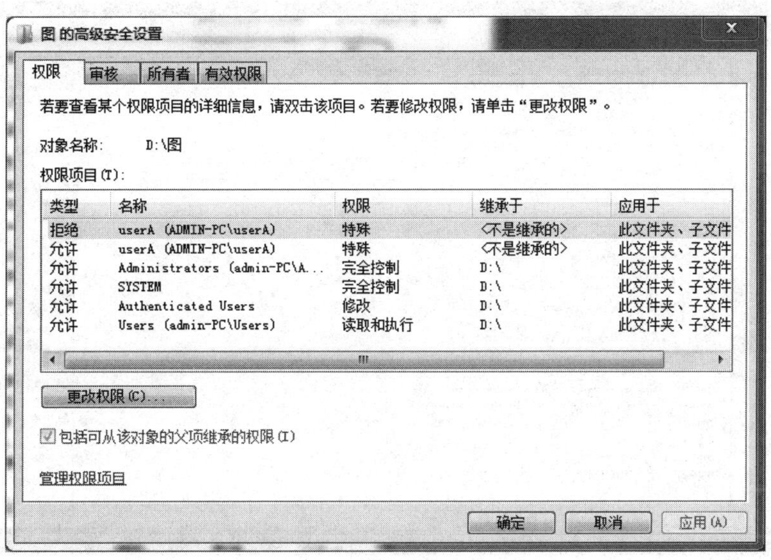

图 8.20　文件夹权限

(4) 查看审核项

userA 对名为“图”的文件夹进行如下操作。打开文件夹，尝试删除文件夹中名为“捕获 3.png”的文件。由于 userA 对该文件夹拥有列出所有文件的权限，因此，打开文件夹操作是成功的，打开文件夹操作触发的审核项如图 8.21 所示。由于 userA 对该文件夹没有删除其中文件的权限，因此，删除文件夹中名为“捕获 3.png”的文件的操作是被禁止的，该操作触发的审核项如图 8.22 所示。

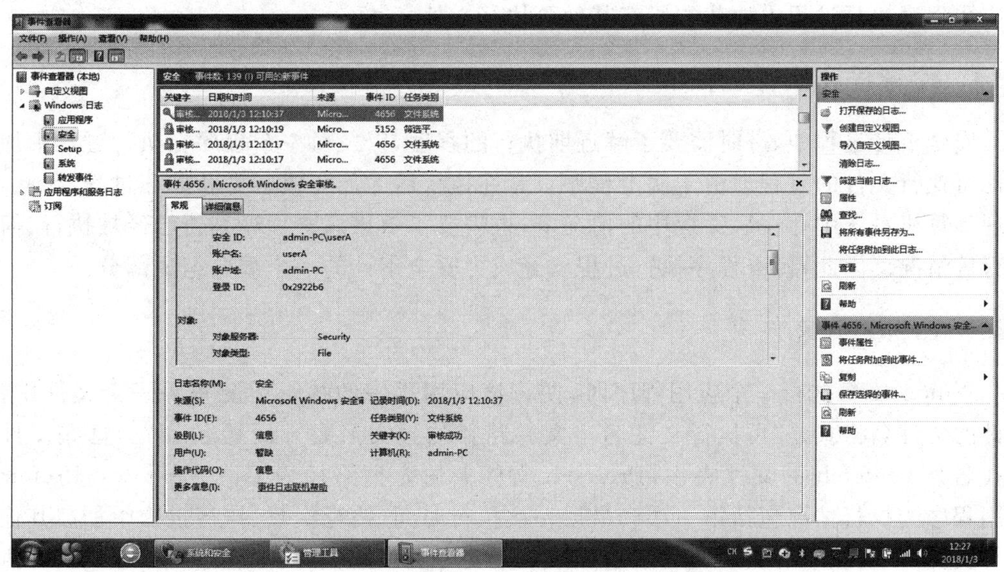

图 8.21　列出文件夹中文件相关的审核项

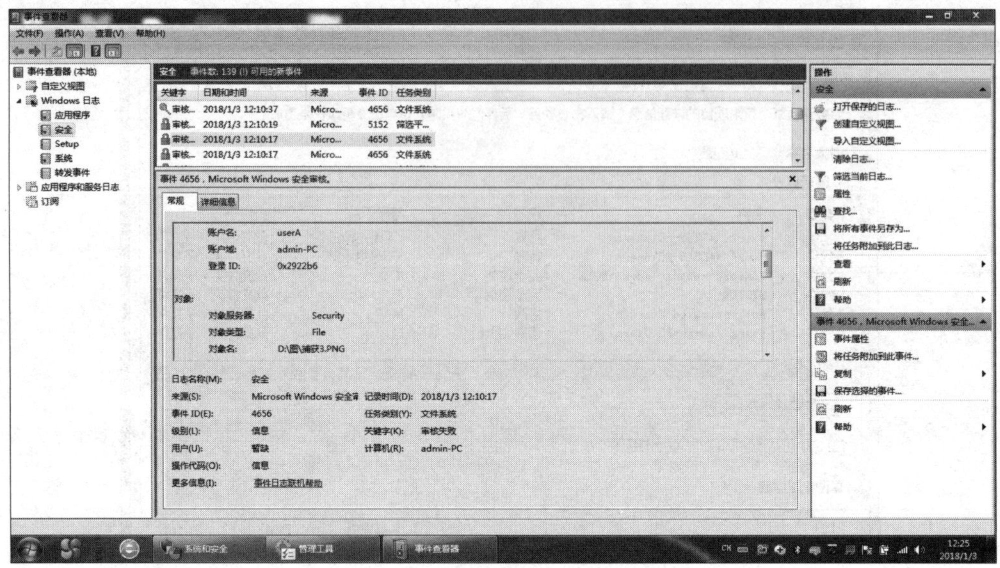

图 8.22 删除文件夹中文件相关的审核项

8.3 Prefetch 文件夹和安全审计

Prefetch 文件夹中的每一个文件用于记录最近执行过的某个应用程序的执行过程。WinPrefetchView 是一款用于阅读 Prefetch 文件夹中文件的软件，通过两者的结合，可以了解最近执行过的所有应用程序的执行情况。这一功能可以用于发现病毒程序执行过程和应用程序执行过程中加载的所有其他可执行文件。

8.3.1 检查程序执行过程

安全审计过程中，有时需要了解近期执行的程序，以及每一个程序在执行过程中加载其他可执行文件的过程。由于病毒程序只有在执行后才能完成感染和破坏过程，因此，在发现计算机系统中存在病毒程序的情况下，也需要了解该病毒程序是否已经被执行、何时执行等情况。因此，检查程序执行过程已经成为安全审计的一个重要组成部分。

8.3.2 Prefetch 文件夹

Windows 每执行一个应用程序时，便将该应用程序的执行情况写入一个文件中，该文件的文件名格式是"可执行文件名＋文件路径的报文摘要＋后缀名 pf"。这些文件存储在名为 Prefetch 的文件夹中，Prefetch 文件夹的完整路径为 C:\Windows\Prefetch。应用程序的执行情况包括第一次和最后一次执行时间、执行次数、执行过程中加载其他可执行文件的情况。如图 8.23 所示是 Prefetch 文件夹中的文件，如描述 Excel.exe 可执行文件执行情况的 Prefetch 文件夹中文件的文件名是 EXCELEXE-52A22446.pf，其中，EXCELEXE 是可执行文件名(Excel.exe)，52A22446 是文件路径报文摘要的低 32 位，该文件的后缀名是 pf。

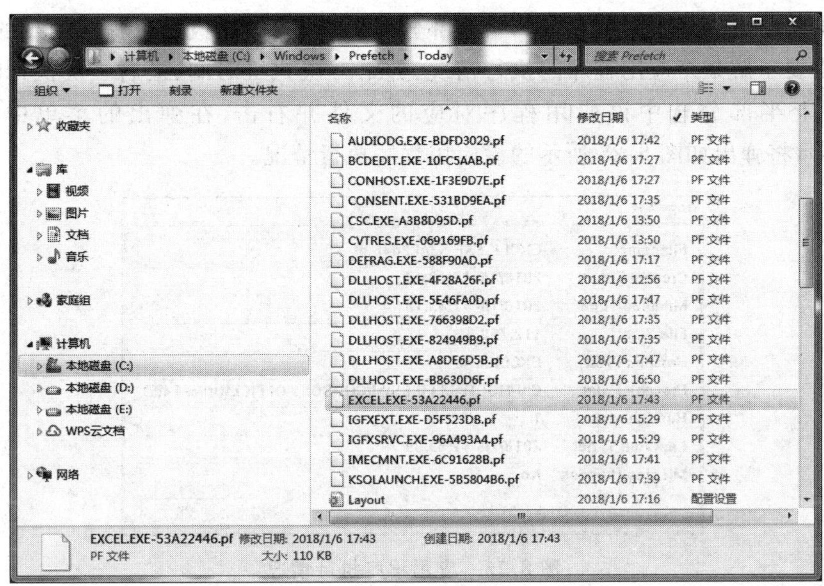

图 8.23　Prefetch 文件夹中的文件

8.3.3　查看 Prefetch 文件夹中文件

每当执行某个应用程序时，Prefetch 文件夹中创建用于描述该应用程序执行情况的对应文件，该文件中包括许多有关该应用程序执行过程的信息。需要用专用软件阅读 Prefetch 文件夹中的文件。WinPrefetchView 就是一款用于阅读 Prefetch 文件夹中文件的软件。这是一个可以直接运行的可执行程序，启动后，出现如图 8.24 所示的 WinPrefetchView 界面，该界面分为上下两部分，上半部分列出 Prefetch 文件夹中的所有文件，下半部分是上半部分选中的文件所对应的应用程序在执行过程中加载的可执行文件列表。如图 8.24 所示，当上

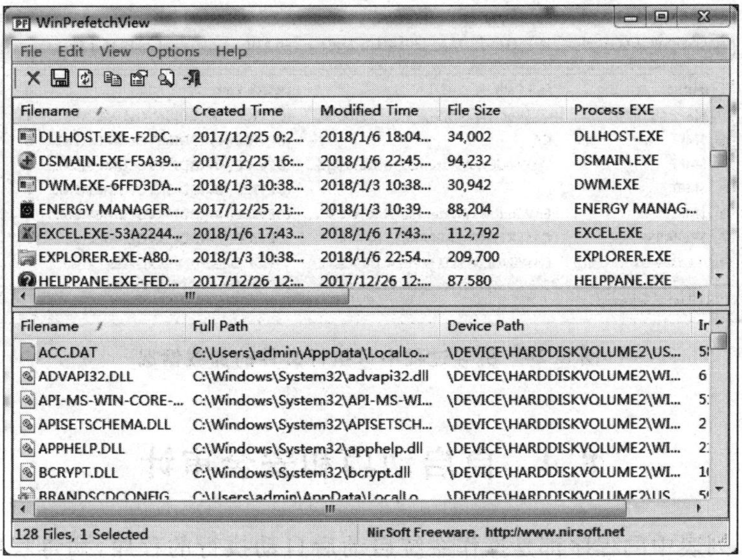

图 8.24　WinPrefetchView

半部分选中 Excel. exe 对应的文件时，下半部分列出 Excel. exe 执行过程中加载的可执行文件。如果需要了解某个应用程序的执行情况，如第一次执行时间、最后一次执行时间、执行次数等，在上半部分选中该应用程序对应的文件并右击，在弹出的菜单中选择属性(Properties)，将弹出如图 8.25 所示的该应用程序执行情况。

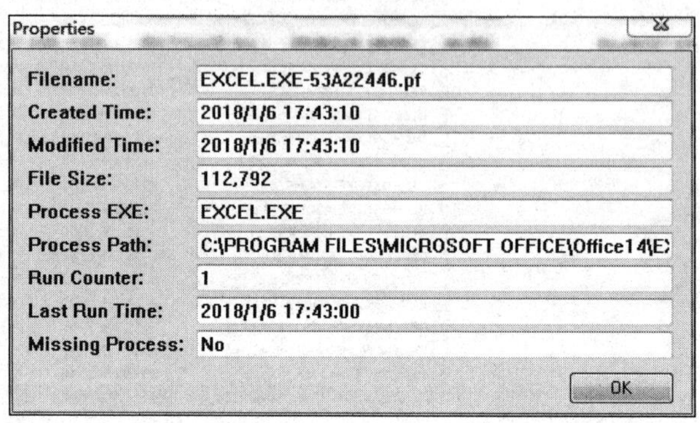

图 8.25　应用程序执行情况

Prefetch 文件夹中名为 NTOSBOOT-B00DFAAD. pf 的文件是一个特殊的文件，它是由系统引导程序创建的，因此选中该文件后，下半部分列出的就是系统引导过程中加载的可执行文件，如图 8.26 所示。

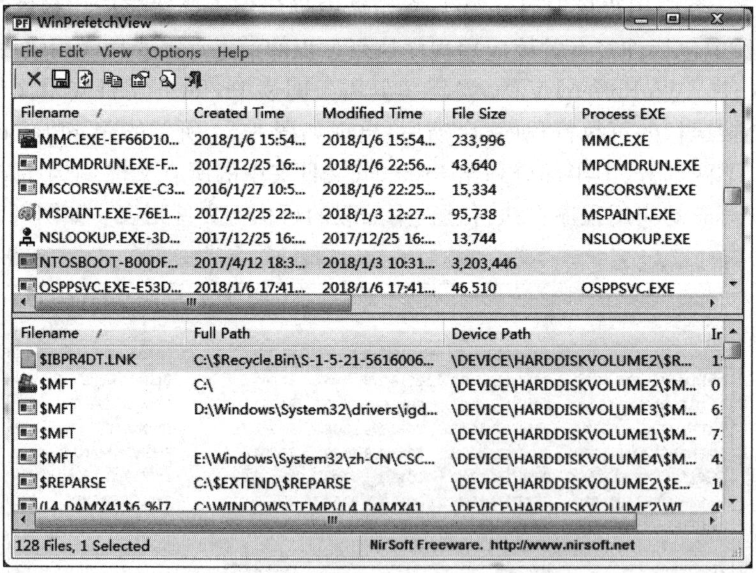

图 8.26　引导过程中可执行文件的加载情况

8.4　自启动项和安全审计

自启动项列表中的程序都是操作系统启动后自动执行的程序，病毒程序为了实现自动激发，常常在第一次运行时将自己添加到自启动项列表中。因此，定期检查自启动项列表也是防范病毒程序实施破坏的一种手段。

8.4.1 自启动项和病毒程序激发过程

运行操作系统后，操作系统能够自动执行一些程序，这些程序被称为自启动项。计算机系统感染病毒后，需要不时激发病毒程序。激发病毒程序的方法之一就是将该病毒程序作为自启动项，以此保证每一次启动操作系统时能够自动执行该病毒程序。因此，病毒程序往往在第一次运行时，完成将病毒程序添加到自启动项列表的过程。

由于自启动项列表中可能存在病毒程序，因此，定期查看自启动项也是一种检测计算机系统是否已经感染病毒程序的机制。

8.4.2 查看自启动项列表

完成“开始”→“运行”操作过程，弹出如图 8.27 所示的“运行”界面，在“打开”输入框中输入命令 msconfig，在弹出的“系统配置”界面中，选择“启动”选项卡，弹出如图 8.28 所示的自启动项列表，可以通过不再勾选某个启动项禁止该启动项，如图 8.28 中禁止的 McAfee Security Scanner。

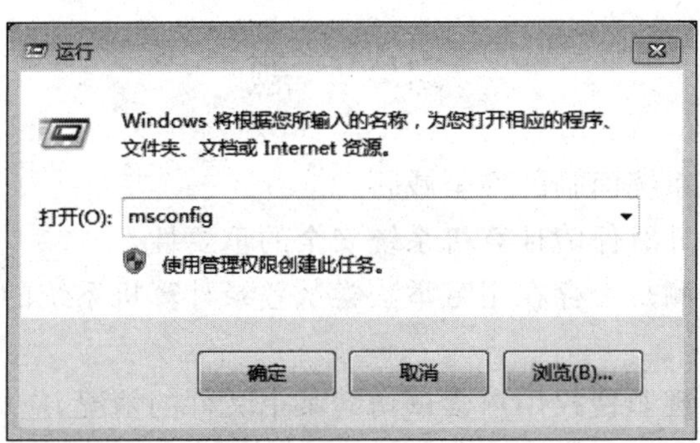

图 8.27 “运行”界面

图 8.28 自启动项目列表

本章小结

- 计算机系统时刻面临安全威胁，消除安全威胁的前提是确定安全威胁危害计算机系统的过程。
- 安全审计是指按照安全策略记录操作系统和应用程序的执行过程，以及用户的活动过程，对记录的信息进行分析，从而发现计算机系统中可能存在的漏洞、黑客曾经进行过的入侵行为和用户实施的错误操作的过程。
- 审核策略用于指定审核日志记录由哪些程序执行过程触发的审核项和由哪些用户操作触发的审核项。
- Prefetch 文件夹中的每一个文件用于记录最近执行过的某个应用程序的执行情况。
- 自启动项列表中的程序都是操作系统启动后自动执行的程序。
- 审核日志、Prefetch 文件夹中的文件和自启动项列表都是用于发现安全威胁的信息源。

习题

8.1 简述计算机系统面临的安全威胁。

8.2 简述安全审计对保障计算机系统安全的重要性。

8.3 如果需要检测是否存在用穷举法尝试登录计算机系统的情况，应如何设置审核策略？

8.4 如果需要发现非授权用户尝试访问某个文件的情况，应如何设置审核策略？

8.5 如何利用 Prefetch 文件夹发现病毒程序的执行过程？

8.6 如何利用 Prefetch 文件夹发现某个程序在执行过程中加载的其他可执行文件？

8.7 简述禁止某个自启动项的过程。

英文缩写词

3G(Third Generation)第三代移动通信技术(4.2)
ACL(Access Control Lists)访问控制表(6.4)
AES(Advanced Encryption Standard)高级加密标准(2.1)
AH(Authentication Header)鉴别首部(7.2)
AKA(Authentication and Key Agreement)身份鉴别与密钥协商(4.3)
AMF(Authenticated Management Field)鉴别管理域(4.3)
AP(Access Point)接入点(2.4)
ARP(Address Resolution Protocol)地址解析协议(1.3)
BIOS(Basic Input Output System)基本输入输出系统(3.1)
BSA(Basic Service Area)基本服务区(1.3)
BSS(Basic Service Set)基本服务集(4.2)
BYOD(Bring Your Own Device)携带自己的办公设备(1.3)
CA(Certification Authority)认证中心(2.3)
CHAP(Challenge Handshake Authentication Protocol)挑战握手鉴别协议(6.2)
CRC(Cyclic Redundancy Check)循环冗余检验(4.4)
CRL(Certificate Revocation List)证书撤销列表(2.3)
C/S(Client/Server)客户/服务器结构(1.2)
DES(Data Encryption Standard)数据加密标准(2.1)
DHCP(Dynamic Host Configuration Protocol)动态主机配置协议(4.4)
DLL(Dynamic Link Library)动态链接库(3.2)
DNS(Domain Name System)域名系统(4.4)
DS(Digital Signature)数字签名(2.3)
EC(Electronic Commerce)电子商务(5.1)
EFS(Encrypting File System)加密文件系统(6.3)
ESP(Encapsulating Security Payload)封装安全净荷(7.2)
GPRS(General Packet Radio Service)通用分组无线业务(1.2)
GSM(Global System for Mobile communication)全球移动通信系统(1.3)
HLR(Home Location Register)归属位置寄存器(4.3)
HMAC(Hashed Message Authentication Codes)散列消息鉴别码(2.2)
HTML(Hyper Text Markup Language)超文本标记语言(3.1)
IBSS(Independent BSS)独立基本服务集(4.2)
ICMP(Internet Control Message Protocol)Internet 控制报文协议(7.1)
ICV(Integrity Check Value)完整性检验值(4.4)
IKE(Internet Key Exchange)Internet 密钥交换协议(7.2)
IMSI(International Mobile Subscriber Identification number)国际移动用户识别码(4.3)
IP(Internet Protocol)网际协议(7.1)
IPSec(Internet Protocol Security)Internet 安全协议(7.2)
ISP(Internet Service Provider)Internet 服务提供商(2.4)

IV(Initialization Vector)初始向量(4.4)
LBS(Location Based Services)基于位置服务(1.2)
MAC(Medium Access Control)媒体接入控制(4.2)
MAC(Message Authentication Code)消息鉴别码(4.3)
MD5(Message Digest version 5)报文摘要第 5 版(2.2)
NAT(Network Address Translation)网络地址转换(1.3)
NFC(Near Field Communication)近场通信(5.2)
NTFS(New Technology File System)新技术文件系统(6.3)
P2P(Peer to Peer)对等结构(1.2)
PE(Portable Executable)可移植的执行体(3.1)
PKI(Public Key Infrastructure)公钥基础设施(2.3)
PMK(Pairwise Master Key)成对主密钥(4.4)
PSK(Pre-Shared Key)预共享密钥(4.4)
PTK(Pairwise Transient Key)成对过渡密钥(4.4)
SA(Security Association)安全关联(7.2)
SHA-1(Secure Hash Algorithm 1)安全散列算法第 1 版(2.3)
SID(Security Identifiers)安全标识符(6.3)
SIM(Subscriber Identity Module)用户身份识别卡(4.3)
SSID(Service Set Identifier)服务集标识符(4.4)
SSL(Secure Socket Layer)安全插口层(5.3)
TCP(Transmission Control Protocol)传输控制协议(7.1)
TKIP(Temporal Key Integrity Protocol)临时密钥完整性协议(4.4)
TLS(Transport Layer Security)传输层安全(5.3)
TMSI(Temporary Mobile Subscriber Identification number)临时移动用户识别码(4.3)
TTL(Time To Live)生存时间(7.3)
UAC(User Account Control)用户账户控制(3.3)
UDP(User Datagram Protocol)用户数据报协议(7.1)
UMTS(Universal Mobile Telecommunications System)通用移动通信系统(4.3)
URL(Uniform Resource Locator)统一资源定位符(5.2)
USB(Universal Serial Bus)通用串行总线(2.3)
USIM(Universal Subscriber Identity Module)全球用户识别卡(4.3)
VBA(Visual Basic for Application)Visual Basic 宏语言(3.1)
WEP(Wired Equivalent Privacy)有线等效保密(4.4)
WPA(Wi-Fi Protected Access)Wi-Fi 保护访问(4.4)

参 考 文 献

[1] 沈鑫剡. 计算机网络安全[M]. 北京：清华大学出版社，2009.
[2] 沈鑫剡，等. 计算机基础与计算思维[M]. 北京：清华大学出版社，2014.
[3] 沈鑫剡，等. 网络技术基础与计算思维[M]. 北京：清华大学出版社，2016.
[4] 沈鑫剡，等. 网络技术基础与计算思维实验教程[M]. 北京：清华大学出版社，2016.
[5] 沈鑫剡，等. 网络技术基础与计算思维实验教程习题详解[M]. 北京：清华大学出版社，2016.
[6] 沈鑫剡，等. 网络安全[M]. 北京：清华大学出版社，2017.
[7] 沈鑫剡，等. 网络安全实验教程[M]. 北京：清华大学出版社，2017.
[8] 沈鑫剡，等. 网络安全习题详解[M]. 北京：清华大学出版社，2018.